龙岩优质特色烤烟
生产理论与实践

陈爱国　曾文龙　等　著

U0395165

中国农业出版社

北　京

图书在版编目（CIP）数据

龙岩优质特色烤烟生产理论与实践／陈爱国等著.
北京：中国农业出版社，2024.9. -- ISBN 978-7-109
-32475-6

Ⅰ. TS44

中国国家版本馆 CIP 数据核字第 2024DD0141 号

龙岩优质特色烤烟生产理论与实践

LONGYAN YOUZHI TESE KAOYAN SHENGCHAN LILUN YU SHIJIAN

中国农业出版社出版

地址：北京市朝阳区麦子店街 18 号楼

邮编：100125

责任编辑：王秀田　　　文字编辑：张楚翘

版式设计：小荷博睿　　责任校对：吴丽婷

印刷：北京中兴印刷有限公司

版次：2024 年 9 月第 1 版

印次：2024 年 9 月北京第 1 次印刷

发行：新华书店北京发行所

开本：700mm×1000mm　1/16

印张：19.25

字数：335 千字

定价：88.00 元

前 言 FOREWORD

　　龙岩烟区位于福建省西南部，是我国典型东南清香型烟区的核心区域，植烟自然地理条件优越，所产烤烟香气质好、香气量足，口味纯净，已成为国内著名的烤烟产区和卷烟工业重要烟叶基地。然而，龙岩烤烟优质特色物质及其形成机理不明确、品种单一、生产技术体系不配套，制约了龙岩优质特色烟叶开发和核心竞争力的提升。2009—2017年国家烟草专卖局启动了特色优质烟叶开发重大专项，对我国特色优质烟叶形成机理、特色定位和关键调控技术开展了全面研究，并提出了后续深化典型产区特色优质烟叶研究开发要求。作者团队在前卷《中国优质特色烤烟典型产区生态条件》和《中国优质特色烤烟典型产区烟叶风格特征》中，系统汇集了烤烟典型产区烟叶生态和质量数据，为龙岩烟区特色优质烤烟深入研究与开发提供了客观数据比较平台。

　　本书系统评价龙岩烤烟香型、烟气、口感特征、化学成分等品质风格，明确龙岩烤烟"清甜绵柔、富萜高钾"的精细品质风格定位，阐明特征香气成分β-大马酮、β-二氢大马酮和氧化异佛尔酮及其前体物的代谢机理，揭示气候资源优化配置对龙岩烟叶特征香气成分形成的关键作用，解析了适度早栽低温胁迫对龙岩烤烟叶片发育及品质风格形成的分子机制，从9个龙岩潜力烤烟品种（系）中筛选出后备品种（系）FL88f和闽烟312，集成创制龙岩优质特色烟叶生产技术体系并推广应用，实现龙岩烤烟质量与特色的同步提升，烟农效益稳步提高，为龙岩清香优质烤烟生产和核心竞争力的提升提供重要的理论和生产技术支撑。

　　在龙岩优质特色烟叶深度研究与开发过程中，对中国烟草总公司福建省公司相关领导给予的指导和支持表示感谢，并在此感谢中国农业科学院烟草研究所、福建省烟草公司龙岩市公司、福建中烟工业有限责任公司的烟叶生产与科研部门给予的协助和支持。

　　本书由于知识庞杂、检测工作烦琐、数据群体庞大、作者水平所限，书稿中难免出现错误和欠妥之处，敬请广大读者批评指正。

著　者

2024 年 1 月

目 录 CONTENTS

第一章 龙岩烟区烤烟生产概况

烟草是双子叶植物纲（Dicotyledoneae）、管花目（Tubiflorae）、茄科（Solanaceae）、烟草属（Nicotiana）一年或多年生草本植物，其种类多样，在茄科植物中排第六。Knapp 等（2004）将烟草属植物分为 76 个种，其中栽培烟草只有普通（红花）烟草（*Nicotiana tabacum* L.）和黄花烟草（*Nicotiana rustica* L.）两个种（图 1-1）。烟草适应性广泛，从北纬 60°到南纬 45°均有分布，在所有从事种植业生产的农业区域，几乎都可以生长。

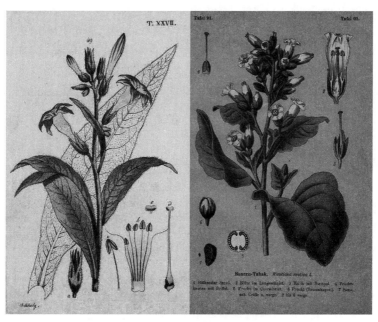

图 1-1 红花烟草和黄花烟草
左：德国柏林馆藏（1810 年）；右：德国卡塞尔馆藏（1910 年）

龙岩地区地处福建省西南部，别称闽西，位于北纬 24°23′～26°02′，东经 115°51′～117°45′。东和东南与泉州市的永春、安溪县，漳州市的华安、南靖、平和县接壤；南与广东省梅州市的大埔、梅县、蕉岭、平远县毗邻；西和西北与江西省赣州地区的寻乌、会昌、瑞金、石城县交界；北和东北与三明市的宁化、清流、永安、大田县（市）相连。面积 19 050km²，下辖新罗区、永定区、漳平市和长汀、上杭、武平、连城四县，下设 134 个乡（镇），1 896 个行政村。

第一节 龙岩烟草发展历史

龙岩地区是我国最早种植烟草的地区之一，明万历三年（1575 年），到吕宋（今菲律宾群岛）经商的漳州商人，将烟种带回月港（今漳州市龙海区海澄镇），先在石码镇（今龙海区石码街道）种植，随后烟草广为传播种植。万历三十九年（1611 年），福建所产烟叶"反多于吕宋"。明天启四年（1624 年），龙岩晒烟中较有代表性的福建晒烟丝以"色微黄、质细"闻名天下。至清乾隆年间（1736—1795 年），汀州 8 县的烟草种植已十分普遍，部分地方有 30%～40% 的良田用于烟草种植。以当地优质晒烟为原料，配以上等花生油和姜黄粉，手工制作的永定条丝烟，工艺精细，因质佳味香被乾隆皇帝赐号"烟魁"。清乾隆至光绪（1736—1908 年）年间，为永定条丝烟的鼎盛时期。清宣统二年（1910 年）和 1914 年，永定条丝烟分别在南洋劝业会和巴拿马运河通航万国博览会上获奖，曾畅销东南亚各国（福建省地方志编纂委员会，1995）。

龙岩烤烟种植始于 1948 年，永定烟商卢屏民从云南昆明、贵州贵定引入"大金元""小金元"等烤烟种子，并在龙岩永定坎市试种成功，开福建烤烟生产之先河。1957 年，永定烤烟被定为全国清香型烤烟的代表（全国烤烟三大类型之一）；翌年"中华"即用了 30% 的永定上等烟。此后，龙岩地区利用优越的自然地理条件，迅速推广发展烤烟生产，成为全国烤烟知名产区。20 世纪 50 年代至 60 年代初，以永定烤烟为代表的龙岩烤烟，质量居全国之冠，是国内配制"熊猫""中华"等高档卷烟的重要原料，带动了龙岩地区烤烟整体的发展。20 世纪 80 年代中期，因龙岩烟区烟叶香气质好、香气量足、口味纯净，福建被列为全国三大优质烟基地之一。龙岩已成为国内著名的烤烟产区和福建省卷烟工业基地，是著名的"烤烟之乡"，龙岩烤烟产业成了龙岩市的传统优势和支柱产业之一。

第二节／龙岩烤烟生产发展概况

一、种植面积与收购量

龙岩是福建省烤烟三大主产区之一。在 1980—1985 年全国烟草种植区划中龙岩被划为"南岭丘陵烤烟晒烟区"，是全国优质烟三大最适宜区之一。在 2003—2008 年中国烟草种植区划中龙岩被划为"闽西赣南粤东丘陵烤烟区"。龙岩的烤烟种植面积与收购量，在 20 世纪 80 年代之前一直位居福建省第一。20 世纪 90 年代初由于种种原因，永定、上杭烤烟种植出现滑坡，1992 年全区种植烤烟 2.5 万 hm^2，收购超 600t。2001 年以后，龙岩烤烟生产规模基本稳定在 2.5 万～3 万 t。如图 1-2 所示，龙岩常年烤烟种植面积在 1.5 万 hm^2 左右，收购烟叶 3 万 t 左右，烟农户数 1.8 万户左右，户均种烟面积 1.0 hm^2 左右。受国家烟草专卖局对烤烟种植规模的宏观调控措施影响，年度间面积和烟叶收购量起伏较大。其中 2010 年烟农户数下降明显，户均种植面积增加明显。

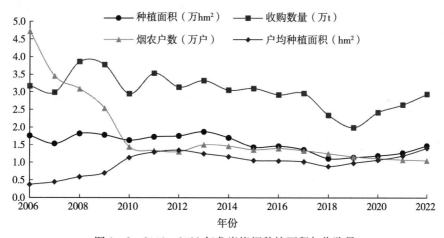

图 1-2　2006—2022 年龙岩烤烟种植面积与收购量

二、主栽烤烟品种

龙岩烟区先后引进种植特字 401、云烟 87、云烟 85、翠碧一号；自主培育了闽烟 2 号、闽烟 4 号、永定 1 号、岩烟 97、闽烟 38、闽烟 35、闽烟 57、闽烟 312 等。20 世纪 70 年代，永定 1 号脱颖而出，至 20 世纪 90 年代初，根据评吸和工业验证结果，形成了以 K326、G80、翠碧 1 号三大品种并重的烤烟品种布局。由于 G80 品种本身易感 TMV 和 PVY 等病毒病和加强推广我国自主选育品种等因素，抗病抗逆性强的我国自主选育品种云烟 85 逐渐取代了外引品种 G80。21 世纪初，云烟 85 品种退化趋于加重，其姊妹品种云烟 87 又逐步取代了云烟 85。目前主栽品种为 K326、云烟 87、翠碧一号等，占耕地面积的 10％左右。以下为龙岩烤烟种植历史上主要几种烤烟品种简介。

永定 1 号：福建省永定县农科所 1978 年从特字 401 品种中系统选育而成，其适应性广，耐低温，抗逆性较强，耐花叶病，但易感根茎病。1985 年，全国烟草品种审定委员会认定永定 1 号为全国七大推广种植良种之一，成为福建、广东、广西等烟区主要烤烟品种。1985 年后种植面积逐渐减少。2000 年，龙岩卷烟厂在永定县建立优质烟叶基地，永定县抚市乡里兴村恢复种植永定 1 号50hm²，由于烟叶烘烤质量较差而停止种植。该品种植株塔形，株高170cm 左右，茎围 9～10cm，节距较长，达 7～8cm，叶数 20 片左右，腰叶长58.5cm、宽29.6cm，叶形椭圆形，叶尖钝尖，主脉细，叶肉组织细致。腋芽生长势弱，花序分枝少而成束。南方栽培季节下的大田生育期，春烟为 150d左右，冬烟为 160～170d，在南方烟区做春烟或冬烟栽培均适宜。该品种宜在11 月播种，高畦栽培，每公顷栽 15 000～16 500 株，增施磷钾肥预防缺钾症，施纯氮120kg/hm²左右。烘烤时因叶片含水量较大，变黄较慢，应适当延长变黄时间，注意排湿，及时定色。一般每公顷产量 1 875～2 250kg，品质优良，烤后烟叶金黄色，油分足，弹性强。原烟总糖含量23.75％、还原糖20.21％、总氮 1.39％、烟碱 1.12％，烟叶香气质好，具典型清香型风格。2005—2007 年，龙岩烟区发展清香型烟叶生产，永定县湖雷镇、长汀县濯田镇、上杭县庐丰乡小面积种植，因烟叶较难烘烤以及产值较低未能推广。

岩烟 97：龙岩农科所（烤烟育种室）1986 年以 401－2 作母本、以 G80 作父本杂交，之后，以 G80 作轮回亲本进行回交，再从回交后代中选育新品系。吸收其父本 G80 易种、易烤、耐肥、长势强、有效叶多（23 片以上）、不早花、腋芽少、产量高、高抗青枯病、耐花叶病等特点。全生育期 200～230d。1993 年在上杭县试种。1994 年、1995 年连续参加福建省第三轮烤烟品种区域试验，综合性状居参试品种首位，产量、产值和上等烟比例高于对照品种，烟叶外观质量、化学成分及评吸结果均较好。1995 年在龙岩、三明、南平等地多点试种约 1 333hm²。1996 年，全省迅速扩大示范种植面积，种植约6 667hm²，普遍长势良好，受到烟农欢迎。当年 5 月底，岩烟 97 通过福建省品种审评委员会审评。该品种农艺性状优良，植株筒形，株型紧凑，节距较均匀，叶片分布合理，不早花，有效叶一般20～22片；易栽培，腋芽长势较弱，大田长势强，较耐肥；抗根茎病，较耐花叶病；叶片耐熟，落黄好，成熟较集中，烟叶易烘烤。一般每公顷产量2 100～2 400kg，烟叶内在品质好，香气量大，香气质较好，化学成分协调，适合于福建各烟区种植。但该品种下部烟叶偏薄，颜色偏淡，对镁敏感，宜适时早播早栽，重打底脚叶，多留上部烟，控制单株留叶20～22片，并增施农家肥和镁肥。1997年，全省种植面积扩大到1.3万hm^2。因其种植面积扩展过快，良种良法不配套，栽培技术落实不到位，造成中下部叶片偏薄，原烟颜色偏淡，复烤烟叶贮存后易褪色，较难适应烟叶销售市场需要。1998年后逐渐萎缩，2000年基本停止种植。

闽烟35：龙岩烟科所20世纪90年代中期以MS-翠碧1号为母本、9811为父本培育的杂种一代。2001年在龙岩烟区试验中发现其对根茎病抗性强，产、质量较高，较易烘烤。株形筒形，株高106～115cm，茎围10～10.5cm，节距5～6cm，单株有效叶18～20片，腰叶长65.2cm、宽26.6cm，叶片长椭圆形，叶尖渐尖，叶色绿，叶面较皱，叶耳较小。大田生育期140～150d，大田生长势强，腋芽长势较弱，对低温不敏感，不易早花。感黑胫病、耐花叶病，低感至中感青枯病。每公顷产量1 875kg以上，上中等烟比例90%～95%。烘烤后原烟颜色橘黄，结构疏松，色度均匀，油分足，叶片厚薄适中。总糖28%左右、还原糖22%左右、总氮1.8%左右、烟碱2.4%左右。香气量较足，化学成分协调，评吸质量较好，具有清香型风格。适宜在光照良好、肥力中等、排灌方便、耕层疏松、便于轮作的田块推广种植。南部烟区11月中旬播种，翌年1月中旬移栽；北部烟区11月中下旬播种，翌年1月下旬至2月上旬移栽。中等肥力田块每公顷施纯氮105～112.5kg，对氮肥较敏感，不能超量施氮，氮、磷、钾比例为1∶0.8∶2.5为宜。每公顷种植16 500株左右，单株留叶18～20片。田间可见5%～10%中心花开放，中上部烟茎伸长后打顶。其烘烤性较好，烟叶烘烤变黄速度较快。叶片含水量较大，宜缩短低温变黄时间，适时进入38～42℃最佳变黄时间，烟叶塌软时进行排湿，48～50℃稳温促烟筋变黄，适当延长干筋时间，以利烤干烟叶。

翠碧1号：由宁化县从特字401品种变异单株经系统选育而成。1991年，全国烟草品种审定委员会认定翠碧1号为推广良种。1987年，引入龙岩烟区种植，成为龙岩烟区主栽品种之一。至2009年，仍为龙岩烟区种植良种之一。植株塔形，株高95～125cm，茎围9.5～10.5cm，节距4.5～5.5cm，有效叶18～22片，腰叶长55～60cm、宽23～28cm，叶形为长椭圆形，叶尖锐尖，叶耳适中，叶面较平，叶脉中细，叶色深绿，组织细致。该品种适应性较广，大田生长势强，大田中后期生长速度较快，耐旱、耐寒、耐湿，抗逆性较强。易感花叶病、根茎病、白粉病。烟叶烘烤变黄速度较慢，需适当延长烟叶变黄时间，烤后烟叶颜色金黄、橘黄，油分足，具有明显清香型香气特征。作为春烟种植，全生育期 240～250d。烟叶含总糖 23.73%、还原糖 20.79%、总氮 1.39%、烟碱 1.77%、氯 0.7%、钾 2.24%。11 月播种，每公顷种植 16 500～18 000 株，每公顷施纯氮 90kg 左右，$N：P_2O_5：K_2O=1：1：2$。做好白粉病、花叶病和根茎病防治。烟叶烘烤适当延长变黄期时间，定色期升温不宜过快，防止产生青筋烟叶。

K326：美国 1981 年育成的烤烟新品种，亲本是 MC225×（MC30×NC95）。1984 年底引进中国，1987 年、1988 年参加全国烤烟良种区域试验。1988 年引进福建烟区试验、示范种植。该品种全生育期 180d 左右，植株筒形，株高 110～130cm，茎围 8～9cm，节距 3～4cm，有效叶 20 片左右，最大叶长 60～70cm，宽 25～28cm。叶片厚度适中，叶尖渐尖，花序较集中，花色粉红。产量较高，产质较好，耐肥，对温、光敏感。移栽后田间长势中等，前期生长慢，后期生长快，成熟落黄一致，易烘烤。中抗黑胫病、青枯病，对炭疽病、气候性斑点病、花叶病抗性较差。每公顷产量一般达 1 875～2 400 kg，上等烟比例高。原烟颜色金黄或橘黄，油分多，叶片结构疏松，香气量足，吃味醇和。

闽烟 38：龙岩烟科所 20 世纪 90 年代中期以 MS－K326 为母本、KC828 为父本选育而成。株形筒形，株高 92～100cm，茎围 9～10cm，节距 3～4cm，单株有效叶 18～20 片，腰叶长 67.7cm、宽 24.7cm，叶片长椭圆形，叶尖渐尖，叶色绿，叶面较平展。大田生育期 110～120d，大田长势和腋芽长势强，对低温不敏感，生育特性似 K326。抗普通花叶病，中抗黑胫病，低抗至中抗青枯病。每公顷产量 2 100kg 以上，上中等烟占 95% 以上。烘烤后原烟颜色橘黄，结构疏松，色度均匀，油分足，叶片厚度适中。总糖 28% 左右，还原糖 24% 左右，总氮 1.8% 左右，烟碱 2.8% 左右。香气质好，香气量较足，化学成分协调，评吸质量较好。适宜在普通花叶病区种植，要求田块光照良好，肥力中等，排灌方便，耕层疏松。栽培技术与 K326 的栽培技术相似，南部烟区 12 月上中旬播种，翌年 2 月中旬移栽；北部烟区 12 月中下旬播种，翌年 2 月下旬至 3 月上旬移栽。中等肥力田块每公顷施纯氮 120～127.5kg，氮、磷、钾比例为 1：0.8：2.5 为宜。每公顷种植 16 500 株左右，单株留叶 18～20

片。田间可见 10％～20％中心花开放和中上部烟茎伸长后打顶。成熟落黄一致，易烘烤，变黄快，宜适当延长定色时间，干筋期温度不能超过 68℃。

云烟 85：中国烟草育种研究（南方）中心、云南省烟草研究所选育的烤烟新品种，根据基因重组和累加效应原理，用红花大金元与 G28 杂交选育的云烟 2 号作母本、K326 作父本杂交，1995 年育成。1997 年 1 月通过全国烟草品种审定委员会审定。2000 年，龙岩市引进该品种，并进行区域试验和较大面积生产示范，其性状稳定，产、质量优良。该品种株形塔形，打顶后为筒形，打顶株高 110cm 左右，茎围 10cm，节距 5.8cm，有效叶数 18～20 片，叶形长椭圆形，叶色绿，叶面较皱，叶尖渐尖，叶缘波浪状。移栽后长势强，团棵较早，生长整齐，移栽后中心花开放时间 55 d，大田生育期 100 d 左右。该品种耐成熟，烟叶分层落黄，分层成熟，易烘烤，定色期脱水较快，容易定色，黄烟率高，烤后原烟多为橘黄色，光泽强，结构疏松，厚度适中。高抗黑胫病和叶斑病，中感青枯病，抗花叶病能力比 K326 强。较耐肥，需肥量与K326 接近，适宜在肥水条件较好的田地种植，中等肥力的田块，每公顷施纯氮 135～150 kg。初烤烟叶橘黄，油分多，内在化学成分协调，清香型明显，香气质好，香气量足，余味舒适。2010 年以后基本被云烟 87 替代。

云烟 87：云南省烟草农业科学研究所 1985 年以云烟 2 号为母本、K326为父本杂交，采用系选法选育而成的烤烟新品种。2000 年，全国烟草品种审定委员会审定为推广良种。2001 年引进试种。植株塔形，株高 100～118cm，茎围 9.5～10.5cm，节距 5.5～6.5cm，上下节距均匀。叶形长椭圆形，叶面较皱，叶缘波浪，叶尖渐尖，叶色绿。有效叶片 18～20 片，腰叶长 76.5cm、宽 31cm。花枝少，较集中，花冠红色。全生育期 200～220d，大田生育期110～120d，大田长势前期较弱，对低温敏感，易早花，易发气候斑点病，中后期长势较强，腋芽长势强。云烟 87 抗爪哇根结线虫病、中抗黑胫病、南方根结线虫病、青枯病，低抗赤星病，易感普通花叶病。一般每公顷产量2 100kg 以上，中上等烟占 95％以上。烘烤后原烟颜色橘黄，油分多，结构疏松，叶片厚度适中。总糖 24％左右，总氮 1.8％左右，烟碱 2.5％左右。香气质较好，香气量足，化学成分协调，评吸质量较好。该品种较耐肥，对肥料需求较大，对钾肥需求量更大，田间叶片耐成熟，落黄层次分明。适宜在光照良好、肥力中等、排灌方便、耕作层疏松的田块推广种植。南部烟区 12 月上中旬播种，翌年 2 月中旬移栽；北部烟区 12 月中下旬播种，翌年 2 月下旬至3 月上旬移栽。中等肥力田块每公顷施纯氮 127.5kg 左右，氮、磷、钾比例为

1：0.8：2.5。每公顷种植 16 500 株左右，单株留叶 18～20 片。田间可见 10％～20％中心花开放时打顶。该品种易烘烤，变黄快，失水平缓，接近变黄时失水加快，变黄定色和失水协调一致，变黄期温度 36～38℃，定色期温度 52～54℃，干筋期 68℃以下，保证烟叶香气。

三、主要生产技术

（一）种植制度

龙岩烟区长期以来以烟稻轮作种植为主，按烤烟种植季节在历史上种植过春烟、秋烟和冬烟，其中春烟种植时间最长、种植面积最广。20 世纪 60 年代探索种植秋烟，然而受移栽后气温骤降和成熟期气温较低的影响，随后被冬烟取代。20 世纪 70 至 80 年代，由于片面强调"以粮为纲"，大力推广"烟-稻-稻"三熟耕作制，冬烟种植面积较大，由于气候条件的限制，烟叶受充分成熟时长不够的影响，冬烟品质较低。1993 年以后，龙岩烟区全部实行"进山上山、保粮促烟"种植模式，推广"春烟-稻"两熟制，解决了长期困扰龙岩烟叶发展的烟粮争地矛盾。春烟一般在冬季保温育苗，立春前后移栽，由于大田生育期较长、积温大，有利于烟叶品质的形成。

（二）土壤改良

针对龙岩烟区土壤偏酸、板结化等问题，2002—2004 年龙岩市烟草分公司着手开展植烟土壤酸度调节定位试验。试验结果表明，隔一年或隔二年施用石灰 1 200～1 500kg/hm² 或白云石粉 2 250kg/hm²，有利于调节土壤酸碱度、改良土壤、保持土壤团粒结构、适量补充种烟土壤缺乏的镁元素、促进烟株对所需养分的全面吸收，提高烟叶质量。2005 年，大力推广稻草还田、溶田面积达到 1.16 万 hm²，占种烟面积的 70％以上。目前，生产上土壤改良措施主要采取深翻晒白、稻草还田、冬季积肥和调节烟田酸碱度。11 月 30 日前完成烟田深冬翻工作，要求用大型机械（如农夫 702、802）进行冬翻，冬翻深度要求 15cm 以上，减少病虫源，改善土壤理化性状，提高烟田肥力。回田的稻草应占总量的 1/2 以上，稻草应切成 3～4 段均匀地抛撒在田间。溶田时旋耕机至少要打田两遍，溶田后浸水时间 10d 以上，自然落干，防止钾、镁等元素的流失（前茬作物为水稻制种、玉米、蔬菜等的田块，溶田后须及时排水，防止烟碱、氯离子超标）。强调对牛栏粪等有机肥进行堆沤发酵，充分腐熟后施用。对 pH＜5.0（酸性过高）的烟田，可每公顷用石灰 1 125kg 进行溶田或干施。若采用干施，应在移栽前 25d 以前结合冬翻土时施用，使土壤 pH 稳定在

5.5～6.5，应防止连年施用或过量施用石灰，造成土壤中钙离子含量过高而抑制烟株对其他阳离子的吸收。

（三）播栽期

20 世纪 80 年代，卷烟工业提出了烟叶具有高浓度、高香气、高烟碱和低焦油的质量要求。围绕新引种品种易出现早花问题，总结了以调整播栽期为主的配套栽培技术，播栽期基本稳定下来。早春烟一般寒露前后播种，冬至前后移栽；春烟一般霜降前后播种，冬至到小寒移栽。翠碧 1 号等早春烟品种，一般龙岩北部 11 月中下旬播种，1 月下旬至 2 月上旬移栽；龙岩南部 11 月中旬播种，1 月中旬移栽；大田生育期 140～150d，全生育期 240～250d。云烟 87 等春烟品种，一般龙岩北部 12 月中下旬播种，2 月下旬至 3 月上旬移栽；龙岩南部 12 月上中旬播种，2 月中旬移栽；大田生育期 110～120d，全生育期 200～220d。

（四）育苗方法

育苗方法历经苗床育苗、假植育苗和营养袋育苗，20 世纪 50 年代发展烤烟后仍以普通苗床育苗为主，随后探索并推广了假植育苗，至 20 世纪 70 年代中期，试验推广营养袋育苗。20 世纪 90 年代，为克服土传病害等问题，大力推广漂浮育苗技术，并逐步取代传统的烤烟营养袋育苗。21 世纪初，针对早春烟育苗期间气温较低和水分吸热作用导致营养液温度较气温更低，不利于烟草种子萌发和烟苗生长的问题，逐步推广湿润育苗方法，2005 年累计推广面积达 8 600 万 hm^2，占龙岩市烤烟面积的一半左右。目前，湿润育苗技术已成为龙岩主要育苗方法，并且采用不含泥炭土的环保型育苗基质。该技术在福建省每年的推广面积达 4 万余 hm^2。

（五）整地移栽

整地起垄历经从宽畦（双行）向窄畦（单行）、由稀向密再向稀过渡的过程。1990 年以前均采用宽畦（双行）种植，1992 年大力推广单行种植等"三化"技术。目前，一般在前作晚稻收获后，翻耕成垄，行距 1.1～1.2m，株距 0.48～0.50m（或宽行窄株，行距 1.2～1.3m，株距 0.46～0.48m），种植密度 16 500～18 000 株/hm^2。12 月 31 日前完成起垄工作，要求深耕高垄，起垄规格：连畦带沟 1.2m 左右，垄高 35cm 以上，做到畦直沟平，烟畦提倡"东西"走向，提高光照质量。移栽前 15d，施足条沟肥，100% 实行拉链式盖膜；烟田四周要设计排水沟，确保排水顺畅，做到雨过沟干，避免烟田长期积水影响烟株正常生长。株距要均匀准确，打穴深度 15～18cm，打穴后每穴填入

0.3～0.5kg 营养土，再用直径 5～6cm 的圆形木棍或直径 3～4cm 铁质打孔器进行第二次打孔（孔深 10～12cm），浇足定根水，确保移栽后烟苗的生长点在地膜以下 5cm 以上，以防霜冻。

（六）施肥技术

20 世纪 50 至 60 年代一般是基肥少、追肥多，以农家肥为主。20 世纪 70 年代以化肥为主，强调施足基肥、分期追肥。20 世纪 80 年代推广"施足基肥，早施追肥，控氮补磷增钾"技术。21 世纪初，推广烟草平衡施肥研究成果，施肥原则：控氮、适磷、增钾、多有机、补微量、速效缓效结合。目前云烟 87 等春烟品种，施纯氮 127.5kg/hm² 左右，即中等肥力田块，施用定制有机肥 1 800kg/hm²、提苗肥 30～45kg/hm²；烟草专用肥 900～975kg/hm²、硝酸钾 225kg/hm²、硫酸钾 150kg/hm²、钙镁磷 150kg/hm²、氢氧化镁 150kg/hm²、磷酸二氢钾 45～75kg/hm²、硼砂 15kg/hm²，提倡增施猪牛栏粪等农家肥。施肥总量要结合田块肥力水平和肥料种类、含量测算后进行调整，对肥力水平低的田块要采取相应增施有机肥或专用肥的办法进行补充。硼砂应在下条沟肥时与其他肥料混合后一起作基肥使用或进行浇施，不允许进行喷施。翠碧 1 号等早春烟品种施纯氮减少 30kg/hm²，氮磷钾等元素配比不变。

（七）打顶技术

20 世纪 50 至 80 年代一般采用扣心打顶，1990 年以后，定叶打顶全面推广。20 世纪 60 至 70 年代，普遍有留二代烟习惯，顶叶变薄，品质接近腰叶。20 世纪 80 年代后为适应新的烤烟国家标准的实施，提高单叶重，一般烟田均不留二代烟，打顶技术基本稳定下来。目前，主要依据烟株养分状况和顶叶开面要求打顶，一般于田间现蕾至 10％中心花开放时打顶。

（八）烟叶采收

20 世纪 50 至 80 年代中期，一般以烟叶表面出现"苎叶白"为采收特征，20 世纪 90 年代明确了下部叶成熟采、中部叶完熟采、上部叶熟透采的具体要求。21 世纪初，大力推广烟叶成熟度研究成果，明确了成熟度是烟叶品质的第一要素。目前成熟采收原则是"下部叶适时早采、中部叶成熟采收、上部叶熟透采收"，翠碧 1 号等早春烟品种较云烟 87 等春烟品种宜提前一成黄采收。

（九）烘烤工艺

20 世纪 50 年代末，推广"烤烟快速烘烤法"，基本消灭青黄烟和不列级烟；1982 年开始推广边变黄、边排气、边干燥的"三边烘烤法"，对烘烤季节处于雨季的龙岩烟区具有一定的优越性。1987 年中国烟草总公司青州烟草研究所传授"两长一短"（延长变黄前期和定色后期，缩短 36℃ 以下低温变黄时间）烘烤新技术，烟叶烘烤质量有显著提高。20 世纪 90 年代以后，大力推广"三段式"烘烤工艺，增加了热风循环系统，烟叶烘烤质量得到稳定。21 世纪初以来，为减少烘烤人工投入和提高烤烟质量，大力推广密集烘烤标准化烤房建设，烟叶烘烤均质化明显提升，近年来大力推广"八点式精准烘烤"技术，烟叶均质、烤香得到进一步提升。

第二章 烤烟质量特色的研究方法

《中国烟草科技发展纲要》明确提出发展中式卷烟战略，实现中国烟草持续、稳定、健康发展。中式卷烟是指能够满足中国卷烟消费者当前和潜在消费需求、具有独特香气风格和口味特征、拥有自主核心技术的卷烟，发展中式卷烟最根本的是要有自己的特色风格、特有的原料基础、特色工艺和自己的核心技术。烟叶原料的工业可用性实践表明，通过烟叶原料采购途径获得什么样风格的烟叶原料、什么质量水平的烟叶原料，从根本上决定着卷烟产品的风格和质量档次。卷烟产品的风格特征和质量水平由烟叶原料本身的决定比例超过70％，加工过程中加香、加料工艺只能起改善和促进作用。因此，中式卷烟能否形成自己稳定的质量特色，主要取决于是否具有特色烤烟原料和保持风格质量稳定的烟叶原料供应。

烟叶特色与烟叶质量是密切联系又有所区别的两个概念。烟叶质量是从色、香、味和安全性等固有特性方面综合反映出来的满足工业要求的烟叶优劣程度，包括烟叶的外观质量、物理特性、化学成分、感官质量和安全性。烟叶特色是一种烟叶所表现出来的区别于其他烟叶的优良质量特征，主要是指整体香气类型或格调，包括香型、香韵和香气状态。因此，烟叶特色是烟叶质量的一个部分，是个性化的优良质量特征；优质是特色的基础，特色是优质的更高要求。如何保持烟叶特色和稳定质量，是中式卷烟品牌建设能否健康发展的关键。要完成特色烟叶的开发和形成质量稳定的生产供应能力，首先应解决以下问题：①优质特色烟叶的评价标准是什么？②如何全面深入解读烟叶特色和成因？③我们对烟叶的质量特色主要控制些什么？④如何提高对特色烟叶质量的控制能力？

龙岩是我国传统的典型东南清香型优质烟产区，所产烟叶成熟度好，色泽橘黄鲜亮、结构疏松、油分较多、身份中等；可溶性糖（还原糖22％～35％、总糖25％～40％）、钾（≥2％）含量较高，总氮和蛋白质含量偏低，烟碱含量中等；清香风格明显，香气质好，香气量足，烟气细腻柔和，劲头适中，杂气较少，余味舒适。然而，龙岩烤烟优质特色的物质基础及其形成机理不明确，质量特色关键控制指标不明确，品种适应性及其配套生产技术研究缺乏，不利于龙岩烟叶清香特色的彰显和核心竞争力的提升。因此，我们应该在把控龙岩烤烟优质特色如何形成、如何评判以及如何定向生产的脉络和主线的基础上，使得龙岩优质特色烟叶开发的研究方法规范化，制定和完善相关技术标准，才能事半功倍，推动龙岩优质特色烟叶研发走向深入。

第一节　烤烟质量风格特征的筛选与鉴定方法

为了明确龙岩优质特色烟叶形成的物质基础，根据样品采集的区域、种植规模和生态代表性原则，采集了全国 12 个典型生态区的 C3F 烟叶样品，同步采集了龙岩的永定、上杭、长汀 C3F 烟叶样品。为了进一步明确龙岩清香型烤烟的香韵特征，在清香型烟区采集了云南大理、湖北恩施和福建南平不同主栽品种的 C3F 烟叶样品作为初步比对参照，筛选龙岩烤烟的独特香韵特征，在龙岩烟区内采集了不同主栽烤烟品种及品系的 C3F 烟叶样品，进一步消除品种因素的影响，明确龙岩烤烟的独特香韵特征。

一、成熟期鲜烟叶样品采集、制备和代谢物检测

鲜烟叶样品采集：在中部叶成熟采收当日，采集第 14 叶位叶片，6 次生物学重复，每个样本去除主脉后 40 g 左右，液氮速冻，−80℃冰箱保存。

样品制备：超低温冷冻保存的鲜烟叶样本液氮下研磨成粉末，再真空冷冻干燥，−80℃冰箱保存。

GC - MS：1.5mL 萃取溶剂混合物（异丙醇：乙腈：水＝3：3：2）添加到含 10mg 干燥样品的 2mL 离心管中，以十三烷酸（4.15μg/mL）为内标，涡旋离心，吸取 500μL 上清液真空干燥。干燥样品通过甲氧基胺盐酸盐肟化和 N - 甲基- N -（三甲基甲硅烷基）-三氟乙酰胺硅烷化进行衍生。然后将 150μL 上清液加入玻璃注射瓶中，用于伪靶向 GC - MS 分析（Shimadzu single quad rupole GC MS - QP2010 Plus）。所有已知和未知代谢产物的特征离子通过 AMDIS、LecoChromaTOF 等多种软件程序进行选择。然后在选定的离子监测模式下通过 GC - MS 分析样品。每种代谢物的定量均采用岛津后台工作台进行，在 NIST 质谱库、Wiley 质谱库和 Fiehn GC/MS 代谢组学 RTL 库中比对鉴定代谢产物。

代谢物检测：数据采集仪器系统主要包括超高效液相色谱（Ultra Performance Liquid Chromatography，UPLC）（Shim‐pack UFLC SHIMADZUCBM20A）和串联质谱（Tandem mass spectrometry，MS/MS）（Applied Biosystems 4500 QTRAP）。采用 API 4500 QTRAP LC/MS/MS 系统，主要参数包括：电喷雾离子源（electrospray ionization，ESI）温度为 550℃，质谱电压为 5 500V，帘气（curtain gas，CUR）为 25psi，碰撞诱导电离（collision‐activated dissociation，CD）参数设置为高。数据利用 Analyst 1.6.1（AB SCIEX）软件进行分析处理（Chen et al.，2013）。

二、烤后烟叶样品采集、制备和保存

采收的中部叶（自下而上第 14 叶位）单独挂烤，初烤烟叶样品去筋、切丝混匀，置于温度 22±1 ℃和相对湿度 60%±3%的恒温恒湿室中平衡 72h。均匀抽取 200g 左右样品，参照 YC/T 31—1996 方法进行样品制备，在 60℃条件下烘干、粉碎，粉碎过 60 目筛，0～4℃密封保存，用于检测化学成分和香气物质含量。均匀抽取 1.5kg 左右烟丝，卷制成单料烟烟支，烟支卷制统一采用福建中烟工业有限责任公司"七匹狼"牌号的卷制条件及辅材，烟支单支重根据烟丝填充值（YC/T 152—2001 标准）进行调整。

三、烤后烟叶化学成分检测

总糖、还原糖、总氮、总植物碱、K_2O、氯、淀粉、糖碱比等化学成分指标测定参照 YC/T 159—2002、YC/T 161—2002、YC/T 160—2002、YC/T 217—2007、YC/T 153—2001、YC/T 216—2013 等行业标准检测和计算。

四、烤后烟叶香气成分检测

香气成分检测参照《烟草及烟草制品 致香成分的测定同时蒸馏萃取‐气相色谱质谱联用法》TCJC‐ZY‐Ⅳ‐014‐2012 方法，同时采用蒸馏法萃取，添加内标由 Agilent 6890N GC/MS 5975 气质联用仪检测。GC/MS 条件为毛细管柱：HP‐5MS（30m × 0.25mm × 0.25μm）；载气：氦气；流速：1.0 mL/min；进样口温度：260℃；传输线温度：280℃；EI 离子源温度 200℃；升温程序：初温 50℃，恒温 1 min 后，以 8℃/min 的速度升至 160℃，2min 后以 8℃/min 的速度升至 240℃，保持 15min；电子能量 70eV，扫描范围 35～455amu，扫描速率 1.65scan/s，NBS75 谱库检索定性。

五、质量风格特色评价方法

感官质量评价参照《YC/T 138—1998》和《YC/T 530—2015 烤烟　烟叶质量风格特色感官评价方法》标准评吸打分，评吸专家香韵指标包括甘草香、清甜香、正甜香、焦甜香、清香、木香、豆香、坚果香、焦香、辛香、果香、药草香、花香、树脂香、酒香共 15 项指标，烟气指标包括香气状态、烟气浓度、劲头、香气质、香气量、透发性共 6 项指标，口感指标包括细腻程度、柔和程度、圆润感、刺激性、干燥感、余味共 6 项指标。

第二节／植烟生态适生性分析方法

一、气象数据指标及来源

气象数据均来源于样品当地气象局，采集指标为旬平均气温、旬最高气温、旬最低气温、旬日照时数、旬降雨量。

二、土壤样品采集、制备和检测

土壤样品采集：选择地块平整、肥力较为均匀的烟田，在大田移栽施肥前的垄体上采集耕作层土壤样品（0～30cm）。同一田块土壤样品采集按照两种方式：长方形地块采用大 S 形取样方法，近似矩形地块采用梅花形取样方法。每个田块一般取 5 个采样点，采集混合土样 4.0～5.0kg。用不锈钢 T 形土壤取样器垂直向下，双手握住手柄来回旋转并下压，使取样器充满土壤后向上提出，然后对准样品袋子，用推杆将样品推出，并削去表层浮土。样品袋内外均附标签，标明采样编号、名称、采样深度、采样地点、日期和采集人。

土壤样品风干：在风干室内，将采集的土壤样品放置于风干盘中，剔除石块、植物残体、虫体等杂物后压碎，摊成 2～3cm 薄层，自然风干。

土壤样品制备：用木棍再次压碎、拣出杂质后混匀并研磨，采用"四分法"取研磨样 1.0kg 左右，过 0.25mm（60 目）尼龙筛；过筛后的研磨样分别装入样品袋，样品袋内外均附标签，标明采样编号、名称、采样深度、采样地点、日期和采集人。土壤样品保存于 4℃冷库内，用于土壤化学指标测定。

土壤样品化学分析：全氮、全磷、全钾、水解性氮、有效磷、速效钾、水溶性氯、有机质、pH、交换性钙镁、有效硼、有效铜和有效锌等土壤化学指标，分别参照 GB837—1988、LY/T1229—1999、NY/T1121.7—2006、

LY/T1236—1999、 NY/T1121.17—2006、 NY/T1121.6—2006、 NY/T1121.2—2006、NY/T1121.13—2006、NY/T1121.8—2006、LY/T1260—1999 和 LY/T1261—1999 标准检测。

三、生态适生性评价方法

气候因素适生性评价参照中国烟草种植区划、福建省优质烤烟种植区划和龙岩烤烟对优质烤烟的生长所必需的生态条件分类标准（表 2-1），土壤因素适生性评价参照中国烟草种植区划的土壤 pH、有机质含量、土壤氯离子含量、土壤质地、有效土层厚度等 5 项指标及其赋分评价标准（表 2-2）。

表 2-1 龙岩市烤烟种植区划评价标准

指标	最适宜区	适宜区
大田期均温（℃）	16～21	12～16 及 21～30
成熟期均温（℃）	20～25	16～20 及 25～35
大田期降水量（mm）	600～800	300～600 及 800～1 100
成熟期降水量（mm）	200～400	100～200 及 400～500

表 2-2 龙岩市关键土壤指标分级及其赋值

因子		分级及赋值							
土壤 pH	pH	<4.5	4.5	5.0	5.5	6.5	7.0	7.5	8.0	>8.0
	赋值	60.00	68.75	83.75	100	100	91.88	80.00	41.43	8.75
有机质	含量（g/kg）	<10	15	20	25	30	35	40	>40	
	赋值	58.75	80.60	90.60	100	89.40	76.90	60.00	48.80	
氯离子	含量（mg/kg）	<5	10	20	30	40	>50			
	赋值	87.50	100	93.75	77.50	65.00	0			
土壤质地	质地	砂土	壤砂土	砂壤土	壤土	粉砂壤土	黏壤土	黏土		
	赋值	91.40	100	100	91.40	82.10	72.10	48.50		
有效土层厚度	厚度（cm）	<20	30	50	70	>70				
	赋值	32.85	51.40	75.00	89.30	100				

数据线性化处理：根据吴克宁等（2007）的隶属度评价方法，对龙岩各植烟县筛选后各气候指标设定适生性临界值，同时为了量纲一致，采用百分制表

示。抛物线型隶属函数表达式为：

$$f(x) = \begin{cases} 100 & x_2 < x < x_3 \\ 90 \times \dfrac{x - x_1}{x_2 - x_1} + 10 & x_1 < x < x_2 \\ 90 \times \dfrac{x_4 - x}{x_4 - x_3} + 10 & x_3 < x < x_4 \\ 10 & x < x_1, x > x_4 \end{cases} \qquad (2-1)$$

式中，$f(x)$ 为隶属度函数值，x_1 表示适宜下限，x_2 表示最适宜下限，x_3 表示最适宜上限，x_4 表示适宜下限。参照赋分评价方法进行单项指标的赋分。采用相关系数法计算各个生态因子的综合权重。即以单项生态因子与其他生态因子相关系数加权平均值占所有考察的生态因子相关系数加权平均值的比值，作为该生态因子的权重系数，再与被考察生态因子隶属度相乘，作为该生态因子的综合权重。

第三节　控制条件下的实验技术管理

一、温室育苗管理

挑选颗粒饱满的种子，用水浸泡后，用 70％乙醇消毒 5min，用水冲洗后在水中浸泡 24h，然后播种于装有草炭和蛭石以 1∶1（$V∶V$）混匀的育苗基质的育苗盘中，播种后将其置于温室内，自然光照，每天浇水。待幼苗出土后移栽至装有相同基质的假植盘中，将生长至 7 叶苗龄的烟苗移栽至装有相同基质的花盆中。

二、苗期鲜烟叶样品采集、处理和保存

在 7 叶苗龄期，采集第 4 叶位叶片。样本分成两份。另一份用于切片与电镜观察，用锋利的双面刀片将叶片组织（叶中部靠近主脉附近）切下 2mm×2mm 小块，3 次生物学重复；另一份用于分子生理和代谢产物鉴定，每个样本去除主脉后 40g 左右。分别用锡箔纸包好并标记，立即放入液氮中速冻，于−80℃超低温冰箱保存，6 次生物学重复。根据样品需要量和不同前处理要求，冰上研磨初提，初提样置于−80℃冰箱保存待测。

三、鲜烟叶切片制备方法

透射电镜样品制备参考刘丹丹等（2016）测定方法：将切下的 2mm×

2mm 叶片组织块，经 2.5% 戊二醛（pH＝7.2PBS 配制）前固定和 1% 锇酸溶液后固定，PBS 清洗，梯度丙酮脱水，环氧丙烷置换后用纯包埋剂 Epon 812 环氧树脂处理过夜，将经过渗透处理的样品包埋起来。用 LKB-8800 型切片机切片修块，厚度为 60～90nm。最后，预先制备具 Fovara 膜的 200 目铜镍载网捞片，醋酸双氧铀和柠檬酸染色，干燥后置于日立 H-7650 型透射电镜（Hitachi）下观察拍照。叶绿体基粒片层的统计方法依据 Goodenough 等（1969）改进的 Teichler-Zallen 法对每个处理观察 100 个基粒，按照公式 $I＝100nN/\sum nN$（I 代表垛叠小于 10 的总片层占总的基粒垛叠片层百分比，n 代表基粒数，N 代表基粒垛叠数，nN 代表基粒类囊体片层垛叠小于 10 的总片层数，$\sum nN$ 代表所统计的总的基粒垛叠片层数）统计基粒片层数与基粒个数，计算出低基粒片层（≤10）所占的百分率。

半薄切片样品制备参考张宏平等（2017）测定方法：在透射电镜做好包埋块的基础上，用 KLB-V 超薄切片机进行半薄切片，厚度为 0.3～0.5μm。将薄片挑入蘸水滴的载玻片上，于 60℃ 温台上烘干或将玻片背面谨慎地温火烘干，使切片粘贴于玻片上。采用甲苯胺蓝快速染色法，水洗干净，中性胶封片，用 Olympus 显微镜观察拍照。显微照片用图像分析软件 Image Tool 3.0 处理，测量叶片厚度、栅栏组织及海绵组织厚度等，并计算组织比（栅栏组织厚度/海绵组织厚度）、叶片组织结构紧密度（栅栏组织厚度/叶片厚度，CTR，%）、叶片组织结构疏松度（海绵组织厚度/叶片厚度，SR，%）。

四、鲜烟叶生理生化分析方法

（一）光合特性指标测定

光合作用参数测定参考张毅（2013）的方法：利用 Li-6400 便携式光合仪（Li-Cor Inc，USA），对完全展开功能叶的光合参数进行测定。设定叶室温度为 26℃，光强为 800μmol/（m² · s），CO_2 浓度为 400μmol/mol。净光合速率（P_n）、气孔导度（G_s）、胞间 CO_2 浓度（C_i）和蒸腾速率（T_r）由光合仪直接测定；并计算瞬间水分利用效率（WUE）即 P_n/T_r、气孔限制值（L_s）即 $1-C_i/C_o$（C_o 为设定的 CO_2 浓度）。叶绿素荧光参数测定参考孙永平等（2007）的方法：利用便携式脉冲调制叶绿素荧光仪（PAM-2500），夹上叶夹暗适应 30min，测定暗适应下的初始荧光（F_o）、最大荧光（F_m），再设置 1 000μmol/（m² · s）的光强，测定光适应下的最大荧光（$F_{m'}$）、最小荧光

（$F_{o'}$）、稳定荧光（F_s）等荧光参数，和 PSⅡ最大光化学效率 $F_v/F_m = (F_m - F_o)/F_m$、PSⅡ潜在活性 $F_v/F_o = (F_m - F_o)/F_o$、PSⅡ有效光化学量子效率 $F_{v'}/F_{m'} = F_{m'} - F_{o'}/F_{m'}$、实际光化学效率 $\Phi_{PSⅡ} = (F_{m'} - F_s)/F_{m'}$、电子传递效率 $ETR = 0.5 \times \Phi_{PSⅡ} \times PAR \times 0.84$、光化学猝灭系数 $q_P = (F_{m'} - F_s)/(F_{m'} - F_{o'})$、非光化学猝灭系数 $NPQ = (F_m - F_{m'})/F_{m'}$。每张叶片选择 3 个测定点。

（二）其他生理生化指标测定

丙二醛含量的测定采用 2－硫代巴比妥酸显色法，可溶性糖含量的测定采用蒽酮比色法，脯氨酸含量的测定采用磺基水杨酸提取法，叶绿素含量的测定采用 80％丙酮提取液浸提法，超氧物歧化酶（SOD）活性的测定采用氮蓝四唑（NBT）光还原法，过氧化物酶（POD）活性的测定采用愈创木酚比色法，过氧化氢酶（CAT）活性的测定采用比色法，硝酸还原酶活性测定采用离体法，淀粉酶和蔗糖转化酶活性测定均采用 3，5－二硝基水杨酸法（邹琦，2000）。

相对电导率（EC）和相对电解质渗透率（REL）测定参照 Yang 等（1996）和 Wahid 等（2007）的方法。将 10 片新鲜叶圆片（0.5cm²）置于烧杯，加入 20mL 蒸馏水并抽真空 30min，震荡 3h 后测定初始电导率（S_1）。然后将有叶圆片和蒸馏水的烧杯煮沸 30min，冷却至室温后测定最终电导率（S_2）。以蒸馏水作为对照测定电导率（S_0）。相对电解质渗透率（REL）的计算是样品被高温杀死前后电导率的百分比，表示为：$REL（\%）= [(S_1 - S_0)/(S_2 - S_0)] \times 100$。总抗氧化能力（T－AOC）测定采用试剂盒免疫法（南京建成生物工程研究所），单位为 U/g FW。自由水和束缚水含量按刘向莉等（2005）的方法稍加改进，蔗糖用 6 倍浓度液浸没样品，鲜烟叶剪成 1cm² 的小片浸泡过夜。

生物量测定参考赵永长等（2016）的方法，植株冲洗干净后剪取地上部，称其鲜重，然后于 105℃下杀青 20min，80℃烘至恒量，称其干重。

生长素含量测定参考 Song 等（2013）的方法，采集叶片（靠近主脉附近）0.1g，液氮速冻后快速置于提前预冷的研钵中研磨，加入 80％甲醇，将再次研磨后的样品转移至 50mL 离心管，加入少量 80％甲醇冲洗研钵，定容至 20mL，4℃浸提过夜。次日 8 000r/min、4℃离心 10min 后取出上清液，向残渣中加入 0.5mL80％甲醇浸提 3h，重复上述操作，合并 2 次上清液。用氮吹仪浓缩至 0.5mL 左右，加入 0.5mL 石油醚，振荡混匀，移去上层醚相，保留下层水相，重复上述操作 3 次。向下层水相中加入 1mol/L HCl 将 pH 调至 2.5 左右，加入等体积的乙酸乙酯萃取 3 次，合并 3 次萃取后的乙酸乙酯层，用氮吹仪吹干，用流动相（100％甲醇：1％乙酸体积比为 4：6）定容至 0.5mL，然后用针头式过滤器将其过滤于带有内衬管的样品瓶内。采用高效液相色谱仪（Rigol L3000）检测，反相色谱柱为 Kromasil C18（250mm × 4.6mm，5μm）。

（三）次生代谢指标测定

苯丙氨酸解氨酶（Phenylalanine ammonia‐lyase，PAL）和莽草酸酯羟基肉桂酸转移酶（Shikimate O‐hydroxycinnamoyl transferase，HCT）活性采用试剂盒（苏州科铭生物技术有限公司）测定。总多酚含量检测采用 Folin‐Ciocalteu（福林-西奥卡特）法测定：取 2g 鲜样（粉碎），浸泡在 10mL 70％乙醇、1％的盐酸乙醇溶液中 2h，然后 4℃条件离心 20min（10 000g），取上清液稀释至 25mL 备用，测定波长 765nm。木质素含量测定采用试剂盒（苏州科铭生物技术有限公司）法。

类胡萝卜素含量采用 Arnon 法（张志良等，2003）测定。β—胡萝卜素含量采用比色法（张建华等，2000）测定：取 1 g 鲜样（粉碎），加 3mL 丙酮-石油醚（1：4）混合液研磨，加水分层，提取醚相，测定波长 448nm，含量参照标准曲线计算。叶黄素含量采用比色法（黄秋婵等，2012）测定。采用全波长酶标仪（Multiskan Go，美国 Thermo 公司）检测。

五、鲜烟叶多组学分析方法

（一）转录组及基因表达模式分析

总 RNA 提取：采用 TaKaRa MiniBEST Plant RNA Extraction Kit（Takara Bio Inc.，Dalian，China）试剂盒，按操作说明从烟苗叶片中提取和纯化总 RNA，1％的琼脂糖凝胶电泳对 RNA 的降解和污染情况进行鉴定，利用核酸蛋白测定仪/分光光度计（IMPLEN，CA，USA）检测 RNA 的纯度，用 Qubit© RNA Assay Kit in Qubit© 2.0 Flurometer（Life Technologies，CA，USA）检测 RNA 浓度。

反转录：操作按照 HiScript© Ⅱ Q RT SuperMix for qPCR（Vazyme，Nanjing，China）试剂盒，根据 primer5.0 设计用于 qRT－PCR 的特异性引物，以 Actin 为内参基因，采用 $2^{-\Delta\Delta CT}$ 法进行基因相对定量分析。

cDNA 文库构建：通过盐离子（Mg^{2+}）随机打断 mRNA 使之片段化，并以片段化的 mRNA 为模板，反转录合成 cDNA 文库第一链；加入磷酸尿苷（dUDP）合成第二条链。合成 cDNA 双链后，由北京诺和致源有限公司按照 illumina HiSeqTM2000（Illumina 公司）说明书上机进行测序。

PCR 反应体系：共 20μL，包括 10 μL 2×Phanta©Max Master Mix、2μL cDNA、0.8μL 正向引物、0.8μL 反向引物和 6.4μL 的 ddH$_2$O。反应程序设置为：预变性 95℃ 5min；循环反应 35 次：95℃ 15s、60℃ 15s；熔解 72℃ 60s/kb 5min。PCR 产物采用 1‰琼脂糖凝胶电泳，采用凝胶紫外分析仪进行检查和拍照。

qPCR 反应体系：共 20μL，包括 10μL 2×ChamQ Universal SYBR qPCR Master Mix（Vazyme，Nanjing，China）、2μL cDNA、0.4μL 正向引物、0.4μL 反向引物和 7.2μL 的 ddH$_2$O。反应程序设置为：预变性 95℃30s；循环反应 40 次：95℃ 10s、60℃ 30s；熔解曲线 95℃ 15s、60℃ 60s、95℃ 15s。qPCR 产物采用 1‰琼脂糖凝胶电泳，采用凝胶紫外分析仪进行检查和拍照。

（二）蛋白组分析

总蛋白提取：从－80℃冰箱取出组织样品，低温研磨成粉，转移至液氮预冷的离心管，加入适量蛋白裂解液（50mmol/L Tris－HCl、8 M 尿素、0.2‰ SDS，pH＝8），振荡混匀，冰水浴超声 5min 使充分裂解。于 4℃、12 000g 离心 15min，取上清液加入终浓度 2mmol/L DTTred 于 56℃反应 1h，之后加入足量 IAA，于室温避光反应 1h。加入 4 倍体积的－20℃预冷丙酮，于－20℃条件下沉淀至少 2h，于 4℃、12 000g 离心 15min，收集沉淀。之后加入 1mL－20℃预冷丙酮重悬并清洗沉淀。于 4℃、12 000g 离心 15min，收集沉淀，风干，加入适量蛋白溶解液 [8mol/L 尿素、100mmol/L 溴化四乙胺（tetraethyl-ammonium bromide，TEAB），pH＝8.5] 溶解蛋白沉淀。

蛋白质检测：使用 Bradford 蛋白质定量试剂盒，按照说明书配制牛血清蛋白（bovine serum albumin，BSA）标准蛋白溶液，浓度梯度范围为 50～1 000μg/μL。分别取不同浓度梯度的 BSA 标准蛋白溶液及不同稀释倍数的待测样品溶液加入 96 孔板中，补足体积至 20μL，每个梯度重复 3 次。迅速加入 200μL G250 染色液，室温放置 5min，测定 595nm 吸光度。先计算标准品及样品平均值，再减去各自的背景值得到标准品及样品的校正值，以标准品校正值对浓度绘制标准曲线，代入标准曲线的拟合公式计算待测样品的蛋白浓度。各取 30μg 蛋白待测样品进行 12‰ SDS－PAGE 凝胶电泳，其中浓缩胶电泳条件为 80V、20min，分离胶电泳条件为 150V、60min，随后进行考马斯亮蓝

R-250 染色。

iTRAQ 标记：各取 100μg 蛋白样品，加入蛋白溶解液补足体积至 100μL，加入 2μL 1μg/μL 胰蛋白酶和 500μL 100mmol/L TEAB 缓冲液，混匀后于 37℃酶切过夜。加入等体积的 1%甲酸，混匀后于室温、12 000g 离心 5min，取上清缓慢通过 C18 柱除盐，之后使用 1mL 清洗液（0.1%甲酸、4%乙腈）连续清洗 3 次再加入 0.4mL 洗脱液（0.1%甲酸、45%乙腈）连续洗脱 2 次，洗脱样合并后冻干。加入 20μL 0.5mol/L TEAB 缓冲液复溶，并加入足量 iTRAQ Reagents 8-plexkit 标记试剂，室温下颠倒混匀反应 1h。之后加入 100μL 50mmol/L Tris-HCl 终止反应，取等体积标记后的样品混合，除盐后冻干。

馏分分离：配制流动相 A 液（2%乙腈、98%水，氨水调至 pH＝10）和 B 液（98%乙腈、2%水，氨水调至 pH＝10）。使用 1mL A 液溶解标记后的混合样品粉末，室温下 12 000g 离心 10min，取 1mL 体积上清进样。使用 L-3 000HPLC 系统，色谱柱为 XBridge Peptide BEH C18（25cm×4.6mm，5μm），柱温设为 50℃。每分钟收集 1 管，合并为 10 个馏分，冻干后各加入 0.1%甲酸溶解。

液质联用（LC-MS）检测：配制流动相 A 液（100%水、0.1%甲酸）和 B 液（80%乙腈、0.1%甲酸）。对收得馏分上清各取 2μg 样品进样，液质检测。使用 EASY-nLCTM 1 200 纳升级 UHPLC 系统，预柱为 Acclaim PepMap100 C18 Nano-Trap（2cm×100μm，5μm），分析柱为 Reprosil-Pur 120 C18-AQ（15cm×150μm，1.9μm）。使用 Q ExactiveTM HF-X 质谱仪，EASY-SprayTM 离子源，设定离子喷雾电压为 2.3kV，离子传输管温度为 320℃，质谱采用数据依赖型采集模式，质谱全扫描范围为 350～1 500m/z，一级质谱分辨率设为 60 000（200m/z），C-trap 最大容量为 $3×10^6$，C-trap 最大注入时间为 20 ms；选取全扫描中离子强度 TOP 40 的母离子使用高能碰撞裂解（HCD）方法碎裂，进行二级质谱检测，二级质谱分辨率设为 15 000（200m/z），C-trap 最大容量为 $1×10^5$，C-trap 最大注入时间为 45ms，肽段碎裂碰撞能量设为 32%，阈强度设为 $8.3×10^3$，动态排阻范围设为 60s，生成质谱检测原始数据。

（三）代谢组分析

样品提取：首先对超低温冷冻保存的烟草样本进行真空冷冻干燥，再用研磨仪（MM 400，Retsch）在 30Hz 条件下研磨 1.5min，准确称取 100mg 的粉末，用含有 0.1mg/L 利多卡因的 70％甲醇 1.0mL 于 4℃提取过夜，为了使提取更充分，提取过程中涡旋三次。提取液置于离心机 10 000g 离心 10min，然后吸取上清液用微孔滤膜（孔径 0.22μm）过滤，过滤液保存在进样瓶中用于随后的 LC－MS 分析。样本提取物混合后制成质控样本（QC）用于分析样本的重复性。为了考查分析过程的重复性，通常在每 10 个检测分析样本中插入一个 QC 样本。

代谢物检测：数据采集仪器系统主要包括超高效液相色谱（Ultra Performance Liquid Chromatography，UPLC）（Shim－pack UFLC SHIMAD-ZUCBM20A）和串联质谱（Tandem mass spectrometry，MS/MS）（Applied Biosystems 4500 QTRAP）。采用 API 4500 QTRAP LC/MS/MS 系统，主要参数包括：电喷雾离子源（electrospray ionization，ESI）温度为 550℃，质谱电压为 5 500 V，帘气（curtain gas，CUR）为 25 psi，碰撞诱导电离（collision－activated dissociation，CD）参数设置为高。数据利用 Analyst 1.6.1（AB SCIEX）软件进行分析处理（Chen et al.，2013）。

六、VIGS 验证

病毒诱导基因沉默（Virus－induced gene silencing，VIGS）技术在基因功能分析中周期性短，无须进行遗传转化和组织培养，操作简便高效，技术优势明显。其中，烟草脆裂病毒（Tobacco rattle virus，TRV）已被成功运用于烟草等茄科植物的 VIGS 体系，类胡萝卜素合成途径的限速酶八氢番茄红素脱氢酶（phytoene deasturase，PDS）基因为首选报告基因；植物体中的类胡萝卜素合成受阻时，用肉眼即可观测到光漂白症状（王旭等，2016）。

目的基因的克隆鉴定与测序：提取鲜烟叶总 RNA，反转录合成 cDNA；目的基因 PCR 扩增后，采用胶回收试剂盒（DC301，南京诺唯赞）进行片段回收和纯化，采用重组试剂盒进行目的片段与克隆载体（pMD18－T）重组，采用热激法（42℃ 90 s）将重组后反应产物导入 DH5α 感受态细胞，转到固体 LB 培养基（Amp＋）上均匀涂板，37℃倒置培养；采用蓝白斑菌落筛选，用无菌枪头挑取蓝色单菌落，接种于 LB 培养液中，采用 M13 通用引物（张涵等，2019）进行 PCR 阳性检验；挑取 PCR 阳性重组质粒扩大培养，应用质粒提取试剂盒提取质粒后，采用正向和反向引物分别测序。

VIGS 载体构建：利用带 EcoRI 和 KpnI 酶切位点的引物从构建好的含有目的片段的 pMD18－T 载体中扩增目的基因片段，胶回收后用 EcoRI 和 KpnI

酶切，再与 EcoRI 和 KpnI 双酶切的 TRV2 连接，转化 DH5α 大肠杆菌，阳性克隆和摇菌后提取质粒，再进行 EcoRI 和 KpnI 双酶切验证，琼脂糖凝胶电泳检测含目的基因片段的 pTRV2 沉默载体。

TRV 病毒介导的基因沉默：提取的含目的片段的 pTRV2 重组载体通过冻融法转入农杆菌感受态（LBA4 404）中，摇菌培养 3 h，在 LB 固体培养基（Kan＋Rif）上涂板并倒置培养，选择单菌落进行菌落 PCR 阳性检验；阳性菌在 LB 固体培养基（Kan＋Rif）上划线培养并进行菌落 PCR 阳性检验，再于 LB 液体培养基（Kan＋Rif）中进行活化，收集菌体并与 TRV 菌液等体积混合，离心后在无菌水中悬菌、洗菌，再离心后加入含 MES（10μmol/L）、MgCl$_2$（10μmol/L）和 AS（200μmol/L）的无菌水中，28℃暗处理 4h 后注射烟苗叶片，以不含 PDS 的 pTRV2 空载侵染为对照。

第四节 田间试验研究方法

一、田间调查测量

生育期和农艺性状调查参考"YC/T 142—2010 烟草农艺性状调查测量"方法。病虫害调查参照"GB/T 23222—2008 烟草病害分级及调查"方法。经济性状调查参照"GB2635—92 烤烟"方法。

二、烤后烟叶理化分析方法

烤后烟叶在温度（22±1）℃、相对湿度 60％±3％条件下平衡水分 72h 后，用于烤后烟叶理化指标分析。

物理指标检测：①单叶重量：每个烟叶样品随机抽取 50 片烟叶，用精度为 0.1g 的天平称重并计算。②叶片厚度：每个烟叶样品随机抽取 10 片烟叶，用电动厚度仪分别测量每片烟叶主脉一侧平行于主脉中线的 1/4、2/4、3/4 位置处的叶片厚度，以 10 片烟叶 30 个测量点的平均厚度作为该样品的厚度。③叶面密度：每个烟叶样品随机抽取 10 片烟叶，用圆形打孔器在每片烟叶主脉一侧平行于主脉的中线上均匀打取 5 片圆形小片，将 50 片圆形小片放入水分盒中，在烘箱 70℃条件下烘 3h 后取出，放入干燥皿中冷却 30min 后称重，计算叶面密度。④含梗率：每个烟叶样品随机抽取 20～30 片烟叶，在温度 22±1℃、相对湿度 60％±3％条件下平衡水分 72h，抽梗后用精度为 0.1g 的天平分别称烟片和烟梗的重量并计算。⑤平衡含水率：每个烟叶样品随机抽取

20～30 片烟叶，在温度（22±1）℃、相对湿度 60%±3% 条件下平衡水分 72h，抽梗后切成（0.8±0.1）mm 的烟丝；将烟丝在恒温恒湿箱［温度（22±1）℃，相对湿度 60%±3%］内平衡 72h 后，用烘箱法测定。⑥填充值：每个烟叶样品随机抽取 20～30 片烟叶，在温度 22±1℃、相对湿度 60%±3% 条件下平衡水分 72h，抽梗后切成（0.8±0.1）mm 的烟丝；在温度（22±1）℃、相对湿度 60%±3% 条件下平衡水分 72h 以上（烟叶含水率为 12.0%～13.0%），采用填充仪测定。⑦拉力和伸长率：每个烟叶样品随机抽取 10 片烟叶，在每片烟叶主脉一侧且平行主脉的中线中间位置裁 1.5cm×15cm 的小长条，在温度（22±1）℃、相对湿度为 70%±3% 的环境条件下平衡水分 72h 后，采用拉力计测定拉力和伸长率。

烤后烟叶化学成分分析同第二章第一节。

第五节 数据处理与分析方法

方差分析、回归分析、多重比较、响应面分析、均匀分析和 312－D 最优饱和设计分析采用 SAS 9.0，灰色关联度分析采用 Matlab R2016a。AMMI 分析采用 DPS16.5。GGE 双标图制作采用 R 语言的 GGEBiplot GUI 软件包。生态因子的贡献率采用平方和贡献率计算方法，贡献率% ＝ $SS_{变因}$ × 100%/（$SS_{总}$ － $SS_{误}$ － $SS_{区组}$）。可视化相关网络分析采用 Ucinet 6.0 软件。成熟采收烟叶的信号通路分析、代谢产物的分子注释、相关酶、转运蛋白及参与通路条数等信息采用 KEGG 数据库（http：//www.kegg.jp），代谢产物路径采用 MetaboAnalyst 3.0（http：//www.metaboanalyst.ca）可视化在线软件，地图制作采用 ArgGIS 9.3 软件，柱状图制图采用 Excel2020 和 Origin9.4 软件。

多目标决策分析（Multiple objective decision making，MODM）：多目标决策是对多个相互矛盾的目标进行综合的、科学的、合理的选优，然后做出最优决策的理论和方法，避免了人为主观性，将各项指标按照要求分为望大型、望小型、中心值型，基于模糊数学和熵权思想，进行综合性状评价。平顶期农艺性状评价指标类型选择：结合福建烟区生态特点，株高、节距、有效叶数为望大型指标，茎围为望小型指标，长宽比为中心值型指标，根据工业反馈建议以 2.3 较为适宜，进行差值模转化，转化后为望小型指标。经济性状评价指标类型选择：产量、产值、上等烟比例、中上等烟比例和均价均为望大型。

参考基因组比对和基因注释：烟草基因组和基因模型注释文件是从 NCBI

中下载的。参考基因组比对和基因注释：从 NCBI 中下载烟草基因组和基因模型注释文件，使用 Bowtie v2.2.3 构建参考基因组的索引，使用 TopHat v2.0.12 将 clean reads 与参考基因组比对。生成的所有 RNA-Seq 原始数据都存储在 NCBI 的序列读取存档（SRA）中（登录号：SRP 129 465）。

基因表达水平和差异表达分析的量化：用 HTSeq v0.6.1 计算比对到每个基因的片段数。RNA-Seq 中每个基因的表达水平利用 $FPKM$ 值进行标准化（Trapnell et al.，2010）。对于每个基因当 $FPKM>1$ 时认为该基因是具有转录组和活性的。利用 R 包 DESeq（1.18.0）对低温处理和对照烟叶进行基因差异表达分析，每个样品三个生物学重复。在多重分析中，使用 FDR 值来确定 P 值的阈值，当 adjust-$P<0.01$，且两个文库中 $FPKM$ 值的倍数超过 8 倍则认为是差异显著。

差异基因的 GO 分类和 KEGG 注释：利用 Blast2GO（V2.5）分析软件，根据基因产物的相关分子功能、生物学途径以及细胞学组分对差异基因进行 GO 注释。KEGG 是一个系统分析基因与基因组信息的数据库。应用 KEGG 自动注释服务器（KAAS）对差异基因进一步富集分析，并获取序列所参与的代谢过程。

生物信息学分析：利用 NCBI 的 ORF finder 预测开放阅读框；采用在线程序 Smart（http：//smart. emblheidelb erg. de/）对蛋白保守结构域进行分析；采用 Expasy 网站的 ProtParam 程序（http：//web. expasy. org/prot-param/）分析蛋白质理化性质；采用 NCBI 中的 BLAST 和 DNASTAR 软件进行同源性分析；采用 SignalP 4.1 Server 软件（http：//www. cbs. dtu. dk/services/SignalP/）进行信号肽预测，采用程序 TMHMM 2.0（http：//www. cbs. dtu. dk/services/TMHMM/）预测跨膜结构域；通过在线工具 Psort（http：//psort. hgc. jp/form. html）进行目的序列的亚细胞定位分析；应用在线工具 Profun（http：//www. cbs. dtu. dk/services/ProtFun/）进行功能分类预测。用 ClustalX 和 MEGA5.1 进行多序列比对和 N-J 进化树的构建（贺小彦，2011；陈倩等，2018）。

第三章　龙岩烤烟种植的生态基础

第一节　烤烟种植对生态条件的要求

　　烟草起源于南美洲，温暖多光照的气候和排水良好的土壤更适宜烟草的生长（表3-1）。然而，不同的烟草类型与品种，对生态环境条件的要求也会有一定的差异，生产优质烟叶所需的生态条件与烟草生长发育最适宜的生态条件并不尽相同。烤烟是栽培烟草的主要类型，以下重点介绍烤烟对生态条件的要求。

表3-1　烤烟适生类型的划分标准

适生类型	主要生态指标
最适宜类型	①无霜期＞120d；②≥10℃积温＞2 600℃；③≥20℃日平均气温持续日数≥70d；④0~60cm土壤含 Cl⁻ 量＜30 mg/kg；⑤土壤pH：5.5~6.5；⑥地貌类型：中低山、低山、丘陵
适宜类型	①无霜期＞120d；②≥10℃积温＞2 600℃；③日平均气温≥20℃持续日数≥70d；④0~60cm土壤含 Cl⁻ 量＜30mg/kg；⑤土壤pH：5.0~7.0；⑥地貌类型：中低山、低山、丘陵
次适宜类型	①无霜期≥120d；②≥10℃积温＜2 600℃；③日平均气温≥20℃持续日数＞50d；④0~60cm土壤含 Cl⁻ 量＜45mg/kg
不适宜类型	①无霜期＜120d；②0~60cm土壤含 Cl⁻ 量＞45mg/kg

一、气候条件要求

（一）温度

　　烟草是喜温作物，在无霜期少于120d或稳定通过10℃的活动积温少于2 600℃的地区，难以完成正常的生长发育过程。生长最低温度一般是10~12℃，适宜温度20~28℃，一般在22~28℃生长良好，成熟期日平均温度在

20℃以上，生长期20℃以下，烟叶品质难以形成。苗期日平均温度25~28℃、光线弱、湿度大的条件下，生长极为迅速，往往造成徒长；低于10℃则生长迟滞，10cm深度地温必须达到10℃以上，并稳步上升，移栽后30d内低温影响根系伸展。大田期日平均温度10~35℃范围均可生长，最适宜温度25~28℃，20~26℃有利于烟叶品质形成；低于17℃则光合速率受阻，烟株生长显著受阻；高于35℃烟株生长受抑制，烟碱含量增加。成熟期日平均温度不低于20℃为宜，16~17℃则烟叶不能成熟落黄，烟叶品质即趋于最差。

（二）水分条件

烤烟属比较耐旱的作物。从生长需要看，在降水量比较充足，土壤水分达最大持水量的60%~70%时，根系发育最好，产、质量较高；低于40%则地上部分生长和根系伸展受阻、干物质积累少，高于80%则地上部合成干物质运输到根系的很少、根系生长发育不良。水分供应过大，烟叶细胞间隙大，组织疏松，调制后颜色淡，香气不足，烟碱含量相对较低。反之，烟株生长受阻，长势差，叶片小而厚，不仅产量低且组织粗糙，质量较差。为获得理想产量与优质烟叶，烟草适宜种植在降水较为充足，而且雨量分布又较为均匀的地区。

烟草自移栽至团棵，烟株营养体尚小，耗水以地表蒸发为主，旺长期根系向纵深发展，吸水能力强，蒸腾强度大，耗水形式以叶面蒸腾为主，耗水和需水最多。成熟期田间叶面积系数逐渐减小，耗水由旺长期的蒸腾为主逐渐转向地表蒸发为主。据估算，烟草每生产1g干物质的蒸腾失水量在500g以上，大田条件下总需水量为500~700mm。伸根期土壤相对含水量以50%~60%为宜，需降水量100~120mm；旺长期土壤相对含水量以75%~80%为宜，需降水230~280mm；成熟期土壤相对含水量以65%~70%为宜，需降水150~180mm。

（三）日照条件

烟草是喜光作物，大多数烟草品种是日中性作物。光照不足则易导致细胞分裂慢、细胞间隙加大、生长纤弱、干物质积累减慢、叶片大而薄，叶片不能达到真正的成熟。强烈日照则细胞壁加厚、粗筋暴叶、烟碱含量高。一般生产情况下，烟草大田生长期间日照时数宜达到500~700h，日照百分率达到40%以上；收获期间日照时数最好达到280~300h，日照百分率达到30%以上。日照时数低于8h，烟株生长缓慢，叶色减淡，花芽提前分化。

光质对烟草生长发育也有明显的影响。蓝光促进蛋白质的积累，红光促进糖类的积累，UV−B辐射能提高烟叶β−胡萝卜素和总类胡萝卜素的含量，提高烟叶多酚含量。与白光处理比较，红光处理的叶片生长受到一定程度的抑制，但明显低于蓝光的抑制程度。

二、土壤环境要求

土壤中通气状况、水分供应和氮素营养是叶片扩展的三大关键因素。通常，表土疏松、心土略紧实、有保水保肥能力且排水通气较好的土壤较为适宜植烟，土壤微生物多样性较高，养分利用较好。质地黏重土壤，通气差、地温上升慢、养分供应迟缓，而砂性土壤保水保肥能力差、后期易脱肥、烟叶油分不足，土壤细菌和真菌出现不利趋化加重。土壤肥力以有机质含量适中的中等肥力较好。最适宜种植烤烟的土壤为弱酸性至中性土壤（pH 为 5.5～7.0），pH 过高影响烟草对磷、铁、锰的吸收，pH 过低也不利于烟草的生长。伸根期，弱酸性土壤上的烟株长势最强，净光合速率、氮素同化能力均高于中性及弱碱性土壤。旺长期，弱碱性土壤上的烟株碳氮代谢水平高于中性及弱酸性土壤。酸性土壤上烟株进入生殖生长期相对提早 5～6 d。烟草对磷的吸收几乎不受 pH 影响（6.0～8.0）。

第二节 龙岩烟区生态资源概况

区内植烟自然条件优越，处于中亚热带季风气候向南亚热带季风气候过渡区，大部分地区属于亚热带海洋性湿润季风气候，四季分明，气候温和，无霜期长，光热资源丰富，雨量充沛。多年平均无霜期 298d，最高极端气温为 38.1℃，最低极端气温为 −5.6℃。年平均气温 18.5～20.5℃、平均年降水量 1 486～1 716mm、年日照时数 1 624～1 766h、日照百分率达 40%以上、森林覆盖率达 78.8%、水土流失面积仅占总面积的 6%以下、多年平均干旱指数为 0.66、烟叶成熟期大于 20℃的天数在 65d 以上，气候条件适合烟叶的生长。龙岩现有耕地面积 12.87 万 hm²，适宜植烟面积 7.33 万 hm²，土壤有机质含量高、pH 在 5.0～5.5，植烟土壤多为黄壤、红壤、砂壤土，适宜种植优质烟叶。20 世纪 70 年代末 80 年代初，龙岩地区被评为全国烤烟生态三大最适宜区之一。

一、气象条件

(一) 气温

年平均气温在 19.7℃左右，最冷出现在 1 月份，1 月份常年平均气温为

12℃左右；最热出现在 7 月份，7 月份常年平均气温为 27.5℃。由于地势海拔的不同，各地的气温有一定的差异。北部和 600m 以上中高海拔地区低 2～3℃，境内地势南低北高。

龙岩地区大田期平均气温在 19.72℃，其中温度最低的县（市）出现在长汀，为 18.47℃，而温度最高出现在漳平，为 20.49℃。烟草成熟期的平均气温在 25.85℃，温度最低出现在长汀，为 25.36℃，温度最高出现在上杭，为 26.33℃（表 3-2）。

表 3-2　龙岩各县（市、区）1983—2018 年主要气象资料汇总表

县 （市、区）	年平均 气温 （℃）	无霜期 （d）	≥10℃ 积温 （℃）	生育平均气温 （℃）		降水量（mm）			日照时数（h）	
				大田期	成熟期	全年	大田期	成熟期	全年	成熟期
长汀	18.47	297	63 407.15	18.22	25.36	1 702.02	361.66	282.73	1 624.46	123.87
连城	19.11	291	66 238.96	18.75	25.53	1 689.49	357.35	251.97	1 658.03	131.34
武平	19.54	290	66 845.90	19.15	25.64	1 705.89	348.67	293.07	1 697.43	127.24
上杭	20.18	298	71 165.77	19.79	26.33	1 641.56	330.89	271.32	1 766.00	134.09
漳平	20.49	317	73 015.48	20.19	26.30	1 528.56	301.22	232.97	1 628.93	132.31
新罗	20.18	291	72 073.42	19.75	25.73	1 750.02	359.44	313.36	1 699.38	128.80
永定	20.09	305	71 172.80	19.83	26.06	1 635.21	322.20	266.31	1 756.73	138.14
全市平均	19.72	298	69 131.35	19.38	25.85	1 664.68	340.20	273.11	1 690.14	130.83

（二）降水量

平均年降水量大多在 1 486～1 716mm，常年水面蒸发量多为 1 000～1 200mm，7—8 月的蒸发量最大。年平均相对湿度为 76%～80%，山间林地、谷地的相对湿度更大一些。如表 3-3 所示，从降水年内分配来看，多集中在 4—9 月份，占降雨量的 80%，5—6 月份又占全年降雨量的 36% 左右。据各县（市、区）气象站的观测资料：3—4 月为春雨季，平均降水 285.9～413.3mm。5—6 月为梅雨季，平均降水 524.1～624.2mm。以上两个雨季的降水，占年总降水量的 50%～60%。7—9 月为台风雷阵雨季，平均降水 361.4～479.3mm。10 月至次年 2 月为干季，5 个月的降水为 268.0～317.7mm，仅占年总降水量的 17%～20%。

表3-3 龙岩各县（市、区）降水量统计表

单位：mm

县（市、区）	月份			
	3—4	5—6	7—9	10至翌年2月
长汀	413.3	616.0	369.8	317.4
连城	382.7	612.1	361.4	317.7
武平	339.2	624.2	440.3	270.9
上杭	312.0	557.8	465.8	268.2
漳平	285.9	524.1	408.5	268.0
新罗	401.2	564.0	483.4	301.5
永定	296.6	546.2	469.9	277.0
全市平均	329.6	609.2	479.3	274.3

大田期各县（市、区）的月降水量在301.22～361.66mm，漳平雨量最少，长汀雨量最多；成熟期各县（市、区）的月降水量在232.97～313.36mm，漳平雨量最少，新罗雨量最多（表3-2）。

（三）光照

光照充足，全年光照时间1 624～1 766h，长汀日照时数最少，上杭日照时数最多；成熟期各县日照时数在123.87～138.14h，长汀日照时数最少，永定日照时数最多（表3-2）。

二、土壤类型

龙岩市植烟县（市、区）主要分布在长汀、连城、武平、上杭、漳平、永定，新罗区无烟草种植分布。境内山岭与河谷盆地呈东北西南走向的带状分布，形成"三峡二谷"的地形大势。主要山脉有武夷山脉南段（含松毛岭分支）、玳瑁山（含采眉岭分支）、博平岭，大部分在海拔800m以上，其中武夷山脉南段隶属于福建闽西大山带，博平岭隶属于福建闽中大山带，博平岭是福建省亚热带、中亚热带气候分异分界线。盆地东西狭窄，南北长，中部、南部稍宽，盆地内平原谷地的海拔高度一般在340～380m。地势由东北向西南倾斜，呈东高西低状，平均海拔460 m。境内有中山、低山、丘陵、平地四种基本地貌，其中平地仅占全市总面积的5.17%，中山和低山分别为38.06%和40.49%，山地丘陵占全市总面积的94.8%，耕地面积13.44万hm²。

（一）红壤

红壤有 134.65 万 hm²，占全区土壤面积 172.25 万 hm² 的 78.17%。红壤一般分布于海拔 950m 以下，以丘陵地带最多，低山地带次之，中山地带最少。成土母质系花岗岩、片麻岩、泥质岩、砂岩、板岩等的风化物。土层深厚，多数在 1m 以上，厚的可达 10m 以上。土色呈浅红色或棕红色。划分为 6 个亚类，21 个土属。

红壤亚类。面积 103.71 万 hm²，占红壤土类的 77.02%。各土属的名称与面积：酸性岩风化物红壤 36.54 万 hm²，占 35.23%。砂质岩风化物红壤 31.12 万 hm²，占 30.01%。泥质岩风化物红壤 28.08 万 hm²，占 27.07%。中性岩风化物红壤 8 793hm²，占 0.85%。基性岩风化物红壤 213hm²，占 0.02%。石灰岩风化物红壤 8 580hm²，占 0.83%。堆积性红壤 2 800hm²，占 0.27%。侵蚀红壤 5.90 万 hm²，占 5.72%。粗骨性红壤亚类，只有酸性粗骨性红壤土属，面积 3.37 万 hm²，占红壤土类的 2.50%。

黄红壤亚类。面积 26.06 万 hm²，占红壤土类的 19.35%。各土属的名称与面积：酸性岩风化物黄红壤 14.20 万 hm²，中性岩风化物黄红壤 2 307hm²，泥质岩风化物黄红壤 5.05 万 hm²，砂质岩风化物黄红壤 6.55 万 hm²，基性岩风化物黄红壤 267hm²。

暗红壤亚类。面积 6 367hm²，占红壤土类的 0.47%。各土属名称与面积：砂质岩风化物暗红壤 3 813hm²，酸性岩风化物暗红壤 1 380hm²，泥质岩风化物暗红壤 1 127hm²，中性岩风化物暗红壤 46.67hm²。

水化红壤亚类。面积 4 273hm²，占红壤土类的 0.33%。本亚类只有水化红壤土属。

红土亚类。面积 4 273hm²，占红壤土类的 0.32%。各土属的名称与面积：红泥土 3 480hm²，划分为灰泥土、红泥土、红骨泥 3 个土种；红泥砂土 793hm²，划分为灰红泥砂土、红泥砂土、红砂土 3 个土种。

（二）水稻土

水稻土 13.20 万 hm²，占全区土壤面积的 7.67%。起源于各种自然土壤，在长期水耕熟化条件下形成。分布在海拔 1 350 m 以下地带。主要集中于溪河沿岸的河谷盆地，其次是分布在丘陵、低山的山垅和坡地上。划分为 4 个亚类，11 个土属。

渗育型水稻土亚类。面积 7.47 万 hm²，占水稻土土类的 56.55%。各土属的名称与面积：黄泥田 6.88 万 hm²，占 92.13%，划分为乌黄泥田、灰黄泥田、黄泥田、灰黄泥沙田、黄泥沙田等 5 个土种；紫泥田 4 367hm²，划分为灰紫泥田、黄底紫泥田、紫泥沙田、紫泥田等 4 个土种；沙质田 1 440hm²，划分为沙层田、黄沙田等 2 个土种；红土田 73hm²，划分为红土田、红泥沙田等 2 个土种。

潴育型水稻土亚类。面积 3.91 万 hm²，占水稻土土类的 29.61％。各土属的名称与面积：灰泥田 3.15 万 hm²，划分为灰泥田、青底灰泥田、黄底灰泥田、灰沙泥田、乌紫泥田、紫灰泥田、黄底紫灰泥田等 7 个土种；乌泥田 387hm²，划分为乌泥田、青底乌泥田、黄底乌泥田等 3 个土种；潮沙7 193hm²，划分为乌沙田、灰沙田等 2 个土种；石灰泥田 73hm²，划分为石灰泥田土种。

潜育型水稻土亚类。面积 1.67 万 hm²，占水稻土土类的 12.62％。各土属的名称与面积：冷烂田 1.28 万 hm²，划分为冷水田、锈水田、浅脚烂泥田、深脚烂泥田等 4 个土种；青泥田 3 867hm²，划分为青泥田土种。

漂洗型水稻土亚类。面积 1 600hm²，占水稻土土类的 1.21％。只划分 1 个土属，即白土田土属。下分白鳝泥田、白底田、茹粉田等 3 个土种。

（三）紫色土

紫色土 5.51 万 hm²，占全土壤面积的 3.20％。属地域性土壤。多分布于海拔 500 m 以下的丘陵地带。较集中于连城县城郊、朋口、庙前，上杭县城郊，漳平市灵地，武平县中山等地。成土母质为紫色页岩、紫色砂砾岩、紫色砂岩、石灰性紫色砾岩、石灰性紫色页岩的风化物。成土年龄短，剖面风化不明显，母质性状表现强烈。剖面分异不明显，全剖面呈紫红色。抗蚀性弱，侵蚀严重，土层浅薄。划分为 3 个亚类，4 个土属。

酸性紫色土亚类。面积 5.45 万 hm²，占紫色土土类的 98.99％。各土属名称与面积：砂砾岩酸性紫色土 3.67 万 hm²，泥质岩酸性紫色土 1.78 万 hm²。

中性紫色土亚类。面积 260hm²，占紫色土土类的 0.47％。本亚类只有中性紫色土土属。

紫泥土亚类。面积 293hm²，占紫色土土类的 0.54％。本亚类只有猪肝土土属。划分为油猪肝土、猪肝土 2 个土种。

三、土壤理化性状

（一）物理性状

土壤质地以沙壤、壤土为主，土壤肥力中等偏上，土壤孔隙度 40％～55％，土壤容重≤1.0，耕作层深度 16～25cm，培土后单株烟墩体积为 0.15～0.2m³。

（二）土壤 pH

土壤 pH 检测结果（表 3-4）表明，龙岩的 pH 平均为 5.24，属于酸性土壤。pH 最小的县（市、区）为上杭，pH 最大的为武平。检测的所有样品中，无大于 7.0 的样品。小于 5.5 的长汀占 26.21%，武平占 44.83%，永定占 30.61%，上杭占 20.27%，漳平占 27.27%，连城占 25.42%。武平小于 6.0 的占的分量最少，为 79.31%，漳平小于 6.0 的为 100%。

表 3-4　龙岩各县（市、区）植烟土壤 pH

产烟县（市、区）	检测样数	pH	各档 pH 所占（%）				
			≤5.5	≤6.0	6.0～7.0	>7.0	>7.5
长汀	103	5.22	26.21	92.23	7.77	0	0
连城	59	5.30	25.42	91.53	8.47	0	0
武平	58	5.43	44.83	79.31	20.69	0	0
上杭	74	5.05	20.27	98.65	1.35	0	0
漳平	22	5.29	27.27	100.00	0.00	0	0
永定	49	5.16	30.61	97.96	2.04	0	0
全市平均		5.24	29.10	93.28	6.72	0	0

（三）土壤有机质

全市平均有机质含量为 2.9%，含量最高的为武平（3.09%），含量最低的为漳平（2.57%）。所检测的样品中，≤1.5% 的全市平均占 3.14%。大多集中在大于 2.5%，最高的为上杭，有 78.38% 的样品有机质含量在 2.5% 以上。永定有 55.10% 的样品有机质含量在 3.0% 以上（表 3-5）。

表 3-5　龙岩各县（市、区）植烟土壤有机质含量

县（市、区）	平均含量（%）	其中：占%				
		≤1.5	1.5～2.0	2.0～2.5	>2.5	>3.0
长汀	2.64	6.80	16.50	29.13	47.57	27.18
连城	3.04	3.39	11.86	16.95	67.80	54.24
武平	3.09	0.00	13.79	10.34	75.86	48.28
上杭	3.03	0.00	6.76	16.22	78.38	48.65
漳平	2.57	4.55	18.18	31.82	45.45	27.27
永定	3.03	4.08	4.08	20.41	73.47	55.10
全市平均	2.90	3.14	11.86	20.81	64.76	43.45

（四）土壤速效氮

全市平均土壤速效氮含量 132.28mg/kg，大于 150mg/kg 的，全市平均占 23.83％。其中武平比例最高，可达 37.93％；漳平比例最低，只有 4.55％。全市平均有 65.55％的土壤样品速效氮含量大于 120mg/kg，有 87.36％的土壤样品速效氮含量大于 100mg/kg，无样品小于 60mg/kg（表 3-6）。

表 3-6　龙岩各县（市、区）植烟土壤速效氮含量

县（市、区）	平均含量（mg/kg）	其中：占％				
		30～60	60～100	>100	>120	>150
长汀	138.06	0.00	12.62	87.38	67.96	32.04
连城	131.47	0.00	11.86	88.14	59.32	27.12
武平	148.82	0.00	6.90	93.10	77.59	37.93
上杭	134.03	0.00	2.70	98.65	79.73	22.97
漳平	113.57	0.00	27.27	77.27	45.45	4.55
永定	127.71	0.00	20.41	79.59	63.27	18.37
全市平均	132.28	0	13.63	87.36	65.55	23.83

（五）土壤速效磷（P_2O_5）

全市平均土壤速效磷含量 43.14mg/kg，大于 50mg/kg 的，全市平均占 31.49％。其中永定比例最高，可达 51.02％；漳平比例最低，只有 13.64％。全市平均有 51.02％的土壤样品速效磷含量大于 40mg/kg，有 12.97％的土壤样品速效磷含量在 30～40mg/kg，有 9.31％的土壤样品速效磷含量在 10～20mg/kg（表 3-7）。

表 3-7　龙岩各县（市、区）植烟土壤速效磷含量

县（市、区）	平均含量（mg/kg）	其中：占％				
		10～20	20～30	30～40	>40	>50
长汀	41.65	5.83	16.50	6.80	60.19	28.16
连城	38.71	10.17	25.42	11.86	37.29	25.42
武平	40.15	10.34	17.24	13.79	50.00	20.69
上杭	53.34	0.00	22.97	2.70	62.16	50.00
漳平	36.22	9.09	31.82	18.18	45.45	13.64
永定	48.76	20.41	18.37	24.49	51.02	51.02
全市平均	43.14	9.31	22.05	12.97	51.02	31.49

（六）土壤速效钾（K_2O）

全市平均土壤速效钾含量 102.48mg/kg，其中长汀速效钾含量较高，可达 114.82mg/kg，连城最低，为 85.14mg/kg。大于 250mg/kg 的，全市平均占 0.16%，仅长汀有 0.97% 的样品可达到 250mg/kg。全市平均有 53.15% 的土壤样品速效钾含量小于 100mg/kg，有 27.93% 的土壤样品速效钾含量在 100～150mg/kg，有 14.84% 的土壤样品速效钾含量在 150mg/kg 以上（表 3-8）。

表 3-8　龙岩各县（市、区）植烟土壤速效钾含量

县 （市、区）	平均含量 （mg/kg）	其中：占%			
		＜100	100～150	＞150	＞250
长汀	114.82	43.69	23.30	27.18	0.97
连城	85.14	69.49	16.95	5.08	0.00
武平	110.80	37.93	46.55	15.52	0.00
上杭	103.82	54.05	31.08	6.76	0.00
漳平	100.76	54.55	27.27	18.18	0.00
永定	99.52	59.18	22.45	16.33	0.00
全市平均	102.48	53.15	27.93	14.84	0.16

（七）交换性钙（Ca）

全市平均土壤交换性钙含量为 627.00mg/kg，其中永定交换性钙含量最高，可达 689.23mg/kg，长汀最低，为 458.04mg/kg。

（八）交换性镁（Mg）

全市平均土壤交换性镁含量为 51.29mg/kg，其中长汀交换性镁含量最低，为 39.98mg/kg，武平最高，为 60.22mg/kg。

（九）速效硼（B）

全市平均土壤速效硼含量为 0.20mg/kg，其中武平速效硼含量最低，为 0.17mg/kg，漳平最高，为 0.22mg/kg。

（十）有效铜（Cu）

全市平均土壤有效铜含量为 5.03mg/kg，其中长汀有效铜含量最低，为 3.31mg/kg，永定最高，为 7.17mg/kg。

（十一）水溶氯（Cl）

全市平均水溶氯含量为 13.82mg/kg，其中永定水溶氯含量最低，为 9.92mg/kg，连城最高，为 26.20mg/kg。

（十二）重金属含量

符合 GB 151618—1995、GB 5084—2021、GB 3095—2012 等标准的相关规定。

龙岩市植烟土壤速效养分平均含量汇总表见表 3-9。

表 3-9 龙岩植烟土壤速效养分平均含量汇总表

县（市、区）	pH	有机质(g/kg)	全氮(g/kg)	全磷(g/kg)	全钾(g/kg)	速效氮(mg/kg)	速效磷(mg/kg)	速效钾(mg/kg)	有效铜(mg/kg)	交换钙(mg/kg)
长汀	5.22	26.39	1.67	0.77	13.96	138.06	41.65	114.82	3.31	458.04
连城	5.30	30.42	1.79	0.73	17.20	131.47	38.71	85.14	3.97	571.67
武平	5.43	30.92	2.05	0.82	18.70	148.82	40.15	110.80	3.66	734.65
上杭	5.05	30.27	1.75	0.83	13.14	134.03	53.34	103.82	6.74	624.76
漳平	5.29	25.69	1.28	0.68	12.65	113.57	36.22	100.76	5.33	683.65
永定	5.16	30.34	1.54	0.83	12.04	127.71	48.76	99.52	7.17	689.23
全市平均	5.24	29.01	1.68	0.78	14.61	132.28	43.14	102.48	5.03	627.00

县（市、区）	交换镁(mg/kg)	水溶氯(mg/kg)	速效硼(mg/kg)	有效锌(mg/kg)	有效砷(mg/kg)	有效镉(mg/kg)	有效铅(mg/kg)	有效铬(mg/kg)	有效汞(mg/kg)
长汀	39.98	15.41	0.20	3.64	0.84	0.12	4.27	0.53	痕量
连城	44.38	26.20	0.21	4.37	1.04	0.08	9.29	1.16	痕量
武平	60.22	11.27	0.17	4.03	0.30	0.21	7.52	0.94	痕量
上杭	58.24	7.81	0.18	7.41	0.16	0.11	6.70	0.84	痕量
漳平	54.92	12.30	0.22	5.86	0.78	0.19	12.77	1.60	痕量
永定	50.01	9.92	0.20	7.88	0.35	0.17	9.11	1.14	痕量
全市平均	51.29	13.82	0.20	5.53	0.58	0.15	8.27	1.03	痕量

第三节 龙岩烤烟种植适生性评价

生态因素是烤烟烟叶质量特色形成的第一因素。龙岩烟区为亚热带海洋性季风气候，植烟区年均温 18.47～20.49℃，年降水 1 486～1 716mm，年日照时数 1 624～1 766h，光照充足，土壤以红壤、水稻土和紫色土为主，独特的生态条件造就了龙岩特色优质烟叶。为了明确龙岩烟区烤烟种植的生态适生性和种植区划，分析了龙岩各植烟县（市、区）的生态适宜度，为龙岩烟区烤烟生态种植规划提供理论依据。

指标评价标准：气候因素适生性评价参照中国烟草种植区划、福建省优质烤烟种植区划和龙岩烤烟对优质烤烟的生长所必需的生态条件分类标准（表 2-1）。土壤因素适生性评价参照中国烟草种植区划的土壤 pH、有机质含量、土壤氯离子含量、土壤质地、有效土层厚度等 5 项指标及其赋分评价标准（表 2-2）。

一、关键生态因子的筛选

如表 3-10 所示，龙岩市每年无霜期平均 290～305 d，≥10℃积温为6 340.7～7 301.5℃，两者均为龙岩烤烟种植优势基本条件，属非限制性气候要素。年均温、大田期均温及成熟期均温均达到适宜；综合可见，龙岩市以南部和东部山区烟叶气候条件较好。温光和积温条件总体较适宜，降水条件是主要的影响因素。

表 3-10　龙岩市各植烟县（市、区）1983—2013 年主要气象资料汇总表

县（市、区）	年均气温（℃）	无霜期（d）	≥10℃积温（℃）	春烟生育期平均气温（℃）		早春烟生育期平均气温（℃）		春烟降水量（mm）		早春烟降水量（mm）		日照时数（h）
				大田期	成熟期	大田期	成熟期	大田期	成熟期	大田期	成熟期	全年
全市平均	19.72	298	6 913.135	19.94	24.56	18.26	23.37	875.88	375.62	832.73	397.93	1 688.60
长汀	18.47	297	6 340.715	18.92	23.93	17.06	22.66	939.61	395.75	885.34	414.42	1 624.46
连城	19.11	291	6 623.896	19.39	24.11	17.64	22.94	936.46	377.42	905.58	419.22	1 658.03
漳平	20.49	317	7 301.548	20.73	25.03	19.20	23.89	783.52	334.52	746.11	350.05	1 628.93
武平	19.54	290	6 684.590	19.78	24.40	18.09	23.21	901.19	401.91	849.49	422.48	1 697.43
上杭	20.18	298	7 116.577	20.42	25.07	18.73	23.86	860.82	377.64	815.59	396.99	1 766.00
永定	20.09	305	71 172.80	20.40	24.83	18.81	23.63	833.69	366.49	794.25	384.40	1 756.73

根据中国烟草种植区划从土壤因子、地形因子、土壤理化指标 3 类 21 项指标中筛选出的土壤 pH、有机质含量、土壤氯离子含量、土壤质地、有效土层厚度等 5 项土壤适生性评价指标，龙岩烟区各县（市、区）土壤适生性评价指标值见表 3-11。土壤 pH 相对偏酸；有机质含量与有效氯含量总体为适宜；

土壤质地总体为适宜，以沙壤和壤土为主；有效土层厚度各县（市、区）均偏薄，为烤烟种植不利因素。

表 3-11　龙岩烟区关键土壤指标值

产烟县 （市、区）	pH	有机质 （mg/kg）	有效氯 （mg/kg）	土壤质地（%）					有效土层 厚度 （cm）
				壤砂土	砂壤土	壤土	粉砂壤	黏壤	
全市平均	5.24	29.01	13.82	5.06	39.44	46.06	5.55	1.32	21.83
长汀	5.22	26.39	15.41	2.08	41.26	43.86	9.75	3.05	18.06
连城	5.3	30.42	16.20	18.30	65.09	15.38	0.00	0.00	25.50
漳平	5.29	25.69	12.30	5.00	10.00	70.00	0.00	0.00	24.03
武平	5.43	30.92	11.27	17.65	58.82	23.53	0.00	0.00	24.06
上杭	5.05	30.27	7.81	5.00	95.00	0.00	0.00	0.00	20.70
永定	5.16	30.34	9.92	0.00	7.65	88.28	0.00	4.87	18.60

二、生态适生性评价

各植烟县（市、区）生态因素平均值的分布和优质烤烟对各项指标的最优区段要求参照表 2-1 和表 2-2。气候与土壤是相对独立的 2 个生态因素，对烟叶质量的影响程度也不相同。为综合评价龙岩烟区生态适生性，以气候和土壤因素的隶属度为基础，分析龙岩烟区各生态单项指标的适宜度，综合评价龙岩烟区各植烟县（市、区）生态适生性。根据龙岩烤烟生产实际情况，分为春烟和早春烟两类，春烟大田期为 2 月下旬至 6 月中旬、成熟期为 5 月中旬至 6 月中旬，早春烟大田期为 2 月上旬至 6 月上旬、成熟期为 4 月下旬至 6 月上旬。

如表 3-12 所示，龙岩烟区春烟的气候因素适生性贡献率为 35.62%，土壤因素的适生性贡献率为 64.38%。各关键生态因子贡献率表现为土壤 pH（18.10%）＞土壤有效氯（14.00%）＞成熟期降水量（12.17%）＞成熟期均温（12.10%）＞有效土层厚度（11.88%）＞有机质（11.37%）＞大田期降水量（11.35%）＞土壤质地（9.03%）。关键气候因素中，成熟期降水量和均温影响最大。关键土壤因素中，土壤 pH 的影响最大，其次是土壤有效氯。因此生产上需要重点关注提高土壤 pH、氯肥使用和成熟期水热状况。结合适生性评价得分和实际指标值，龙岩春烟种植生态条件总体较好，主要限制性关键生态表现为：上杭、永定的土壤 pH 和有效氯含量偏低。

表3-12 龙岩市春烟气候、土壤关键指标隶属度和权重

植烟县 (市、区)	适生性综合评价得分								
	大田期均温	成熟期均温	大田期降水量	成熟期降水量	pH	有机质	有效氯	有效土层厚度	土壤质地
全市平均	100	100	77.24	100	91.55	97.86	94.78	36.24	97.43
长汀	100	100	58.12	100	90.90	96.97	96.76	32.85	93.63
连城	100	100	59.06	100	93.50	94.87	94.88	43.05	97.44
漳平	100	99.73	100.00	100	93.18	95.66	92.88	40.33	78.98
武平	100	100	69.64	98.28	97.73	93.81	91.59	40.38	90.73
上杭	100	99.37	81.75	100	85.38	95.19	87.50	34.15	100
永定	100	100	89.89	100	88.95	95.04	89.90	32.85	91.85
权重	0.000 0	0.121 0	0.113 5	0.121 7	0.181 0	0.113 7	0.140 0	0.118 8	0.090 3
	0.356 2				0.643 8				

如表3-13所示，龙岩烟区早春烟的气候因素适生性贡献率为33.20%，土壤因素的适生性贡献率为66.80%。各关键生态因子贡献率表现为土壤 pH（17.63%）＞成熟期降水量（17.59%）＞大田期降水量（15.61%）＞有效土层厚度（14.84%）＞土壤有效氯（14.36%）＞有机质（11.18%）＞土壤质地（8.78%）。关键气候因素中，成熟期和大田期降水量影响较大。关键土壤因素中，土壤 pH 影响最大，其次是有效土层厚度和土壤有效氯。因此生产上需要重点关注提高土壤 pH、降水时空分布、深耕和氯肥使用。结合适生性评价得分和实际指标值，龙岩春烟种植生态条件总体较好，主要限制性关键生态表现为：上杭、永定的土壤 pH 偏低、降水偏多、有效土层厚度偏薄和有效氯含量偏低。

表3-13 龙岩市早春烟气候、土壤关键指标隶属度和权重

植烟县 (市、区)	适生性综合评价得分								
	大田期均温	成熟期均温	大田期降水量	成熟期降水量	pH	有机质	有效氯	有效土层厚度	土壤质地
全市平均	100	100	90.18	100.00	91.55	97.86	94.78	36.24	97.43
长汀	100	100	74.40	87.02	90.9	96.97	96.76	32.85	93.63
连城	100	100	68.33	82.70	93.5	94.87	94.88	43.05	97.44
漳平	100	100	100.00	100.00	93.18	95.66	92.88	40.33	78.98

（续）

植烟县 （市、区）	适生性综合评价得分								
	大田 期 均温	成熟期 均温	大田期 降水量	成熟期 降水量	pH	有机质	有效氯	有效土层 厚度	土壤 质地
武平	100	100	85.15	79.77	97.73	93.81	91.59	40.38	90.73
上杭	100	100	95.32	100.00	85.38	95.19	87.5	34.15	100
永定	100	100	100.00	100.00	88.95	95.04	89.9	32.85	91.85
权重	0.000 0	0.000 0	0.156 1	0.175 9	0.176 3	0.111 8	0.143 6	0.148 4	0.087 8
	0.332 0				0.668 0				

整体上，土壤 pH、有效氯含量偏低和成熟期降水偏多是问题，其中早春烟对大田期降水量和有效土层厚度的响应较春烟更敏感，区域适应性较春烟更窄。由表 3-14 可见，以龙岩平均生态适生性水平为参照，龙岩生态适生性综合表现为春烟适生性要好于早春烟，早春烟更适宜种植在光热条件充足的南部烟区（漳平、永定、上杭）。

表 3-14　龙岩各植烟县（市、区）植烟生态适生性综合评价

县（市、区）	上杭	永定	漳平	长汀	武平	连城
得分（春烟）	85.09	86.16	88.26	84.25	86.13	85.88
得分（早春烟）	84.58	85.36	86.58	80.78	82.15	80.27
得分差值	0.51	0.81	1.68	3.47	3.98	5.01

第四章 龙岩烤烟质量特征与风格特色

　　烟叶质量是指烟叶的外观特征、物理特性、化学成分、感官质量和安全性等指标满足要求的程度，其中感官质量是烟叶的最终质量，化学成分是烟叶质量的物质基础。龙岩烟叶是我国名优特烟叶之一，烟株长势均衡，烟株体现出清香型优质烟株型和长相要求，烟叶香气清雅、飘逸、烟气细腻、透发性强、余味舒适有回甜感、烟叶配伍性好、可用性高，与其他产区烟叶在配方上具有良好的香吃味互补性，燃吸时具有特殊的清香甜味，清香型风格突出，其烟叶一直以良好的品质深受各卷烟工业企业喜爱。为了明确龙岩优质特色烟叶形成的物质基础，根据样品采集的区域、种植规模和生态代表性原则，采集了全国 12 个典型生态区的 C3F 等级烟叶样品，同步采集了龙岩的永定、上杭、长汀 9 个生产用品种（系）C3F 等级烟叶样品。为了进一步明确龙岩清香型烤烟的香韵特征，在清香型烟区采集了云南大理、湖北恩施和福建南平不同主栽品种的 C3F 烟叶样品作为初步比对参照，筛选龙岩烤烟的独特香韵特征，在龙岩烟区区内采集了不同主栽烤烟品种及品系的 C3F 烟叶样品，进一步消除品种因素的影响，以明确龙岩烤烟的独特香韵特征。

第一节 化学成分特征

　　龙岩烟叶化学成分指标中，仅总氮和钾含量平均值最高（图 4-1）。进一步多重比较分析表明，总氮含量表现为龙岩烟区与中原产区、云贵高原、攀西山区、秦巴山区、鲁中山区、黔中山区无显著差异，而与其他区域有显著差异。钾含量表现为龙岩烟区与雪峰山区、武夷山市无显著差异，但显著高于其他产区（图 4-2）。

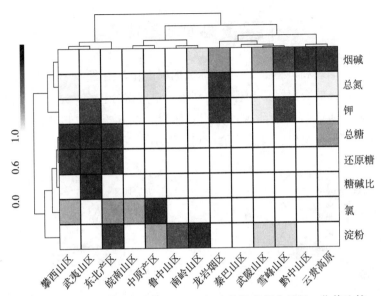

图 4-1　龙岩与我国不同产区 C3F 烟叶化学成分含量归一化值比较

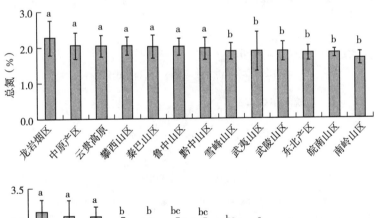

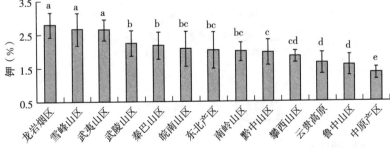

图 4-2　龙岩与我国不同产区的 C3F 烟叶总氮（上）和钾（下）含量

注：Duncan 法，不同小写字母表示 $P<0.05$ 水平差异显著。

第二节 感官质量特征

对香韵、烟气和口感等 27 项指标数据标准化，由图 4-3 可见龙岩烟叶清甜香、树脂香香韵突出，柔和程度和刺激性口感得分较高，透发性和劲头烟气得分较高，整体表现为清甜香、树脂香明显，烟气透发，口感绵柔，刺激性小，尤其是树脂香突出、口感绵柔、刺激性小。

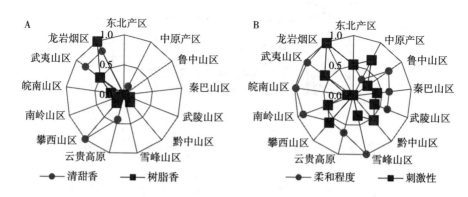

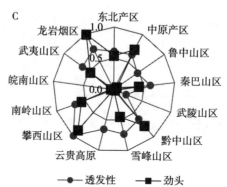

图 4-3 龙岩烤烟香韵、口感和烟气特征
注：A 为香韵特征，B 为口感特征，C 为烟气特征。

第三节 香气成分特征

一、区域间比较

如表 4-1 所示，与大理州烟叶香气成分比较，龙岩烟叶中吡啶、糠醛、

2-环戊烯-1，4-二酮、1-（2-呋喃基）-乙酮、丁内酯、2-吡啶甲醛、苯甲醛、4-吡啶甲醛、1H-吡咯-2-甲醛、2，4-庚二烯醛B、苯甲醇、苯乙醛、苯乙醇、氧化异佛尔酮、β-大马酮、β-二氢大马酮、β-紫罗兰酮、2，3′-联吡啶、巨豆三烯酮A、巨豆三烯酮B、巨豆三烯酮C、巨豆三烯酮D、3-氧代-α-紫罗兰醇、十四醛、茄那士酮、新植二烯、金合欢基丙酮A、棕榈酸甲酯、棕榈酸乙酯、亚麻酸甲酯和植醇共31项指标的含量较高。Duncan多重比较分析表明，4-吡啶甲醛、2-吡啶甲醛、氧化异佛尔酮、β-大马酮、β-二氢大马酮和棕榈酸甲酯共6项指标的含量在龙岩烟叶中表现显著较高。

结合湖北恩施和福建南平烟叶香气成分数值，氧化异佛尔酮、β-大马酮和β-二氢大马酮含量在龙岩烟区含量相对最高，棕榈酸甲酯含量则在南平烟叶中含量最高。4-吡啶甲醛和2-吡啶甲醛含量表现为龙岩＞大理，然而吡啶类在浓香型卷烟烟气中的含量是超清香卷烟烟气中的6倍左右（Kulshreshtha and Moldoveanu，2003），因此，不太可能是龙岩典型清香型烟叶的特征香气成分。因此，氧化异佛尔酮、β-大马酮和β-二氢大马酮可以作为龙岩烟叶的特征香气成分。

表4-1　龙岩市与大理州烤后C3F烟叶致香成分

单位：µg/g

香气成分	大理州	龙岩市	显著性检验	恩施州	南平市
1-戊烯-3-酮 1-penten-3-one	0.488±0.272	0.371±0.171	/	/	
3-羟基-2-丁酮 3-hydroxy-2-butanone	0.262±0.126	0.202±0.042	/	/	
3-甲基-1-丁醇 3-methyl-1-butanol	0.282±0.115	0.272±0.152	/	/	
吡啶 pyridine	0.090±0.037	0.141±0.029		0.500	0.260
3-甲基-2-丁烯醛 3-methylcrotonaldehyde	0.219±0.078	0.104±0.043	/	/	
己醛 Hexaldehyde	0.171±0.043	0.086±0.030	/	/	
面包酮 2-Methyltetrahydrofuran-3-one	0.206±0.161	0.107±0.023	/	/	
糠醛 Furfural	2.326±1.839	2.750±0.627		2.393	2.400
糠醇 Furfuryl alcohol	0.834±1.049	0.498±0.091	/	/	
2-环戊烯-1，4-二酮 2-cyclopentene-1,4-dione	0.279±0.285	0.406±0.124	/	/	
1-（2-呋喃基）-乙酮 1-(2-)furanyl ethanon	0.063±0.074	0.119±0.036	/	/	
丁内酯 γ-Butyrolactone	0.106±0.059	0.116±0.025		0.085	0.085

（续）

香气成分	大理州	龙岩市	显著性检验	恩施州	南平市
2-吡啶甲醛 2-Pyridinecarboxaldehyde	0.049±0.022	0.096±0.015	*	/	/
糠酸 2-Furoic acid	0.369±0.154	0.234±0.050		/	/
苯甲醛 Benzaldehyde	0.114±0.083	0.173±0.039		0.103	0.160
5-甲基糠醛 5-Methyl furfural	0.219±0.462	0.158±0.047		0.225	0.269
2，4-庚二烯醛 A2，4-Heptadienal A	0.285±0.208	0.205±0.138		/	/
4-吡啶甲醛 4-Pyridinecarboxaldehyde	0.025±0.011	0.081±0.019	* *	/	/
1H-吡咯-2-甲醛 1H-Pyrrole-2-carbaldehyde	0.042±0.035	0.060±0.011		/	/
2，4-庚二烯醛 B2，4-Heptadienal B	0.167±0.085	0.195±0.098		/	/
苯甲醇 Benzyl alcohol	4.517±1.173	5.424±1.649		3.734	5.900
苯乙醛 Phenylacetaldehyde	0.420±0.186	0.962±0.501		/	/
1-（1H-吡咯-2-基）-乙酮 2-Acetyl pyrrole	0.573±0.210	0.564±0.138		/	/
芳樟醇 Linalool	0.257±0.068	0.238±0.079		0.192	0.111
壬醛 Nonana	0.329±0.083	0.175±0.041		/	/
1-（3-吡啶基）-乙酮 3-Acetylpyridine	0.115±0.033	0.087±0.018		/	/
苯乙醇 Phenylethanol	1.811±0.548	2.839±0.974		2.980	2.000
氧化异佛尔酮 keto-isophorone	0.075±0.091	0.242±0.041	*	0.143	0.167
2，6-壬二烯醛 Trans-2-cis-6-nonadienal	0.254±0.066	0.224±0.069		/	/
苯并［b］噻吩 Benzo［b］thiophene	0.140±0.034	0.079±0.01		/	/
藏花醛 Safranal	0.214±0.051	0.081±0.019		/	/
胡薄荷酮 Menthone	0.165±0.075	0.121±0.021		/	/
2，3-二氢苯并呋喃 2，3-Dihydrobenzofuran	0.343±0.089	0.336±0.068		/	/
吲哚 Indole	0.321±0.108	0.452±0.142		0.690	0.330
2-甲氧基-4-乙烯基苯酚	2.573±0.608	2.082±0.380		/	/
茄酮 Solanone	13.681±4.985	5.331±2.820		/	/
β-大马酮 β-damascenone	3.739±0.735	6.209±1.211	*	5.789	4.812
β-二氢大马酮 β-damascone	1.237±0.303	2.116±0.532	*	1.088	1.233
去氢去甲基烟碱 nornicotine	0.531±0.197	0.265±0.081		/	/
香叶基丙酮 Geranyl acetone	1.494±0.363	1.231±0.351		2.470	1.840

（续）

香气成分	大理州	龙岩市	显著性检验	恩施州	南平市
β-紫罗兰酮 β-ionone	0.440±0.108	0.784±0.249		0.490	0.580
丁基化羟基甲苯	0.672±0.211	0.340±0.076		/	/
2，3′-联吡啶 2,3′-Bipyridine	0.298±0.093	0.369±0.115		/	/
二氢猕猴桃内酯 Dihydroactinidiolide	1.252±0.271	1.044±0.236		/	/
巨豆三烯酮 A Tabanone A	1.025±0.276	1.551±0.453		1.359	1.454
巨豆三烯酮 B Tabanone B	3.303±0.866	6.215±2.273		5.163	4.116
巨豆三烯酮 C Tabanone C	1.144±0.305	1.647±0.447		1.300	1.110
巨豆三烯酮 D Tabanone D	3.230±0.842	6.170±2.063		6.101	5.017
3-氧代-α-紫罗兰醇 3-Oxo-α-ionol	0.282±0.117	0.459±0.135		/	/
十四醛 Undecan-4-olide	1.036±0.431	1.127±0.567		/	/
蒽 Anthracene	0.706±0.528	0.346±0.138		/	/
茄那士酮 Solanascone	0.355±0.220	1.118±0.527		/	/
新植二烯 Neophytadiene	527.772±90.100	586.731±113.48		506.023	574.540
邻苯二甲酸二丁酯 Dibutyl phthalate	1.770±0.774	0.964±0.157		/	/
金合欢基丙酮 A Farnesylacetone A	6.333±1.237	7.309±1.623		/	/
棕榈酸甲酯 Methyl palmitate	3.293±1.190	10.735±3.569	*	4.280	15.189
棕榈酸 Palmitic acid	2.270±1.204	2.294±1.125		2.430	2.570
棕榈酸乙酯 Palmitic acid ethyl ester	2.008±1.122	4.307±2.309		/	/
寸拜醇 Thunbergol	14.034±7.243	8.002±2.219		/	/
亚麻酸甲酯 Methyl linolenate	14.127±5.004	19.934±6.158		/	/
植醇 Phytantriol	5.129±1.927	5.721±1.363		/	/
西柏三烯二醇 cembratrien-diols	25.189±15.851	4.073±2.726		/	/
金合欢基丙酮 B Farnesylacetone B	0.681±0.353	0.653±0.188		/	/

如图4-4所示，四个清香型产区烟叶的香气成分中，以脂萜类的β-大马酮、β-二氢大马酮和氧化异佛尔酮在龙岩烤烟中含量最高。

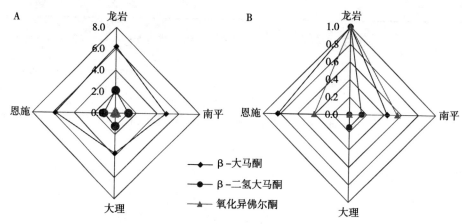

图 4-4　龙岩烤烟特征香气成分含量

注：A 为相对含量（μg/g），B 为数据 [0～1] 标准化值。

二、区内和品种间比较

如图 4-5 所示，不同区域间，特征香气成分均无显著差异。如图 4-6 所示，不同品间仅氧化异佛尔酮含量存在显著差异，主要表现在含量较高的闽烟 38 和含量较低的 CB-1、C2、闽烟 35 和 F31-2 之间。品种与区域区组方差分析表明，总体上品种间（$F=2.40$，$P=0.122\,6$）与区域间（$F=2.07$，$P=0.102\,3$）均无显著差异，因此，氧化异佛尔酮含量的品种间差异与品种×区域互作有关。综合分析表明，这些特征香气成分是龙岩烟区共同的特征香气成分，品种对彰显特色有一定的影响。

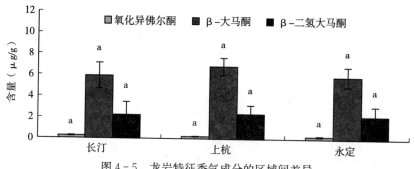

图 4-5　龙岩特征香气成分的区域间差异

β-大马酮和 β-二氢大马酮洋溢着天然的甜香感，常用于调制玫瑰香、花香、木香、醛香、药草香和果香香调，一般在清香型烟叶中含量较高；氧化异

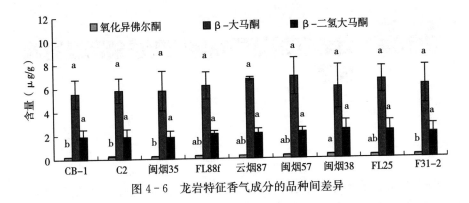

图 4-6　龙岩特征香气成分的品种间差异

佛尔酮香气较为持久，有微酸蜜甜的木香和干果香，对烟草产品具有显著的加香效果。前人研究表明，香型及香气量还与香气成分的组成、含量、比例及相互作用密切相关，其中 β-大马酮、β-二氢大马酮和氧化异佛尔酮在清香型烟叶中普遍含量较高。周芳芳等（2016）研究认为福建烟叶 β-大马酮含量较高，而 β-二氢大马酮和氧化异佛尔酮区域间差异不显著。本研究 β-大马酮、β-二氢大马酮和氧化异佛尔酮在龙岩烟叶中均高于大理烟叶，这可能与取样年份不同及取样点的分布有关。可见，β-大马酮的规律是一致的，均表现为龙岩烟区含量较高。β-二氢大马酮和氧化异佛尔酮在福建和云南的表现规律不尽相同，但表征了清香型烟叶中类胡萝卜素降解的代谢强度及转化生成 β-大马酮的强度。综合可见，β-大马酮、β-二氢大马酮和氧化异佛尔酮是龙岩特征香气成分，而 β-大马酮是龙岩烟区最重要的特征香气成分。

第四节　质量特征与风格定位

对龙岩与我国不同烟叶产区以及龙岩区域内和品种间的 C3F 烟叶化学成分和质量风格特色感官评价分析表明，龙岩烤烟清甜绵柔、树脂香韵突出，烟气透发性强，刺激性小；β-大马酮、β-二氢大马酮、氧化异佛尔酮和钾含量高。整体上表现为"清甜绵柔、富萜高钾"。

第五章 龙岩烤烟优质特色的形成机制及影响因素

烟叶香气是评价烟叶内在质量的主要指标之一，烟叶香气表征指标研究是烟叶香气成分研究的重要内容。尽管相关研究结果不尽一致，但初步明确了茄酮、香叶基丙酮、巨豆三烯酮和大马酮对烤烟香型风格具有明显影响，与我国烤烟主体香气成分为巨豆三烯酮、茄酮、大马酮等相互印证（韩锦峰等，2014；李玲燕，2015）。此外，烟叶中有机酸含量一般在 $10\%\sim16\%$，主要是非挥发性有机酸，含量在 7% 左右，对香吃味也具有重要作用。因此，挥发性香气成分和非挥发性有机酸常作为烟叶香气成分的主要研究对象。近年来，关于烟叶中香气成分的研究主要集中在烤后烟叶香气成分的区域性差异及特征，生态、品种及栽培调制对香气成分的影响，并逐步延伸到香气前体物的合成代谢分子机制及其调控等研究。

第一节 特征香气成分前体物的鉴定及其代谢通路

β-大马酮（β-damascone）、β-二氢大马酮（β-damascenone）和氧化异佛尔酮（keto-isophorone）是龙岩烤烟重要的特征香气成分。大量研究表明类胡萝卜素是烟叶中重要的香气前体物，β-大马酮的前体物主要是 β-胡萝卜素、叶黄素，β-二氢大马酮的前体物主要是 β-胡萝卜素，氧化异佛尔酮的前体物主要是叶黄素；烟叶在成熟和烘烤过程中，香气前体物逐渐降解，最终形成多种烤烟香气成分。然而，类胡萝卜素代谢网络非常复杂，那么龙岩烤烟特征香气成分的前体物主要是什么？其富集代谢通路有何独特性？这些问题的回答对解析龙岩烤烟优质特色的形成和定向提高烤烟特征香气成分具有重要意义。

为此本研究采集并检测了烤前烤后烟叶对应的次生代谢产物，采用主成分分析和逐步回归分析双重筛选的方法，筛选龙岩鲜烟叶特征代谢谱，通过 MetaboAnalyst、KEGG（Kyoto Encyclopedia of Gene and Genomes）数据库等信息，分析特征香气成分前体物的富集代谢通路，为从代谢途径水平上理解龙岩特征香气成分前体物生物合成代谢的生物学意义提供生物信息支撑。试验安排在永定区金砂乡，以翠碧一号、FL88f（翠碧一号后备品系）、云烟87和闽烟312为供试材料，每个品种（系）种植1公顷，采集鲜烟叶为第14叶位叶片。

一、龙岩鲜烟叶特征代谢产物的鉴定

图5-1表明，通过主成分筛选，与龙岩特征香气成分氧化异佛尔酮、β-大马酮和β-二氢大马酮显著和极显著相关的采烤前鲜烟叶代谢产物主要是脂肪酸、氨基酸、多酚、有机酸及酮醇类，其中L-谷氨酰胺（L-Glutamine）、顺10-十九碳烯酸三甲基酯（cis-10-Nonadecenoic acid，trimethylsilyl ester）和亮氨酸（L-Leucine）分别与氧化异佛尔酮、β-大马酮和β-二氢大马酮极显著相关。此外，豆甾醇（sitosterol）、胆固醇（Cholesterol）、海藻糖（Trehalose）、多巴胺（Dopamine）与三种特征香气成分均相关，可能是与特征香气成分前体物的生物合成代谢共关联的代谢产物。

对龙岩特征香气成分与检测的176项鲜烟叶中的代谢产物进行逐步回归分析，结果表明，有6项鲜烟叶代谢产物显著地响应了龙岩特征香气成分前体物的生物合成。其中，L-谷氨酰胺显著地响应了烤后烟叶中氧化异佛尔酮前体物的生物合成，顺10-十九碳烯酸三甲基酯显著地响应了烤后烟叶中β-大马酮前体物的生物合成，亮氨酸显著地响应了烤后烟叶中β-二氢大马酮前体物的生物合成（表5-1）。显著负相关指标的生物学意义是其参与旁支通路，从而表现出对特征香气成分前体物生物合成代谢的抑制。

表5-1　采烤前次生代谢产物与龙岩特征香气成分的逐步回归关系及其贡献率

回归方程	$SS_总 - SS_误 - SS_{区组}$	$SS_{变因}$	贡献率
氧化异佛尔酮＝－0.052＋2.743×L-谷氨酰胺－0.015×豆甾醇 （$F=428\,588$，$P=0.002\,2$）	0.003 92	L-谷氨酰胺：0.002 21 豆甾醇：0.000 062	56.38% 1.58%
β-大马酮＝1.961－0.027×L-苏糖醇＋2 623.025×顺10-十九碳烯酸三甲基酯 （$F=11\,980\,000$，$P=0.002\,2$）	7.312 57	L-苏糖酸：0.119 44 顺10-十九碳烯酸三甲基酯：0.069 68	1.63% 91.43%
β-二氢大马酮＝0.561＋24.613×亮氨酸＋8.365×槐糖 （$F=128\,879$，$P=0.002\,2$）	0.776 79	亮氨酸：0.747 56 槐糖：0.014 84	96.24% 1.91%

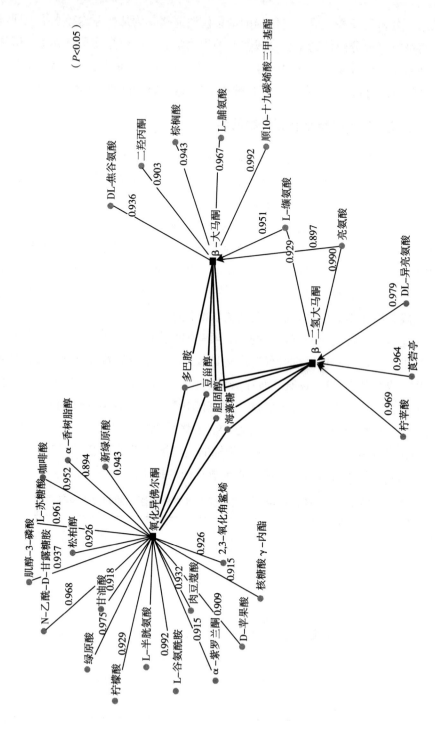

（ $P<0.05$ ）

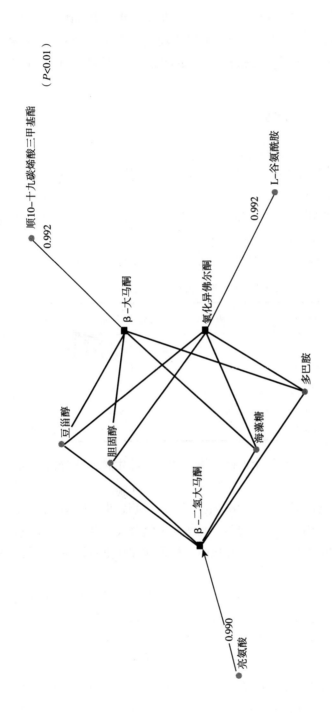

图5-1 龙岩特征香气成分与采烤前鲜烟叶显著相关代谢产物的相关可视化网络

注：细线表示显著相关或极显著相关，相关系数见连线线旁标注，粗线表示关关联代谢产物。

综合分析表明，L-谷氨酰胺、顺10-十九碳烯酸三甲基酯、亮氨酸、豆甾醇和L-苏糖酸对龙岩特征香气成分的影响较大，具有全局性和主要载荷特征。主成分筛选中绿原酸等其他指标存在共线性过拟合现象，而逐步回归中槐糖衡量指标的泛化能力较弱，易造成信息的严重失真。

二、特征代谢产物的通路分析

氧化异佛尔酮主要是叶黄素的降解产物，β-大马酮和β-二氢大马酮主要是β-胡萝卜素和叶黄素的降解产物，因此，本研究以β-胡萝卜素（beta-Carotene）、叶黄素（lutein）、L-谷氨酰胺（L-Glutamine）、豆甾醇（sitosterol）、亮氨酸（L-Leucine）、L-苏糖酸（L-Threonic acid）和顺10-十九碳烯酸三甲基酯（cis-10-Nonadecenoic acid，trimethylsilyl ester）共7项鲜烟叶代谢产物在KEGG中搜索，匹配到5个代谢产物，相应的ID号如表5-2所示。

表5-2　代谢组产物基本注释表

代谢物通用名	KEGG ID	相关酶个数	生化反应个数	参与通路个数
beta-Carotene	C02094	5	11	8
lutein	C08601	2	3	4
L-Glutamine	C00064	35	43	20
sitosterol	C01753	1	2	4
L-Leucine	C00123	9	9	15

采用MetaboAnalyst对5个匹配代谢产物参与的生物通路分析表明，5个鲜烟叶代谢产物主要参与了11条通路（表5-2，表5-3，图5-2），分别为类胡萝卜素生物合成，氨酰基tRNA生物合成，氮代谢，丙氨酸、天门冬氨酸和谷氨酸代谢，缬氨酸、亮氨酸和异亮氨酸生物合成，缬氨酸、亮氨酸和异亮氨酸降解，类固醇生物合成，嘧啶代谢，精氨酸和脯氨酸代谢，硫代葡萄糖苷生物合成和嘌呤代谢。

类胡萝卜素属于萜类化合物，与蛋白质结合形成复合体贮存在有色体中，其生物合成与氨基酸密切相关，氨基酸残基决定了萜类生物合成反应酶的作用和类型，对类胡萝卜素的稳定积累贮存起重要作用。甾醇类与萜类的化合物生物合成存在共同的反应前体物。在鲜烟叶其他显著相关的产物中，顺10-十九碳烯酸三甲基酯是奇数不饱和脂肪酸，而奇数碳原子数的脂肪酸不可能是天然生物合成或生物氧化形成的，因而可能是色谱检测过程中高温裂解所产生；

L-苏糖酸是抗坏血酸降解产物之一。因此，类胡萝卜素生物合成主要与萜类生物合成、氨基酸代谢和甾醇类生物合成密切相关。由表5-3可知，代谢通路影响值通过拓扑分析计算得到，筛选出了2条 $P<0.05$ 的代谢通路作为特征香气成分前体物生物合成的主要影响途径，分别是类胡萝卜素生物合成和氨酰基 tRNA 生物合成。

表5-3　通过 MetaboAnalyst 得到的独特的通路分析结果

通路名	化合物总数	匹配个数	原始 P 值	影响值	库
Carotenoid biosynthesis	37	2	0.007 606 7	0.084 73	KEGG
Aminoacyl‐tRNA biosynthesis	67	2	0.024 079	0.0	KEGG
Nitrogen metabolism	15	1	0.056 976	0.0	KEGG
Alanine，aspartate and glutamate metabolism	22	1	0.082 66	0.241 38	KEGG
Valine，leucine and isoleucine biosynthesis	26	1	0.097 083	0.000 85	KEGG
Valine，leucine and isoleucine degradation	34	1	0.125 39	0.0	KEGG
Steroid biosynthesis	36	1	0.132 35	0.012 35	KEGG
Pyrimidine metabolism	38	1	0.139 27	0.0	KEGG
Arginine and proline metabolism	38	1	0.139 27	0.0	KEGG
Glucosinolate biosynthesis	54	1	0.193 05	0.0	KEGG
Purine metabolism	61	1	0.215 71	0.0	KEGG

注：影响值是通过拓扑分析计算得到的通路影响值。

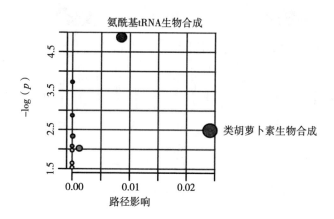

图5-2　基于 MetaboAnalyst 的通路分析概要图

两条影响值较高通路的详细结构见图5-3，结果表明，C02094（β-胡萝卜素）和 C08601（叶黄素）参与类胡萝卜素生物合成（图5-3A），C00064（L-

谷氨酰胺）和 C00123（亮氨酸）参与氨酰基 tRNA 生物合成（图 5-3B）。内源性代谢物在实验中对龙岩特征香气成分的最终生成具有明显的扰动，独特的通路分析全局性地描绘出生物化学的扰动，以及特征香气成分前体物的形成潜在机理。

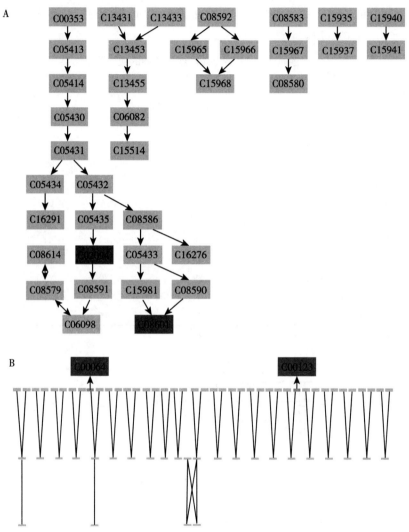

图 5-3　类胡萝卜素生物合成（A）和氨酰基-tRNA 生物合成（B）通路结构图

　　代谢组学通路分析表明，影响龙岩特征香气成分前体物的代谢通路中，最重要的是类胡萝卜素生物合成，其次是氨酰基 tRNA 生物合成。根据 Metabo-Analyst 分析结果，我们可以勾勒出龙岩烟叶类胡萝卜素生物合成的主要通路，其下游含 β-胡萝卜素的生物合成分支和叶黄素生物合成分支（图 5-4）。

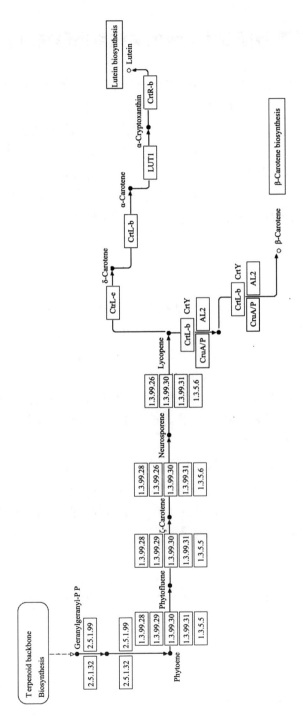

图5-4　龙岩烟叶的类胡萝卜素生物合成通路及其主要分支

第二节 特征香气成分的关键生态影响因子

烟草香气成分主要是其前体物在调制加工过程中降解生成，而香气成分前体物主要为次生代谢产物。次生代谢是植物在长期进化过程中为了应对生物和非生物胁迫而演化出来的生物过程，通常都与特殊的组织和特定的生物功能密切相关。如低纬度起源的烟草，内含不饱和键的类胡萝卜素在烟叶避免强光伤害过程中具有强烈的保护作用，叶面密布的腺毛是合成和贮存各类次生代谢产物的重要场所。可见对于特定的植物，生态是决定次生代谢产物的第一要素。生态条件变化是时间序列的变化，具有连续性和累加效应；这种影响在时间序列上累加直至出现显著差异，不能简单地认为是某个特定时间段的生态条件起决定作用。因此，独特的气候资源配置在特征香气成分合成和积累中扮演着重要的角色。

为了明确龙岩特征香气成分的关键生态影响因子，我们采集了龙岩市和云南大理州15年（2000—2014年）气象资料，采样并检测了2年（2013—2014年）土壤样品和烟叶样品，其中在龙岩采集了安排在永定、上杭、长汀的CB-1、C2、闽烟35、FL88f、云烟87、闽烟57、闽烟38、FL25和F31-2共9个品种（系）54个C3F烟叶样本，在大理州采集了12个县（市）的云烟87、K326和红花大金元共3个品种160个C3F烤烟样本，土壤样品为各试验田块定点采集的移栽前耕作层土壤样本。

龙岩烤烟通常1月下旬移栽，2月为团棵伸根期，3月为旺长期，4月上旬为平顶期，4月底中部叶采收；大理烤烟4月下旬移栽，5月为团棵伸根期，6月为旺长期，7月上旬为平顶期，7月下旬中部叶采收。按照各生育期匹配相应的月旬气象数据，在中部叶成熟采收前，气象和土壤基本条件的变化见表5-4。

表5-4 龙岩和大理生态因子的指标及数值

生态指标		编号	长汀	上杭	永定	大理州
移栽期	平均气温（℃）	X_1	7.573	10.071	10.752	18.294
	日照时数（h）	X_2	28.683	35.823	39.187	82.186
	相对湿度（%）	X_3	77.516	72.194	91.484	57.762
	降雨量（mm）	X_4	27.513	23.203	23.094	6.333

（续）

生态指标		编号	长汀	上杭	永定	大理州
团棵前期	平均气温（℃）	X_5	9.097	11.452	12.029	19.012
	日照时数（h）	X_6	31.116	35.852	36.542	78.419
	相对湿度（%）	X_7	77.903	72.839	82.935	63.429
	降雨量（mm）	X_8	28.474	25.565	26.287	10.103
团棵中期	平均气温（℃）	X_9	10.739	13.055	13.581	18.585
	日照时数（h）	X_{10}	24.719	28.303	29.510	71.224
	相对湿度（%）	X_{11}	80.065	75.065	77.267	68.286
	降雨量（mm）	X_{12}	45.690	41.655	44.739	50.990
团棵后期	平均气温（℃）	X_{13}	11.432	13.442	13.935	20.629
	日照时数（h）	X_{14}	24.385	28.070	25.665	67.371
	相对湿度（%）	X_{15}	80.290	75.581	84.000	74.524
	降雨量（mm）	X_{16}	41.497	36.303	37.942	32.898
旺长前期	平均气温（℃）	X_{17}	11.713	13.867	14.210	21.703
	日照时数（h）	X_{18}	34.420	35.945	37.061	51.367
	相对湿度（%）	X_{19}	77.871	73.267	95.226	77.238
	降雨量（mm）	X_{20}	52.932	39.932	35.739	27.930
旺长中期	平均气温（℃）	X_{21}	14.345	16.277	16.497	21.606
	日照时数（h）	X_{22}	17.352	22.377	24.197	54.529
	相对湿度（%）	X_{23}	81.677	78.633	91.903	79.762
	降雨量（mm）	X_{24}	63.352	52.439	46.387	37.333
旺长后期	平均气温（℃）	X_{25}	14.810	16.867	17.103	21.723
	日照时数（h）	X_{26}	25.964	27.639	27.848	49.000
	相对湿度（%）	X_{27}	81.613	78.667	82.194	82.476
	降雨量（mm）	X_{28}	87.903	79.955	74.648	41.245
打顶期	平均气温（℃）	X_{29}	17.303	18.816	18.784	21.604
	日照时数（h）	X_{30}	22.857	23.077	24.365	54.495
	相对湿度（%）	X_{31}	81.452	78.323	84.258	83.143
	降雨量（mm）	X_{32}	78.577	68.819	72.777	56.338
下部叶成熟期	平均气温（℃）	X_{33}	19.003	20.390	20.284	21.007
	日照时数（h）	X_{34}	32.065	33.600	34.016	49.752
	相对湿度（%）	X_{35}	78.774	77.000	85.484	83.714
	降雨量（mm）	X_{36}	72.494	73.929	71.335	65.151

（续）

生态指标		编号	长汀	上杭	永定	大理州
中部叶成熟期	平均气温（℃）	X_{37}	20.829	22.094	21.910	20.722
	日照时数（h）	X_{38}	33.887	36.955	38.935	49.186
	相对湿度（%）	X_{39}	78.548	77.000	77.000	85.333
	降雨量（mm）	X_{40}	67.481	58.984	58.532	65.488
土壤 pH		X_{41}	5.220	5.050	5.160	6.490
土壤有机质（g/kg）		X_{42}	26.390	30.270	30.340	28.200
土壤全氮（g/kg）		X_{43}	1.670	1.750	1.540	1.600
土壤全磷（g/kg）		X_{44}	0.770	0.830	0.830	0.800
土壤全钾（g/kg）		X_{45}	13.960	13.140	12.040	16.000
土壤速效氮（mg/kg）		X_{46}	138.060	134.030	127.710	127.400
土壤速效磷（mg/kg）		X_{47}	41.650	53.340	48.760	30.250
土壤速效钾（mg/kg）		X_{48}	114.820	103.820	99.520	198.600
土壤有效铜（mg/kg）		X_{49}	3.310	6.740	7.170	3.020
土壤交换钙（mg/kg）		X_{50}	458.040	624.760	689.230	2 200.000
土壤交换镁（mg/kg）		X_{51}	39.980	58.240	50.010	292.000
土壤水溶氯（mg/kg）		X_{52}	15.410	7.810	9.920	11.000
土壤有效硼（mg/kg）		X_{53}	0.200	0.180	0.200	0.490
土壤有效锌（mg/kg）		X_{54}	3.640	7.410	7.880	2.060

对 3 个特征香气成分和 54 个生态指标进行灰色关联度分析，计算数据初值化后所有差值绝对值的均值（Δ_v）及最大值（Δ_{max}），结果表明 $\Delta_{max} > 3\Delta_v$，说明生态数据序列存在很强的干扰。为避免观测序列的异常值支配整个系统取值，使关联度更好地体现系统的整体性，根据分辨系数（ρ）的取值规则，应选择 $\rho = 1.5 \times \Delta_v / \Delta_{max}$，得到整体性灰色关联度合适的分辨系数为 0.25。在此基础上，采用数据标准化，计算各生态指标的关联度。关联度越大表示变化趋势越一致，通常以关联度大于 0.8 的自变量作为主要的影响因素。由表 5 - 5 可知，影响龙岩特征香气成分的生态因素主要是气象因素，以下部叶成熟期降雨量及移栽、团棵前期降雨量的关联度较大。结合主成分回归确定各生态指标与特征香气成分的回归关系方向，特征香气成分含量与下部叶成熟期降雨量及移栽、团棵前期的降雨量呈密切正相关关系。

表 5－5 龙岩特征香气成分与生态要素的关联度分析

β－大马酮			β－二氢大马酮			氧化异佛尔酮		
指标	关联度	主成分回归系数	指标	关联度	主成分回归系数	指标	关联度	主成分回归系数
X_{36}	0.879 0	0.013 1	X_{36}	0.903 2	0.004 4	X_8	0.874 8	0.000 3
			X_4	0.830 9	0.001 3	X_4	0.833 5	0.000 2
			X_8	0.822 9	0.001 5	X_{11}	0.800 2	0.000 5

注：X_4 为移栽期降雨量；X_8 为团棵前期降雨量；X_{11} 为团棵中期相对湿度；X_{36} 为下部叶成熟期降雨量。

如图 5－5 所示，伸根期和团棵前期降雨量表现为龙岩明显高于大理，但无显著差异，说明旬尺度上的降雨量变化年际间差异较大，以旬尺度上的数据变化很难解释龙岩特征香气成分的生态成因。至下部叶成熟期，中部叶全生育期降雨量的时空变化最终显著促进了特征香气成分前体物的合成积累。团棵中期相对湿度与降雨量密切相关，团棵后期至打顶期降雨量的影响关联度低于 0.8，说明团棵中期至打顶期的各旬降雨量影响较小，但存在累加效应。因此，独特的降水时空分布是龙岩特征香气成分前体物合成积累的关键生态基础因素，尤其是下部叶成熟期和移栽、团棵前期的影响较大。

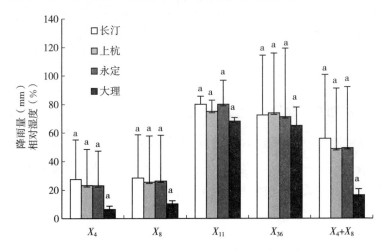

图 5－5 龙岩与大理关键生态因子的差异
注：X_4 为还苗伸根期降雨量；X_8 为团棵前期降雨量；X_{11} 为团棵中期相对湿度；X_{36} 为下部叶成熟期降雨量。

第三节 气候资源优化配置对龙岩烤烟优质特色的影响

前人研究认为生态决定特色，上述研究表明龙岩独特的降水资源配置是龙岩烟叶优质特色形成的关键生态基础。然而，根据多年生产实践，移栽后至团棵前期"倒春寒"和中上部烟叶成熟期多雨寡照对龙岩烤烟质量影响较大。因此，从"气候资源-烟叶生长发育"系统角度重新认知并优化现有的烟叶生产体系，对龙岩优质特色烟叶深度开发具有重要指导意义。

为了更好地优化气候资源配置，彰显龙岩烟叶的质量与风格，基于连续31年（1983—2013年）龙岩烤烟种植大田期旬均气温、日照时数和降水量等的变化，设置不同移栽期（T1：1月13日，T2：1月23日，CK：2月2日）试验。2016年、2017年试验安排在龙岩连城（25.73°N，116.67°E），土壤养分基本状况见表5-6。试验以闽烟312为材料，每个小区120株，分别于移栽后10d选取6株长势一致烟株的第4叶位鲜烟叶，于移栽后120d（中部叶成熟期）选取3株长势一致烟株的第10叶位鲜烟叶，去除主脉后液氮速冻、−80℃冰箱保存，分析特征香气成分前体物类胡萝卜素、β-胡萝卜素和叶黄素含量的变化，以明确适宜的气候资源优化配置方案。

表5-6 土壤养分基本状况

土壤类型	土壤质地	有机质 (g/kg)	pH	碱解氮 (mg/kg)	有效磷 (mg/kg)	速效钾 (mg/kg)
水稻土	中壤土	33.81	5.97	124.96	17.75	36.67

一、大田期多年旬均气候因子变化

按烟株理论耗水量规律，还苗、团棵期需降水量100～120mm，旺长期需降水量230～280mm，成熟期需降水量150～180mm。大田期最适生长温度是25～28℃，1～2℃低温长时间胁迫会导致烟株死亡，移栽时10cm地温必须达到10℃以上。大多数烟草品种对光照的反应是中性的，一般日照长度<14h（旬日照总时长<140h）易开花。龙岩烟区是典型的烟稻轮作区，其中烤烟一般在2月上旬种植，6月中旬顶叶采烤。如图5-6所示，龙岩烟区烟叶成熟期（5月上旬至6月下旬）降水511.60mm，明显偏多，尤其是6月中旬降水出现明显峰值；10cm地温在1月下旬最低，为12.12℃；虽然倒春寒旬极端

低温通常仅持续 1～2d，但平均极端低温在 1 月中旬前期（第 3 候）甚至会出现低至 0℃；而大田期旬日照时长最低为 3 月中旬的 222.30h，不会造成光周期开花现象。因此，龙岩烤烟大田期应安排在 1 月中旬～6 月上旬较为适宜，即较现有的移栽时间适度提前，同时不影响后茬水稻的种植。

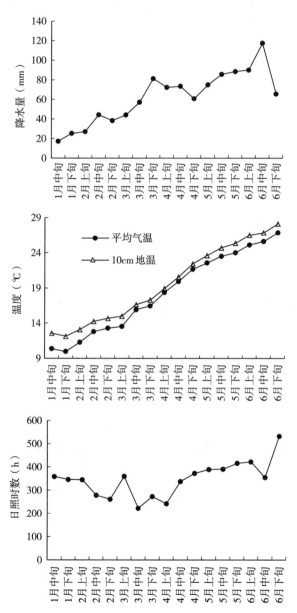

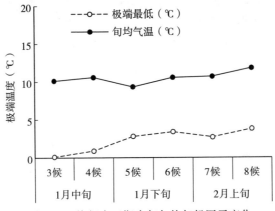

图 5-6　烤烟大田期多年旬均气候因子变化

二、萜类物质含量的变化

（一）类胡萝卜素含量的变化

类胡萝卜素是龙岩烤烟特征香气成分的前体物。烤烟成熟期叶片类胡萝卜素含量与烤烟烟苗移栽后 10d 相比，T1 降低，而 T2 和 CK 升高（图 5-7），其中 CK 的增幅最大。烟苗移栽后 10d，叶片类胡萝卜素含量 T1、T2 显著高于 CK；成熟期叶片类胡萝卜素含量 T2 处理最高，较 CK 高 14.30%，T1、CK 间无显著差异。

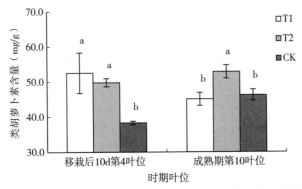

图 5-7　移栽后 10d 和成熟期不同处理间类胡萝卜素含量分析

（二）β-胡萝卜素含量的变化

烤烟烟苗移栽后 10d 叶片 β-胡萝卜素含量高于烤烟成熟期（图 5-8）。烟苗移栽后 10d，叶片 β-胡萝卜素含量处理间无显著差异，CK 稍高；成熟期叶

片 β-胡萝卜素含量 T1、T2 处理间差异显著，T1 较 T2 高 11.21%，但与 CK 比较均无显著差异。

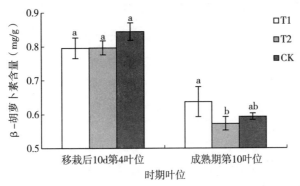

图 5-8　移栽后 10d 和成熟期不同处理间 β-胡萝卜素含量分析

（三）叶黄素含量的变化

烤烟成熟期叶片叶黄素含量与烤烟烟苗移栽后 10d 相比，T1 升高，而 T2 和 CK 降低（图 5-9）。烟苗移栽后 10 d，叶片叶黄素含量 T2 和 CK 显著高于 T1；成熟期叶片叶黄素含量处理间差异显著，以 T1 处理烟叶叶黄素含量最高，较 T2、CK 分别高 67.78% 和 48.96%。

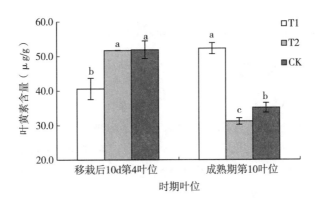

图 5-9　移栽后 10d 和成熟期不同处理间叶黄素含量分析

三、烟叶内在质量的变化

由表 5-7 可以看出，随着移栽期提前，C3F 烟叶总糖、还原糖、总植物碱含量显著升高，K_2O 含量降低，T1 和 T2 差异不显著。与 CK 比较，总糖含量 T1 和 T2 分别增加 3.6% 和 4.07%，还原糖含量增加 3.6% 和 3.07%，总植物碱含量增加 0.26％和 0.06％，K_2O 含量降低 1.35％和 1.25％。

表 5-7　不同处理后 C3F 烟叶化学成分比较

处理	总糖 (%)	还原糖 (%)	总植物碱 (%)	K_2O (%)	氯 (%)	总氮 (%)	糖碱比
T1	35.13±1.45a	33.23±1.75a	2.29±0.31a	3.46±0.15b	0.12±0.01	1.60±0.14	14.75±2.39
T2	35.60±1.49a	32.70±1.40a	2.09±0.21a	3.56±0.17b	0.11±0.01	1.58±0.07	15.81±2.09
CK	31.53±1.37b	29.63±0.95b	2.03±0.16a	4.81±0.27a	0.12±0.02	1.72±0.06	14.69±1.31

由表 5-8 可知，C3F 烟叶感官评吸质量 T1 最高，评吸得分较 CK 高 1.5 分，主要表现在余味和杂气的改善方面，质量档次为"较好－"；T2 和 CK 评吸得分较低，质量档次为"中等＋"。

表 5-8　不同处理后 C3F 烟叶感官评吸质量比较

处理	香气质 (15)	香气量 (20)	余味 (25)	杂气 (18)	刺激性 (12)	燃烧性 (5)	灰色 (5)	得分 (100)	质量档次	香型	甜感
T1	11.4	16.0	19.8	13.2	8.9	3.0	2.9	75.2	较好－	清香	清甜
T2	11.2	15.9	19.1	12.8	8.8	3.0	2.9	73.6	中等＋	清香	清甜
CK	11.2	15.8	19.2	12.8	8.8	3.0	2.9	73.7	中等＋	清香	清带焦

四、外观质量的变化

由表 5-9 可知，各处理烟叶烘烤得当，烟叶成熟度均表现为成熟，中下部叶片结构疏松，上部叶片结构尚疏松，但各处理在烟叶颜色及油分方面存在一定差异。随着播栽期的推迟，中下部烟叶身份有变薄、色度有变淡、油分有变差的趋势，总体上以 T1 中下部烟叶颜色相对比较橘黄，各处理上部烟叶的差异相对不明显。

表 5-9　不同处理烟叶外观质量比较

处理	部位	成熟度	颜色	色度	油分	叶片结构
	下	成熟	柠檬黄	中	稍有	疏松
T1	中	成熟	橘黄	强	多	疏松
	上	成熟	橘黄	强	有	尚疏松

（续）

处理	部位	成熟度	颜色	色度	油分	叶片结构
	下	成熟	柠檬黄	弱	稍有	疏松
T2	中	成熟	柠檬黄—橘黄	强	有	疏松
	上	成熟	橘黄	中	有	尚疏松
	下	成熟	柠檬黄	弱	稍有	疏松
CK	中	成熟	柠檬黄—橘黄	强	有	疏松
	上	成熟	橘黄	中	有	尚疏松

五、经济性状的变化

由表 5-10 可知，随着生育期提前，产值显著增加，与对照比较，产值分别增加 2 371.5 元/hm²、1 426.5 元/hm²；中上等烟比例和均价表现上升趋势，与对照比较，分别增加 4.1%、2.0% 和 1.0 元/kg、0.5 元/kg。

表 5-10　不同处理烟叶经济性状比较

处理	产量 （kg/hm²）	产值 （元/hm²）	上等烟比例 （%）	中上等烟比例 （%）	均价 （元/kg）
T1	2 367±3.7b	54 642±180.9a	49.6±1.9	94.3±2.0	23.1±1.2
T2	2 382±7.7a	53 697±84.6b	49.4±3.8	92.2±2.6	22.6±0.8
CK	2 370±7.1ab	52 270.5±67.5c	46.5±3.9	90.2±2.8	22.1±0.6

六、生育期的变化

从表 5-11 可以看出，随着播栽期的提前，现蕾期、脚叶成熟期提前，顶叶成熟期 T1 提前，而 T2 未提前；大田生育期 T1 和 T2 比 CK 长 10d。

表 5-11　不同处理主要生育期比较

处理	播种期 （日/月）	出苗期 （日/月）	移栽期 （日/月）	现蕾期 （日/月）	脚叶成熟期 （日/月）	顶叶成熟期 （日/月）	大田生育期 （d）
T1	16/11	23/11	13/1	10/4	19/4	9/6	148
T2	26/11	7/12	23/1	14/4	30/4	19/6	148
CK	6/12	19/12	2/2	20/4	4/5	19/6	138

新鲜烟叶中类胡萝卜素组成主要为 β-胡萝卜素（约 68%）、叶黄素（约

19％)、新叶黄素（约 7％）和紫黄质（约 6％）。与 CK 比较，T2 处理显著提高了类胡萝卜素总量，但前体物叶黄素含量显著下降；此外，生育期延长了10d，烟株无法避开 6 月中旬降水高峰。与 CK 比较，T1 处理尽管类胡萝卜素总量无显著差异，但叶黄素含量显著增加了 48.96％；生育期同样延长了 10d，但移栽期提前了 20d，完全避开了 6 月中旬降水高峰期；此外，感官质量得分也上升了一个档次，由"中等＋"提高至"较好－"。因此，适度提早移栽（1 月中旬）延长了生育期，避开了成熟期降水高峰，改善了烟株生长环境，更有利于龙岩烤烟优质特色的彰显。

第四节 苗期低温对烟叶生长发育的影响机制

前述研究发现优化气候资源配置后，特征香气成分前体物积累有了显著增加，质量和风格有了较大提升，移栽期提前清香型风格特征更明显。然而，提前移栽往往也带来更大的倒春寒低温胁迫风险。烟草苗期移栽后因倒春寒带来的低温冷害问题在我国主栽烟区普遍存在，低温作为影响烟草生长发育的主要非生物因子之一，往往致使烟苗生长缓慢或受阻，造成烟叶产量和品质下降。韩锦峰等（2002）通过低温诱导顶芽发育及检测激素含量发现，烟草 K326 在6 片真叶之前对低温诱导不敏感，7 叶期才是烟草感受低温最敏感的时期，一般叶长 10cm 以上的叶片为主要感受叶片。根据龙岩烟区 1 月 11 日至 2 月 10日（3 候至 8 候）多年极端气温统计，多年极端最低气温为 0～4℃（图 5-6）。因此，为进一步阐明并评估苗期低温对烟叶生长发育的影响，以七叶一心期烟苗为材料，选择 4℃ 为低温处理温度，从分子、生理、代谢到表型响应方面进行了全面的解析，为龙岩优质特色烟叶的开发提供理论依据。

一、低温胁迫对苗期烟草光合荧光特性及叶片结构的影响

植物的光合作用是响应低温胁迫极为敏感的生理反应之一，涉及光能吸收、气体交换、碳同化等多个环节。小麦、油棕、番茄的低温胁迫研究表明，低温胁迫下叶绿素合成受阻、光合酶活性降低、碳同化受阻、PSⅡ反应中心失活或破坏等原因导致了光合能力的下降。同时，前人对植物细胞结构的研究中发现，低温胁迫下植物细胞因水分渗漏导致质壁分离，进而出现原生质囊泡化、线粒体膨大、细胞壁上物质沉积、核膜和质膜模糊或消失等现象。

　　为探明苗期烟草响应低温胁迫的光合生理机制，考虑到大田生长的烟苗易受诸多因素影响的复杂性和多变性，以低温耐受不同的烤烟品种红花大金元和 K326 为试验材料，在人工智能气候箱中（25℃）生长至七叶一心期，再利用人工智能气候箱对烟苗进行 4℃ 低温胁迫处理，昼夜光照为 14h 照光（7 500lx）/10h 黑暗（0lx），昼夜湿度均为 60%。设置 0h（CK）、3h、6h、12h、24h、48h 六个低温胁迫时间处理，每个处理光合荧光参数测定 6 株，材料为自下而上第 4 片完全展开功能叶，比较其光合作用参数和叶绿素荧光参数在不同低温胁迫时间下的变化规律，同时对两者中低温敏感材料 K326 的叶片结构进行观察。

（一）低温胁迫对苗期烟草光合作用参数的影响

　　由表 5-12 可知，低温胁迫显著抑制苗期烟草叶片的光合作用。随低温胁迫时间的延长，除水分利用效率和气孔限制值随之升高之外，净光合速率、气孔导度、胞间 CO_2 浓度和蒸腾速率均随之降低。低温胁迫 48h 后，两品种各指标较对照均达显著性差异（$P < 0.05$）。其中，净光合速率下降 55.27% 和 59.42%，气孔导度下降 54.29% 和 59.38%，胞间 CO_2 浓度下降 27.55% 和 32.39%，蒸腾速率下降 24.13% 和 27.09%，水分利用效率上升 69.75% 和 79.50%，气孔限制值上升 143.75% 和 158.82%。可见低温胁迫对红花大金元和 K326 的光合速率影响不同，红花大金元较 K326 有较高的耐受性，光合抑制效应较小。

（二）低温胁迫对苗期烟草叶绿素荧光参数的影响

　　由表 5-13 看出，随低温胁迫时间的延长，除 NPQ 外其余各指标均不断降低。低温胁迫 48h 后，两品种的 F_v/F_m 分别降低 8.08% 和 10.01%，F_v/F_o 分别降低 42.02% 和 48.20%，说明低温胁迫使 PSⅡ 潜在活性中心受损，光反应受到抑制，光能利用率降低，电子传递过程受阻，进而影响暗反应阶段 CO_2 的固定和同化；qP 分别降低 19.95% 和 27.93%，ETR 分别降低 27.86% 和 35.77%，PSⅡ 天线色素捕获光能用于光化学电子传递的份额显著减少，导致 PSⅡ 用于光合电子传递活性降低；而 NPQ 的升高说明低温胁迫下 PSⅡ 天线色素吸收的光能用于光化学电子传递的份额降低，而以热能形式耗散掉的份额增加。从不同低温胁迫时间来看，低温胁迫 12 h 后红花大金元和 K326 的所有参数较对照均达显著性差异（$P < 0.05$）。低温胁迫阶段，红花大金元各指标变化幅度均比 K326 小，变化速度慢。可见红花大金元耐受低温与叶绿素荧光参数响应密切相关。

表 5 - 12 低温胁迫对苗期烟草光合作用参数的影响 (mean±SD, $n=6$)

品种	处理时间 (h)	光合作用参数					
		净光合速率 [$\mu molCO_2/(m^2/s)$]	气孔导度 [$molCO_2/(m^2/s)$]	胞间 CO_2 浓度 [$\mu molCO_2/mol$空气]	蒸腾速率 [$mmolH_2O/(m^2/s)$]	水分利用效率 [$\mu molCO_2/mol H_2O$]	气孔限制值
红花大金元	0	25.89±1.18a	0.35±0.12a	337.92±5.14a	5.43±0.16a	2.81±0.16d	0.16±0.01e
	3	22.72±1.47b	0.30±0.07ab	319.27±13.04b	5.26±0.16a	3.11±0.20d	0.20±0.03d
	6	20.30±1.21c	0.24±0.09bc	302.38±13.94c	4.83±0.14b	3.81±0.29c	0.24±0.03c
	12	17.14±1.57d	0.22±0.07bc	288.33±13.20c	4.51±0.11c	4.21±0.29b	0.28±0.03c
	24	13.17±1.31e	0.20±0.06c	267.54±5.73d	4.23±0.12d	4.33±0.27b	0.33±0.01b
	48	11.58±0.83f	0.16±0.03c	244.83±10.83e	4.12±0.13d	4.77±0.22a	0.39±0.03a
K326	0	24.96±1.56a	0.32±0.13a	333.51±12.46a	5.02±0.14a	2.78±0.26d	0.17±0.03e
	3	21.46±1.12b	0.27±0.05ab	307.89±12.21b	4.60±0.20b	3.08±0.29d	0.23±0.03d
	6	17.98±1.72c	0.18±0.04bc	287.82±12.95c	4.19±0.12c	3.53±0.24c	0.28±0.03c
	12	14.19±1.95d	0.16±0.06c	272.53±11.29c	4.01±0.12cd	4.29±0.32b	0.32±0.03c
	24	11.89±1.54e	0.15±0.07c	240.86±12.77d	3.87±0.13d	4.68±0.19a	0.40±0.03b
	48	10.13±1.11f	0.13±0.04c	225.49±12.16d	3.66±0.17e	4.99±0.33a	0.44±0.03a

注: 同列不同字母表示差异显著 ($P<0.05$), 下同。

表5-13　低温胁迫对苗期烟草叶绿素荧光参数的影响（mean±SD，n=6）

品种	处理时间 (h)	叶绿素荧光参数						
		F_v/F_m	F_v/F_o	F_v'/F_m'	$\Phi PS\text{II}$	ETR	qP	NPQ
红花大金元	0	0.879±0.003a	7.264±0.225a	0.887±0.007a	0.651±0.012a	68.603±1.237a	0.737±0.009a	0.175±0.031d
	3	0.867±0.003b	6.526±0.182b	0.874±0.006b	0.629±0.011b	66.239±1.139b	0.722±0.009ab	0.190±0.034d
	6	0.852±0.002c	5.739±0.105c	0.860±0.009c	0.610±0.018c	64.263±1.847c	0.712±0.014b	0.207±0.051cd
	12	0.825±0.016d	4.774±0.511d	0.831±0.011d	0.549±0.011d	57.856±1.142d	0.663±0.007c	0.267±0.042bc
	24	0.817±0.002d	4.477±0.069de	0.820±0.003d	0.518±0.015e	54.794±1.480e	0.636±0.016d	0.281±0.046ab
	48	0.808±0.003e	4.212±0.079e	0.798±0.013e	0.470±0.019f	49.490±1.973f	0.590±0.019e	0.338±0.072a
K326	0	0.879±0.010a	7.324±0.068a	0.887±0.007a	0.666±0.006a	70.059±0.583a	0.752±0.007a	0.162±0.033d
	3	0.861±0.002b	6.179±0.092b	0.874±0.01b	0.635±0.006b	66.902±0.651b	0.729±0.009b	0.185±0.024cd
	6	0.842±0.002c	5.327±0.076c	0.854±0.004c	0.592±0.011c	62.600±1.078c	0.699±0.014c	0.206±0.013c
	12	0.823±0.006d	4.649±0.188d	0.831±0.006d	0.532±0.010d	56.155±0.964d	0.644±0.012d	0.249±0.013b
	24	0.805±0.006e	4.125±0.166e	0.814±0.007e	0.483±0.009e	50.914±0.911e	0.596±0.014e	0.258±0.026b
	48	0.791±0.007f	3.794±0.153e	0.791±0.005f	0.426±0.014f	45.002±1.474f	0.542±0.021f	0.321±0.030a

（三）低温胁迫对苗期烟草叶片组织结构的影响

如图5-10所示，低温胁迫0h（CK）叶片的栅栏组织细胞为长柱形，排列较整齐，细胞间隙较小（图5-10①）。低温胁迫早期（低温胁迫3h）叶片栅栏组织细胞排列开始疏松，细胞间孔隙变大，叶片组织结构出现轻微变形（图5-10②）。低温胁迫中期（低温胁迫6～12h）叶片栅栏组织细胞出现不规则形变，细胞间孔隙继续增大，海绵组织细胞数目急剧减少（图5-10③、④）。低温胁迫后期（低温胁迫24～48h）栅栏组织开始模糊，海绵组织细胞基本消失（图5-10⑤、⑥）。

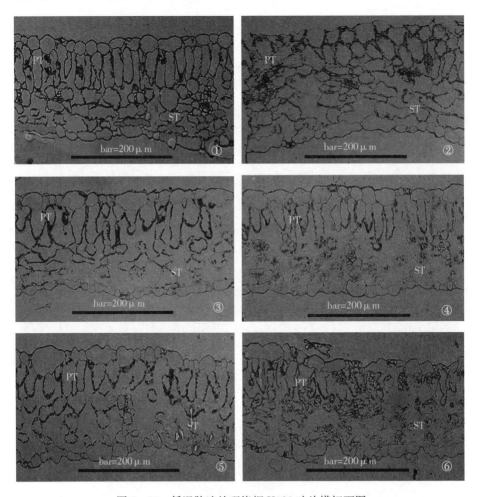

图5-10　低温胁迫处理烤烟K326叶片横切面图

注：①、②、③、④、⑤、⑥分别表示低温胁迫0h、3h、6h、12h、24h、48h烤烟K326叶片横切面（bar＝200μm）。PT：栅栏组织；ST：海绵组织。

由表 5-14 可知，与对照相比，低温胁迫早期烤烟 K326 苗期叶片厚度、栅栏组织和海绵组织厚度变化不显著，但从低温胁迫中后期开始，叶片厚度、栅栏组织厚度和海绵组织厚度均显著降低（$P<0.05$）。栅栏组织厚度与海绵组织厚度的比值能反映组织的同化效率，与对照相比，低温胁迫 3h、6h、12h、24h、48h 叶片组织比分别降低 4.10%、6.25%、9.38%、10.42%、12.50%。低温胁迫下，叶片组织结构紧密度降低，叶片组织结构疏松度增加，说明低温胁迫破坏了叶片的组织结构。

表 5-14 低温胁迫下烤烟 K326 叶片解剖结构变化（mean±SD，$n=3$）

处理时间（h）	叶片厚度（μm）	栅栏组织厚度（μm）	海绵组织厚度（μm）	组织比	叶片组织结构紧密度 CTR（%）	叶片组织结构疏松度 SR（%）
0	210.63±4.92a	94.46±3.38a	97.96±2.18a	0.96±0.01a	44.84±0.98a	46.51±0.71b
3	201.53±6.50ab	89.00±4.64ab	96.92±2.62ab	0.92±0.02ab	44.14±0.96a	48.10±0.44a
6	197.34±4.95bc	84.89±4.00abc	94.80±2.76abc	0.90±0.02abc	43.00±1.11ab	48.04±0.45ab
12	193.13±5.54bc	81.04±5.19bc	93.10±2.57abc	0.87±0.04bc	41.92±1.49ab	48.22±1.01a
24	189.51±4.90c	79.04±5.13bc	91.97±1.89bc	0.86±0.04bc	41.67±1.83ab	48.55±0.90a
48	187.95±3.93c	76.44±5.56c	91.15±1.94c	0.84±0.04c	40.64±2.32b	48.50±0.54a

（四）低温胁迫对苗期烟草叶绿体超微结构的影响

低温胁迫 0h（CK），K326 细胞结构完整、紧凑，无质壁分离现象（图 5-11①）。随着低温胁迫时间的延长，细胞结构遭到破坏，出现不规则形变，有明显的质壁分离现象（图 5-11②、③、④、⑤、⑥）。

由图 5-12 可知，低温胁迫 0h（CK）叶绿体发育正常，呈椭球形或梭形，整齐排列于细胞壁周围，长轴与细胞壁平行，淀粉粒完整包裹在叶绿体中（图 5-12①），基粒片层排列规则、紧密（图 5-13①）。与对照相比，低温胁迫早期（低温胁迫 3h）叶绿体形态变化微小，位置并未发生变化，但叶绿体内淀粉粒增大（图 5-12②），基粒片层略松散（图 5-13②）；低温胁迫中期（低温胁迫 6～12h）叶绿体开始扭曲变形（图 5-12③、④），基粒片层松散程度增大（图 5-13③、④）；低温胁迫后期（低温胁迫 24～48h）叶绿体结构被严重破坏，膜系统开始破裂，嗜锇颗粒增多（图 5-12⑤、⑥），基粒丧失整齐结构、类囊体松散、膨胀解体（图 5-13⑤、⑥）。

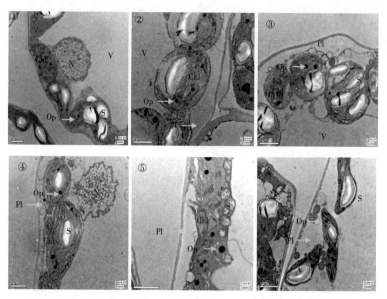

图 5-11 低温胁迫对苗期烟草 K326 叶片细胞形态超微结构的影响

注：① （×4 000）、② （×6 000）、③ （×6 000）、④ （×5 000）、⑤ （×8 000）、⑥ （×6 000）分别表示低温胁迫 0h、3h、6h、12h、24h、48h 烤烟 K326 叶片细胞发生质壁分离 （bar=2μm）；Chl：叶绿体；S：淀粉粒；N：细胞核；V：液泡；Op：嗜锇颗粒；Pl：质壁分离。

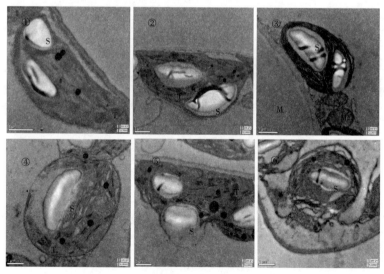

图 5-12 低温胁迫对苗期烟草 K326 叶片叶绿体超微结构的影响

注：① （×15 000）、② （×10 000）、③ （×12 000）、④ （×10 000）、⑤ （×10 000）、⑥ （×10 000）分别表示低温胁迫 0h、3h、6h、12h、24h、48h 烤烟 K326 叶片叶绿体超微结构（bar=1μm）；T：类囊体；S：淀粉粒；M：线粒体。

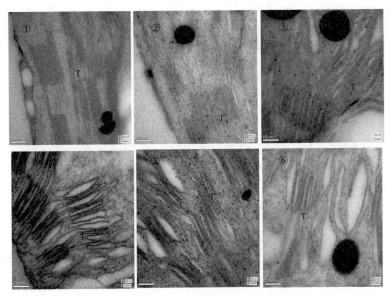

图 5-13　低温胁迫对苗期烟草 K326 叶绿体基粒片层超微结构的影响

注：① （×50 000）、② （×50 000）、③ （×50 000）、④ （×50 000）、⑤ （×50 000）、⑥ （×50 000）分别表示低温胁迫 0h、3h、6h、12h、24h、48h 烤烟 K326 叶片叶绿体基粒片层超微结构（bar＝200nm）；T：类囊体。

对 100 个基粒进行统计的结果见图 5-14。结果表明，低片层数基粒所占比例随低温胁迫时间的延长呈增大趋势。说明低温胁迫时间越长，叶片叶绿体内膜系统功能下降越明显。相对来说，低温胁迫 0 h 和低温胁迫 3 h 叶绿体的

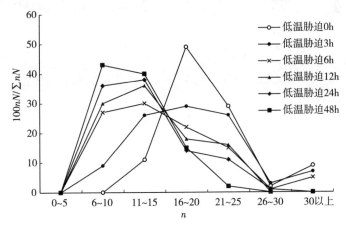

图 5-14　K326 叶片叶绿体低基粒片层数占统计基粒片层数的百分率

注：n 基粒片层数，N 基粒垛数。

内膜系统还是有较强的光合能力。

二、低温胁迫对苗期烟草生理特性及叶形发育的影响

选用对低温敏感且在我国广泛种植的烤烟品种 K326 为材料，烟苗在人工智能气候箱中（25℃）生长至七叶一心期，再转入人工智能气候箱（4℃）进行低温胁迫处理。设置 0h、3h、6h、12h、24h、48h 六个低温胁迫时间处理，然后，将低温胁迫 3h、6h、12h、24h、48h 后的烟苗转入昼夜温度均为 25℃的人工智能气候箱中常温恢复生长。检测叶片长和宽、电导率、可溶性糖、脯氨酸、叶绿素含量以及 SOD、POD、CAT 活性等指标。

（一）低温胁迫对烟苗形态的影响

低温胁迫下，形态特征的变化最能反映植物受伤害的程度。如图 5-15 所示，从俯视拍摄角度来看，叶片形态随着低温胁迫时间的延长逐渐发生萎蔫，叶片蜷缩严重。从主视拍摄角度来看，烟苗茎秆随着低温胁迫时间的延长略有倾斜。低温胁迫的早期阶段（0~6h），烟苗反应较敏感，下部叶出现萎蔫、下垂，上部叶没有发生明显变化；在低温胁迫的中期阶段（6~24h），下部叶萎蔫症状进一步加强，上部叶也呈萎蔫趋势；在低温胁迫的后期阶段（24~48h），上部萎蔫的症状略有缓解，但下部叶萎蔫愈加严重，烟苗茎秆略有倾斜。

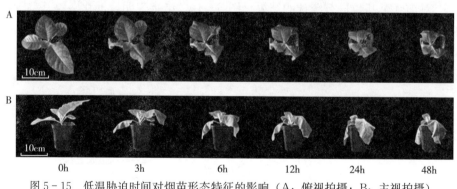

图 5-15　低温胁迫时间对烟苗形态特征的影响（A：俯视拍摄；B：主视拍摄）
注：0h、3h、6h、12h、24h、48h 分别表示低温胁迫处理的时长。

（二）低温胁迫对烟苗生理特性的影响

相对电导率测定结果表明，随着胁迫时间的增加，对照组没有出现明显变化，而处理组逐渐上升。低温胁迫 3h、6h、12h、24h、48h 分别较 0h 增长39.7%、51.3%、83.1%、87.0%、112.1%，均极显著大于后者（$P < 0.01$）（图 5-16A）。MDA 含量测定结果表明，随着胁迫时间的增加，对照组没有出

现明显变化，而处理组表现出先升高、后降低的趋势，低温胁迫 3h、6h、12h、24h、48h 分别较 0h 增长 80.5%、136.3%、67.6%、67.2%、31.7%，除低温胁迫 48h 外，均极显著大于后者（$P<0.01$）（图 5－16B）。

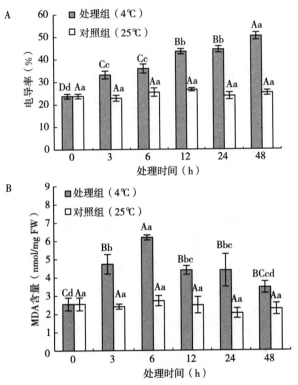

图 5－16　低温胁迫对烟草苗期相对电导率和丙二醛含量的影响

注：不同小写字母表示 $P<0.05$ 的显著水平，不同大写字母表示 $P<0.01$ 的显著水平。

SOD 活性测定结果表明，随着胁迫时间的增加，对照组没有出现明显变化。而处理组表现出先上升、后下降、再上升的趋势，低温胁迫 3h、6h、12h、24h、48h 分别较 0h 增长 18.2%、16.8%、－2.4%、28.7%、28.4%，除低温胁迫 12h 外，均显著大于后者（$P<0.05$）（图 5－17A）。POD 活性测定结果表明，随着胁迫时间的增加，对照组在 12h 后略有增加，其余时间点没有出现明显变化。而处理组表现出先下降、后上升、再下降的趋势，低温胁迫 3h、6h、12h、24h、48h 分别较 0h 增长－13.2%、－2.6%、13.1%、3.6%、－11.6%（图 5－17B）。CAT 活性测定结果表明，随着胁迫时间的增加，对照组在 3h 和 48h 略有升高，其余时间点没有出现明显变化。而处理组表现出

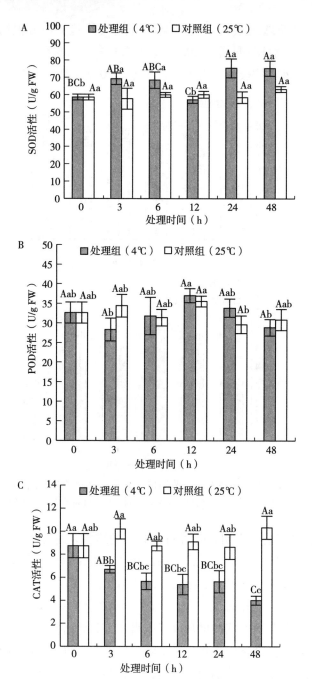

图 5-17　低温胁迫对烟草苗期 SOD、POD 和 CAT 活性的影响

注：不同小写字母表示 $P<0.05$ 的显著水平，不同大写字母表示 $P<0.01$ 的显著水平。

逐渐降低的趋势，低温胁迫 3h、6h、12h、24h、48h 分别较 0h 降低 23.3%、35.2%、38.4%、35.4%、54.1%（图 5-17C）。

　　脯氨酸含量测定结果表明，随着胁迫时间的增加，对照组没有出现明显变化，而处理组表现出逐渐上升的趋势。处理组低温胁迫 3h、6h、12h、24h、48h 分别较 0h 增长 53.5%、101.1%、223.7%、254.5%、320.0%，均极显著大于后者（$P<0.01$）（图 5-18A）。可溶性糖含量测定结果表明，随着胁迫时间的增加，对照组没有出现明显变化，而处理组表现出逐渐上升的趋势。处理组低温胁迫 3h、6h、12h、24h、48h 分别较 0h 增长 58.8%、133.3%、181.6%、279.8%、290.4%，均极显著大于后者（$P<0.01$）（图 5-18B）。

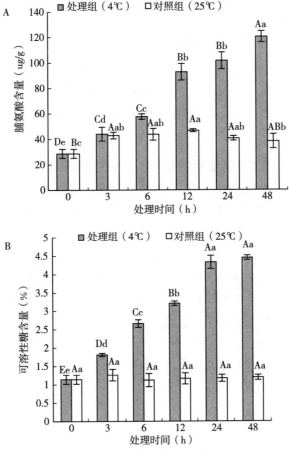

图 5-18　低温胁迫对烟草苗期脯氨酸和可溶性糖含量的影响

注：不同小写字母表示 $P<0.05$ 的显著水平，不同大写字母表示 $P<0.01$ 的显著水平。

叶绿素含量测定结果表明，随着胁迫时间的增加，对照组没有出现明显变化，而处理组表现出先上升、后下降的趋势。处理组低温胁迫 3h、6h、12h、24h、48h 分别较 0h 增长 15.9%、20.5%、39.4%、65.2%、37.9%，其中低温胁迫 6h、12h、24h 和 48h 极显著大于后者（$P < 0.01$）（图 5-19）。

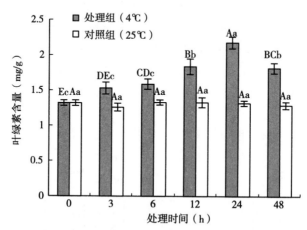

图 5-19　低温胁迫对烟草苗期叶绿素含量的影响

注：不同小写字母表示 $P < 0.05$ 的显著水平，不同大写字母表示 $P < 0.01$ 的显著水平。

（三）低温胁迫对烟苗恢复生长后叶片长宽比的影响

对低温胁迫后恢复生长每隔 2d 的叶片长宽测量得出（图 5-20A），对照组叶片长宽比变化很小，维持在 1.760～1.785；而处理组均表现为增大趋势。低温胁迫 3h 处理的叶片长宽比峰值在第 10d，6h、12h、24h 处理的峰值在第 16d，而 48h 处理的峰值在第 20d。其中，低温胁迫 12h 后恢复常温第 16d 的叶片长宽比达最高峰，为 1.986，较低温胁迫 0h 叶片长宽比峰值增长 10.7%。而低温胁迫 3h、6h、24h 和 48h 后恢复生长的叶片长宽比峰值较 0h 分别增长 3.0%、5.3%、8.1%、3.8%，低温胁迫持续时间对叶片长宽比增大表型的影响程度为 12h>24h>6h>3h>48h。进一步对低温胁迫 12h 后恢复生长的叶片长宽比分析发现，叶片长宽比（y）随恢复生长天数（x）的增加是一组一阶累加序列，拟合方程为 $y = 1.788\,6\exp(0.006\,9x)$（$R^2 = 0.987\,4$）（图 5-20B）。

方差分析表明（表 5-15），低温胁迫 12h 后恢复生长叶片长宽比增幅在第 16d 达峰值，为 0.193，第 14d 为 0.173，以上两个时间点所测叶片长宽比显著高于其他恢复生长后时间点，说明低温胁迫 12h 后恢复生长的叶片狭长趋势在恢复生长第 14d 达显著水平，而对照组烟苗叶片长宽比增幅无显著差异。

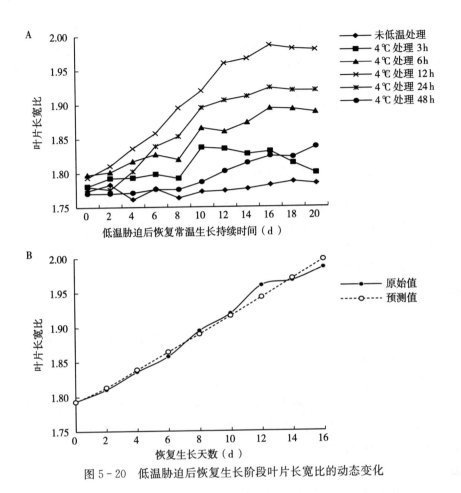

图 5-20　低温胁迫后恢复生长阶段叶片长宽比的动态变化

表 5-15　低温胁迫 0h 和 12h 恢复生长叶片长宽比增幅方差分析

胁迫时间	恢复生长时间（d）							
	2	4	6	8	10	12	14	16
低温胁迫 0h	0.010± 0.000 1 Aa	−0.010± 0.000 6 Aa	0.003± 0.001 2 Aa	−0.003± 0.001 0 Aa	0.000± 0.000 6 Aa	0.000± 0.000 6 Aa	0.003± 0.000 3 Aa	0.007± 0.000 2 Aa
低温胁迫 12h	0.017± 0.000 2 Cd	0.043± 0.000 2 BCcd	0.033± 0.000 8 BCcd	0.100± 0.000 5 ABCbc	0.127± 0.000 3 ABab	0.167± 0.000 6 Aab	0.173± 0.001 6 Aa	0.193± 0.004 7 Aa

注：表中同一行中的不同字母表示差异显著（小写字母表示 $P<0.05$，大写字母表示 $P<0.01$）。

进一步对相对电导率、MDA 含量、SOD 活性、POD 活性、CAT 活性、脯氨酸含量、可溶性糖含量以及叶绿素含量与低温胁迫后恢复生长的叶片长宽比进行逐步回归分析，剔除了 6 项指标，以 $P=0.05$ 为显著性标准，建立回归方程：$y=1.545\,43+0.012\,23x_4-0.016\,76x_5$（$F=11.83$，$P=0.037\,8$）。式中 y 代表低温胁迫后恢复生长叶片长宽比，x_4、x_5 分别代表 POD 活性和 CAT 活性。因此可根据上述 2 项生理指标的变化，估计低温胁迫后恢复生长叶片长宽比的变化趋势。

三、生长素参与烤烟幼苗叶片形态对低温胁迫的响应

植物受到低温等逆境胁迫时，会通过激素调节引发相关生理反应适应环境。IAA 是最早被发现的一类植物激素，其分布、极性运输和信号转导对植物叶片发育及形态建成起重要调节作用。前人研究发现，生长素极性运输在叶形塑造和对称性生长方面具有重要作用。用生长素极性运输抑制剂处理局部叶片，导致该部位生长素含量升高，叶脉发达，可见生长素的极性运输与微管组织分化密切相关。此外，IAA 还可以诱导一些抗寒基因的快速表达。例如，Fujino 等（2008）发现水稻突变体中生长素含量的变化最终导致窄叶突变性状的出现，在已克隆的 3 个窄叶基因 NAL7、NAL1 和 NRL1 中，NAL7 参与生长素的生物合成，NAL1 参与极性运输，而 NRL1 则通过影响叶片维管组织的发育调控叶片宽度。

为了解析低温诱导烤烟幼苗叶片形态变化的分子生理机制，分析叶片极性发育中 IAA 和关键调控蛋白基因的角色和作用，为未来缓解苗期低温胁迫造成的叶片狭长问题提供理论依据。以低温敏感型品种 K326 为材料，在人工智能气候箱中（25℃）生长至七叶一心期，再利用人工智能气候箱对烟苗进行 4℃低温胁迫处理，昼夜光照为 14h 照光（7 500lx）/10h 黑暗（0lx），昼夜湿度均为 60%，试验设计见表 5 - 16，各处理设 3 次重复，每次重复选取长势一致且叶片大小相近的烟苗 5 株，用于地上部生物量、叶形指标、生长素含量的测定以及 NtPINs 家族基因的定量分析。为研究生长素对烟苗叶形的影响，采用叶面喷施法筛选合适浓度的外源生长素 α-萘乙酸（NAA）和生长素极性运输抑制剂 1-萘氨甲酰苯甲酸（NPA），并分别对 25℃、4℃处理 24h 后的烟苗进行外源 NAA、NPA 喷施。配制 100nmol/L、200nmol/L、500nmol/L、1 000nmol/L NAA（1 mol/L NaOH 溶解），对 4℃处理 24h 后恢复到常温生长的烟苗于次日 08：00 利用小型喷雾器均匀喷施，以叶面挂有水珠为度，每 2 d 喷 1 次；配制 150nmol/L、300nmol/L、600nmol/L、1 200nmol/L NPA（二甲基亚砜溶解），对 25℃处理 24h 后的烟苗于相同时间喷施。每个喷施浓

度设 3 次重复，每次重复选取长势一致且叶片大小相近的烟苗 5 株，8d 后记录自下而上第 4 张叶片的叶长、叶宽，计算叶形指数（叶长/叶宽），确定外施 NAA 和 NPA 的适宜喷施浓度。利用筛选出的适宜喷施浓度，以 25℃处理 24h 后喷施等量去离子水为对照，分别对 25℃、4℃处理 24h 后烟苗喷施 NAA 和 NPA，8d 后记录自下而上第 4 张叶片的叶长、叶宽，计算叶形指数。每个处理设 3 次重复，每次重复选取长势一致且叶片大小相近的烟苗 5 株。IAA 相关基因的引物序列见表 5-17。

表 5-16 试验设计

对照组	处理组
25℃处理 0h	4℃处理 0h
25℃处理 12h	4℃处理 12h
25℃处理 24h	4℃处理 24h
25℃处理 24h 后继续 25℃生长 2d	4℃处理 24h 后恢复 25℃生长 2d
25℃处理 24h 后继续 25℃生长 8d	4℃处理 24h 后恢复 25℃生长 8d

表 5-17 烟草 *PIN* 基因引物序列

引物名称	引物序列
NtActin-F	5′-CAAGGAAATCACCGCTTTGG-3′
NtActin-R	5′-AAGGGATGCGAGGATGGA-3′
NtPIN1-F	5′-GGAGCTGCAGCACAACAAAGT-3′
NtPIN1-R	5′-ACCTTTCTTGTTATTAGTGC-3′
NtPIN1b-F	5′-GGTGCAAAAGCAGTGGGTT-3′
NtPIN1b-R	5′-CTTACATCCTTAGCTGTAT-3′
NtPIN3-F	5′-GCAACAAGTACATTTACAG-3′
NtPIN3-R	5′-ATCAGTGCCACCAAACAC-3′
NtPIN3b-F	5′-GTGCTCAGGGAGCTCTAAC-3′
NtPIN3b-R	5′-ATCATGGCTAGCCCTACC-3′
NtPIN4-F	5′-GCAGTCCCTTTACTTTCC-3′
NtPIN4-R	5′-CCATTCTAGGCTACCATTT-3′
NtPIN9-F	5′-AATCACATGGTGGTCTTA-3′
NtPIN9-R	5′-ATAAACCCCATTTCCTCTCCC-3′

（一）低温胁迫及恢复生长后烟苗地上部生物量的响应

从图 5-21 可以看出，处理 12h、24h 时，处理组烟苗地上部鲜质量较同期对照极显著降低（$P<0.01$）；处理 3d、9d 时，对照组地上部鲜质量和干质量开始增大，而处理组虽较低温胁迫阶段有所增大但仍低于同期对照，处理 9d 时，对照组和处理组地上部鲜质量的差值较处理 3 d 时进一步增大；烟苗地上部干质量的变化趋势与鲜质量相似，同样在低温后恢复生长阶段，处理组地上部干质量与同期对照组的差值逐渐增大。

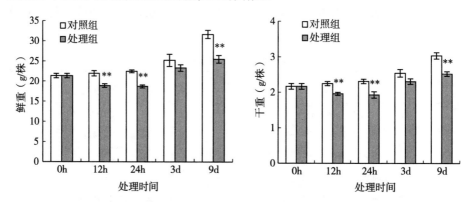

图 5-21　低温胁迫及恢复生长后烟苗地上部生物量的变化

注：* 表示同一时间不同处理之间差异显著（$P<0.05$），** 表示同一时间不同处理之间差异极显著（$P<0.01$），下同。

（二）烟苗叶片生长素含量

从图 5-22 可以看出，处理 12h、24h 时，对照组茎尖新生叶 IAA 含量无明显变化，而处理组茎尖新生叶在低温胁迫 24h 时 IAA 含量大幅升高，极显

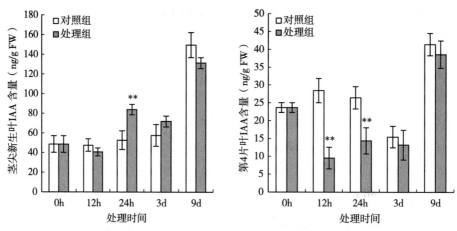

图 5-22　低温胁迫及恢复生长后烟苗不同部位叶片生长素含量的变化

著高于同期对照组（$P<0.01$）。处理 9d 时对照组和处理组茎尖新生叶 IAA 含量均大幅升高，但此时处理组与同期对照组无显著差异。处理 12h、24h 时，处理组自下而上第 4 张叶片 IAA 含量极显著低于同期对照组（$P<0.01$）。处理 9d 时对照组和处理组自下而上第 4 张叶片 IAA 含量同样大幅升高，处理组与同期对照组也无显著差异。

（三）低温胁迫及恢复生长后烟苗 PIN 家族基因表达分析

从图 5-23 可以看出，烟苗茎尖新生叶中 *NtPINs* 家族基因（*NtPIN1*、*NtPIN1b*、*NtPIN3*、*NtPIN3b*、*NtPIN4* 和 *NtPIN9*）的表达呈现出不同的变化趋势。处理 12h 时，处理组除 *NtPIN4* 之外，其余基因的表达水平均较同期对照组显著下调（$P<0.01$）。处理 24h 时，处理组各基因表达水平继续下调。处理 3d 时，处理组仅 *NtPIN4* 基因表达水平继续下调，其余基因的表达水平均有所上调；5 个上调基因中，除 *NtPIN3b* 外，其余 4 个基因的表达水平仍极显著低于同期对照组（$P<0.01$）。处理 9d 时，除 *NtPIN3* 外，其余 5 个基因的表达水平仍显著或极显著低于同期对照组。

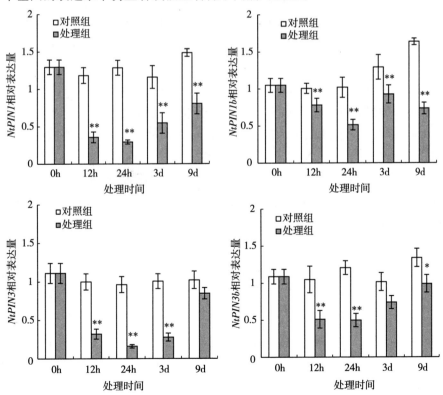

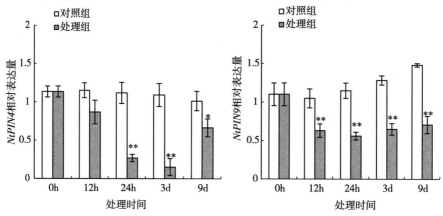

图 5-23　低温胁迫及恢复生长后烟苗 *PIN* 家族基因表达量的变化

（四）低温胁迫及恢复生长后烟苗叶形指数对外源 NAA、NPA 的响应

对 4℃低温处理 24h 后的烟苗喷施系列浓度 NAA 进行浓度筛选，结果发现（图 5-24A），随着 NAA 浓度从 100nmol/L 增加到 1 000nmol/L，烟苗自下而上第 4 张叶片的叶形指数呈递减趋势，当 NAA 浓度为 500nmol/L 时，低温胁迫后恢复生长烟苗的叶形指数与 25℃处理组相当，因此在本试验条件下，把 NAA 的适宜喷施浓度确定为 500nmol/L。对 25℃处理 24 h 后的烟苗施加系列浓度 NPA 进行浓度筛选，结果发现（图 5-24B），随着 NPA 浓度从 150nmol/L 增加到 1 200nmol/L，叶形指数呈递增趋势，当 NPA 浓度为 600nmol/L 时，常温生长下烟苗叶形指数与 4℃处理烟苗的叶形指数相当，因此在本试验条件下，把 NPA 的适宜喷施浓度确定为 600nmol/L。从图 5-24C 可以看出，25℃处理后喷施 500 nmol/L NAA 烟苗的叶形指数与对照组（25℃处理后喷施去离子水）无明显差异，喷施 600nmol/L NPA 烟苗的叶形指数极显著增大（$P < 0.01$）；4℃处理后喷施 NAA 烟苗的叶形指数较对照无明显差异，而喷施 NPA 烟苗的叶形指数显著增大（$P < 0.01$）。

综上所述，低温胁迫抑制烟株地上部生长素由茎尖新生叶向茎基部的极性运输。外源 NPA 可调节烟苗的叶形指数，外源生长素 NAA 可有效缓解低温造成烟苗叶形狭长的趋势，低温胁迫下茎尖新生叶生长素外流蛋白家族基因 *NtPINs* 表达量整体显著降低。据此可初步推断，低温胁迫导致烟苗地上部生长素从茎尖新生叶向茎基部极性运输的减少是烟苗叶片形态响应低温胁迫的生理机制之一。

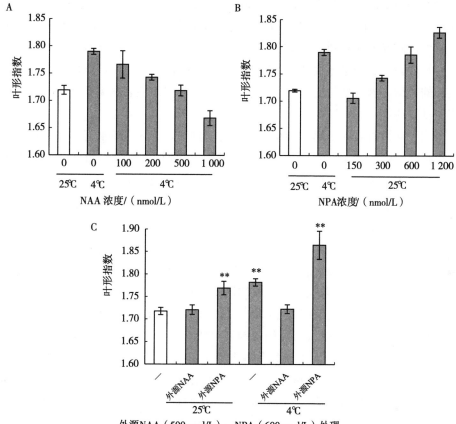

图 5-24 外源 NAA 和 NPA 对烟苗叶形指数的影响

四、响应低温胁迫的烤烟幼苗差异蛋白筛选及叶形调控基因鉴定

近年来，转录组学和蛋白组学技术已被广泛应用于鉴定受植物逆境胁迫调控的应激反应基因和蛋白质（Mcandrew and Napier，2011）。与转录组学相比，蛋白质组学不仅在生命活动水平上提供信息，而且还可以捕获翻译后修饰的蛋白活性变化（Rodrigues et al.，2012）。根据基因产物的功能，低温诱导蛋白可分为两类：一类是直接保护细胞免受水分胁迫的功能蛋白［如晚期胚胎富集蛋白（Late embryogenesis－abundant，LEA）、渗透蛋白、水孔蛋白、离子通道蛋白等］、渗透调节相关酶和抗氧化活性酶；另一类是传递信号并调节基因表达的转录因子，诱导和转导应激信号的蛋白酶以及发挥信号转导作用的蛋白酶。其中，皮层微管（Corticalmicrotubules，CMT）参与应答逆境胁迫

的调节钙离子信号、脱落酸信号及细胞壁建成等生命过程（Abdrakhamanova et al.，2003；Zhang et al.，2012）。前人研究发现，0～4℃低温即可引起微管解聚，而温度恢复到25℃以上时微管可在短期内聚合（Roth，1967）。前述研究发现的低温胁迫导致烟草K326在恢复生长后出现叶片长宽比增大，叶形狭长的表型，该表型与文献报道的γ-tubulin基因的低表达突变体出现的表型相似（王琦等，2007）。

为了从蛋白质水平揭示烟草低温生物学进程，廓清应答低温胁迫的烤烟幼苗全蛋白组响应，鉴定叶形变化的关键基因，我们采用基于iTRAQ的定量蛋白组学技术，进行了响应低温胁迫的差异蛋白筛选及其功能分析，并对叶形极性发育密切相关的微管蛋白基因进行了初步鉴定。试验以低温敏感品种K326为材料，采集了前述表5-16试验处理中25℃处理0h、25℃处理24h和4℃处理24h三组处理的自下而上第4片鲜烟叶，切取主脉附近的叶片组织，液氮速冻后置于-80℃超低温冰箱保存，干冰包埋样品寄送进行蛋白组测序（北京诺禾致源有限公司）。激素处理和非生物胁迫处理：激素处理参考罗秀云（2015）的方法，用装有浓度为100μmol/L的ABA、2mmol/L的水杨酸（SA）、200mg/L的GA和100μmol/L的茉莉酸甲酯（MeJA）溶液的喷壶均匀喷洒烟苗叶片，并置于密闭的人工智能气候箱中；不同非生物胁迫处理参考陈倩等（2018）的方法，用装有浓度为0.1mol/L的H_2O_2和0.2mmol/L的NaCl溶液的喷壶喷洒叶片后置于人工智能气候箱，另将烟苗置于昼夜时段各12h，昼夜温度分别为4℃和42℃的人工智能气候箱中模拟低温和高温胁迫。以上所有逆境胁迫分别处理0h、3h、24h和48h，每个时刻采集烟苗自下而上第4片叶靠近主脉附近的叶片组织，液氮速冻后存于-80℃冰箱用于RNA提取、反转录、qRT-PCR分析等。

（一）蛋白功能注释

蛋白组测序结果共鉴定出2 885种蛋白质，GO功能分类见图5-25，COG数据库比对结果见图5-26，KEGG代谢通路分析结果见图5-27。

GO功能分类分析表明，共有2 161个蛋白（74.90%）被成功分配到731个功能组，其中287个蛋白与"Biological Process"相关，73个蛋白与"Cellular Component"相关，371个蛋白与"Molecular Function"相关。"Biological Process"类别中，最大的亚组是"氧化还原过程"（290，13.42%），"翻译"（157，7.27%）和"代谢过程"（136，6.30%）。在"Cellular Component"类别中，最大的亚组是"核糖体"（151，7.00%），其次是"胞内组分"

（125，5.80%）和"细胞质"（91，4.21%）。在"Molecular Function"类别中，"ATP结合"（200，9.25%），"蛋白结合"（178，8.24%）和"核糖体结构成分"（153，7.10%）是前三多的分组（图5-25）。

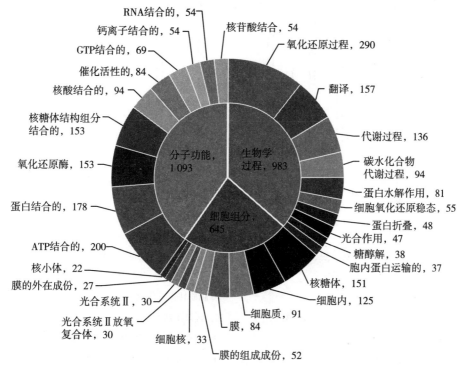

图5-25　烟草叶片蛋白组结果的GO功能分类

注：列举出的是细胞组分、分子功能和生物过程类别中前10位的分类。

将所有蛋白与COG数据库进行比对，共有2 023（70.12%）个蛋白被成功分配到23个功能组。数目前3位的功能组分别是："翻译、核糖体结构和生物合成"（323，15.97%）、"转录后修饰、蛋白代谢和分子伴侣"（276，13.64%）和"碳水化合物转运和代谢"（264，13.05%）（图5-26）。

KEGG代谢通路分析有助于系统地探索细胞内代谢途径和蛋白质产物的生物学功能。在6个KEGG生化途径中，共有2 551（88.42%）个蛋白被分配到39个亚类，包括"细胞过程"（248，7.23%）、"环境信息进程"（204，5.95%）、"遗传信息处理"（567，16.54%）、"代谢过程"（2014，58.75%）和"有机系统"（395，11.52%）。其中，主要子类别是"碳水化合物代谢"，其次是"代谢过程的overview类""翻译"和"能量代谢"（图5-27）。

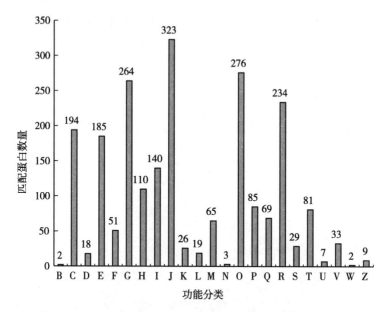

B：染色质结构与动力学（2）　　　　C：能量生成和转换（194）

D：细胞周期调控、细胞分裂、染色体分配（18）　E：氨基酸转运与代谢（185）

F：核苷酸转运与代谢（51）　　　　　G：碳水化合物运输与代谢（264）

H：辅酶转运与代谢（110）　　　　　I：脂质转运与代谢（140）

J：翻译、核糖体结构和生物合成（323）　K：转录（26）

L：复制、重组和修复（19）　　　　　M：细胞膜/膜/被膜的生物合成（65）

N：细胞运动（3）　　　　　　　　　O：翻译修饰、蛋白质转换和伴侣蛋白（276）

P：无机离子转运代谢（85）　　　　　Q：次级代谢生物合成、转运和代谢（69）

R：一般功能预测（234）　　　　　　S：未知功能（29）

T：信号传导机制（81）　　　　　　　U：胞内转运、分泌和小泡运输（7）

V：防御机制（33）　　　　　　　　　Z：细胞骨架（9）

W：胞外结构（2）

图 5-26　烟草叶片蛋白组结果的 COG 功能分类

（二）差异蛋白筛选

25℃处理 24h 和 25℃处理 0 h（T25/CK）比较发现，有 16 个蛋白表达上调（$FC \geqslant 1.2$，P-value$\leqslant 0.05$），9 个蛋白表达下调（$FC \leqslant 0.83$，P-value$\leqslant$ 0.05）；4℃处理 24h 和 25℃处理 0 h（T4/CK）比较发现，有 33 个蛋白表达上调，20 个蛋白表达下调。所有差异表达蛋白的分层聚类分析发现，低温处理诱导的蛋白质水平变化远大于常温处理（图 5-28）。

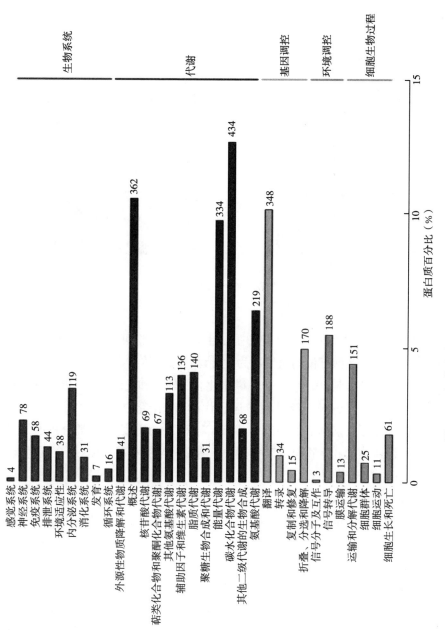

图5-27 烟草叶片蛋白组结果的KEGG功能分类

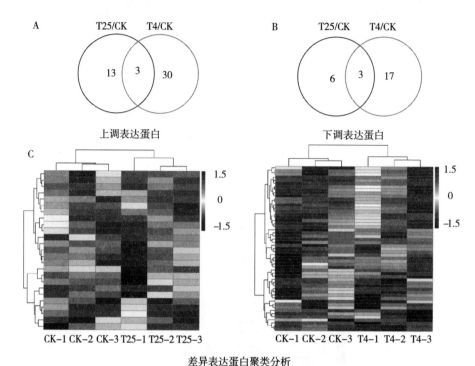

差异表达蛋白聚类分析

图 5-28 常温生长和低温生长下差异表达蛋白的韦恩图和聚类分析

根据 COG 数据库提供的可能的蛋白生物功能，将可以被鉴定到的 DEPs 分为 17 个组，排名前五位的组依次为：翻译、核糖体结构和生物合成（11 个蛋白）；信号转导机制（6 个蛋白）；碳水化合物转运和代谢（6 个蛋白）；脂质转运和代谢（5 个蛋白）；氨基酸转运和代谢（4 个蛋白质）（图 5-29A）。图 5-29B 显示了排名前五的小组中 T25/CK 和 T4/CK 之间聚类分析的结果。"翻译、核糖体结构和生物合成"类别中，有 2 个半胱氨酰-tRNA 合成酶蛋白（mRNA_97424_cds：mRNA_97424：gene_57705，mRNA_34489_cds：mRNA_34489：gene_19957）和 1 个核糖体蛋白（mRNA_92997_cds：mRNA_92997：gene_54858）在 T4/CK 表达下调；1 个氨酰 tRNA 和生物素合成酶蛋白质（mRNA_92724_cds：mRNA_92724：gene_54680）和 1 个赖氨酰-tRNA 合成酶（mRNA_51999_cds：mRNA_51999：gene_30148）在 T4/CK 表达上调。而 T25/CK 比较中发现，1 个氨酰-tRNA 和生物素合成酶超家族蛋白（mRNA_74051_cds：mRNA_74051：gene_42800）表达上调。值得一提的是，在 T4/CK 中，1 个 RNA 结合相关蛋白

（mRNA＿8816＿cds；mRNA＿8816；gene＿4962）表达上调而另一个 RNA 结合相关蛋白（mRNA＿20921＿cds；mRNA＿20921；gene＿11902）表达下调；另有 1 个生物素相关蛋白（mRNA＿92724＿cds；mRNA＿92724；gene＿54680）在 T4/CK 表达上调而另一个（mRNA＿74051＿cds；mRNA＿74051；gene＿42800）在 T25/CK 表达上调。由此可见，低温胁迫影响植物生理的多个方面，包括光合作用、代谢和相关胁迫响应。

（三）低温胁迫下影响叶形指数的微管蛋白基因鉴定

植物微管参与细胞分裂运动、细胞形态维持及细胞次生细胞壁形成等多个生命过程，通过引导细胞壁微纤丝的定向沉积，从而使得叶片形态发生变化。

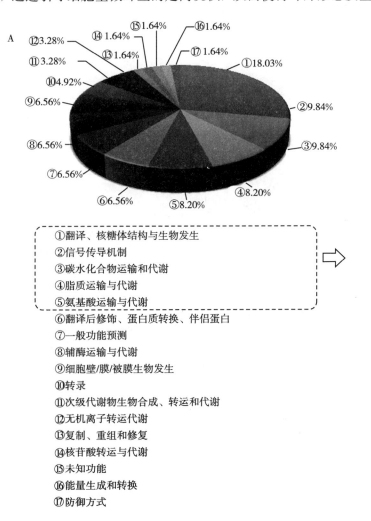

① 翻译、核糖体结构与生物发生
② 信号传导机制
③ 碳水化合物运输和代谢
④ 脂质运输与代谢
⑤ 氨基酸运输与代谢
⑥ 翻译后修饰、蛋白质转换、伴侣蛋白
⑦ 一般功能预测
⑧ 辅酶运输与代谢
⑨ 细胞壁/膜/被膜生物发生
⑩ 转录
⑪ 次级代谢物生物合成、转运和代谢
⑫ 无机离子转运代谢
⑬ 复制、重组和修复
⑭ 核苷酸转运与代谢
⑮ 未知功能
⑯ 能量生成和转换
⑰ 防御方式

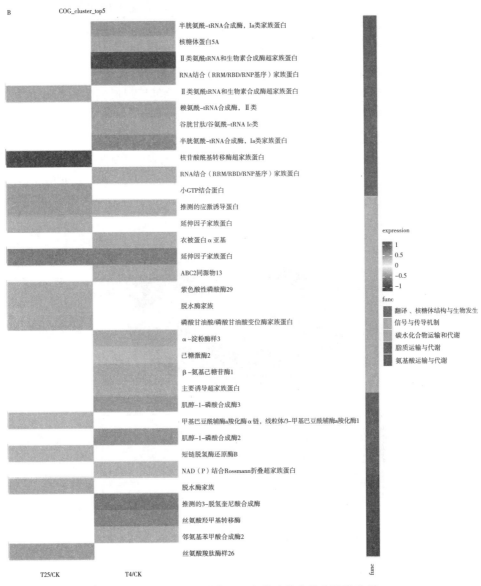

图 5 - 29　72 个差异表达蛋白的功能分类和聚类分析

注：A：差异表达蛋白的功能分类（61，84.72%）；B：差异表达蛋白的聚类分析。

组成微管的各类蛋白质统称为微管蛋白。由图 5 - 30 可知，在蛋白组测序结果中，共鉴定到 8 个微管蛋白，其中仅有 tubA3（NM_001326192）和 predicated：tubB（XM_016581922）两个蛋白的 mRNA 水平在 25℃处理 24h 时较对照没有显著差异，但在 4℃处理 24 h 时较对照显著下调（图 5 - 30）。

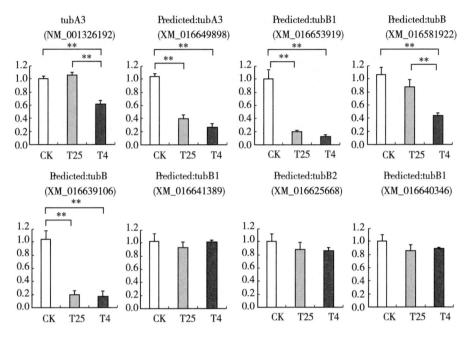

图 5 - 30　qRT - PCR 分析 8 个烟草微管蛋白的表达情况

注：试验设置 3 个重复，结果表示为平均值±标准差，**表示 $P<0.01$ 水平差异显著。

为了进一步鉴定仅受低温调控而非受生长发育影响的两个微管蛋白基因是否与叶形相关，利用其他非生物胁迫处理（$100\mu mol/L$ ABA；2mmol/L SA；200mg/L GA；0.2mol/L NaCl；$100\mu mol/L$ MeJA 和 0.1mol/L H_2O_2）观察烟叶形状的变化（图 5 - 31A）。在非生物胁迫后 20 d 内，发现 MeJA 和 H_2O_2 胁迫下的烤烟幼苗的叶形指数表现出与低温引起的叶形指数增大、叶形狭长相同的表型（图 5 - 31B）。对 MeJA 和 H_2O_2 胁迫下 *NtTubA3* 和 *NtTubB* 基因的 qRT - PCR 分析表明，*NtTubA3* 基因在 MeJA 和 H_2O_2 处理 3h 后的基因表达量无显著变化，但其表达量随处理时间的延长而显著降低。而 *NtTubB* 基因 MeJA 和 H_2O_2 处理 3h 时即出现显著下调，说明 *NtTubB* 基因较 *NtTubA3* 基因响应更加迅速（图 5 - 31C）。因此，*NtTubA3* 基因（NM_001326192）和 *NtTubB* 基因（XM_016581922）可能是参与低温影响叶形指数的生命过程调控且仅受低温调控而非受生长发育影响的两个关键微管蛋白基因，其中 *NtTubB* 基因具有迅速响应低温胁迫的特性。

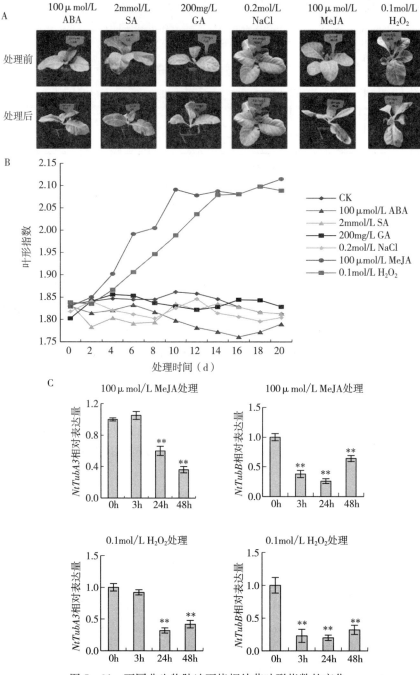

图5-31 不同非生物胁迫下烤烟幼苗叶形指数的变化

注：A：烤烟幼苗表型变化；B：恢复生长的20d内叶形指数的变化。

五、响应低温胁迫的 *NtTubB* 基因生物信息学预测及 VIGS 验证

为进一步明确 *NtTubB* 基因编码蛋白特性及其生物学功能，以烟草 K326 叶片 cDNA 模板进行 PCR 扩增，利用 NCBI 的 ORF finder 预测开放阅读框；蛋白保守结构域分析采用在线程序 Smart（http：//smart. emblheidelberg. de/）；蛋白质理化性质分析采用 Expasy 网站的 ProtParam 程序（http：//web. expasy. org/protparam/）；同源性分析采用 NCBI 中的 BLAST 和 DNASTAR 软件进行；信号肽预测采用 SignalP 4.1Server 软件（http：//www. cbs. dtu. dk/services/SignalP/），跨膜结构域预测采用 TMHMM 2.0（http：//www. cbs. dtu. dk/services/TMHMM/）；目的序列的亚细胞定位分析采用在线工具 Psort（http：//psort. hgc. jp/form. html）；功能分类预测采用在线工具 Profun（http：//www. cbs. dtu. dk/services/ProtFun/）。多序列比对和 N‑J 进化树的构建采用 ClustalX 和 MEGA5.1 进行。TRV 介导 *NtTubB* 基因沉默试验以本氏烟（*N. benthamiana*）和 K326 为材料，待幼苗长出 4 片叶子后移栽到塑料钵中，置于 25℃ 的人工智能气候箱中继续生长，昼夜光照为 14h 照光（7 500lx）/10 h 黑暗（0lx），昼夜湿度均为 60%，6 周后用于农杆菌注射实验。用一次性针头制造伤口，再用普通注射器将农杆菌一次性注入烤烟幼苗叶片内，阴性对照选择不含 PDS 的 pTRV2 空载体侵染。RNA 提取、反转录、PCR 扩增、目的片段回收和纯化、重组、涂板、菌落 PCR、质粒提取、农杆菌转化、活化和悬菌等操作流程见第二章。

（一）*NtTubB* 基因克隆和序列分析

PCR 扩增以烤烟 K326 叶片组织的 cDNA 作为模板，经纯化后与 CE Entry Vector 载体连接，转入 DH5α，挑取阳性克隆测序。测序结果表明，该序列与参考基因组中该基因的 CDS 序列一致。通过 NCBI 比对发现，该基因全长 2 783bp，含有一个 2 475bp 的最大开放阅读框（ORF），5' 端非翻译区（5'UTR）长度为 175bp、3' 端非翻译区（3'UTR）长度为 132bp，起始密码子 ATG 位于第 176～178 位，终止密码子为 TAA。为正确区分 *NtTubB* 基因的内含子和外显子，利用 NCBI 上 Splign 内含子在线分析 *NtTubB* 的基因结构，发现 *NtTubB* 基因包含 3 个外显子和 2 个内含子。3 个外显子长度分别为 392bp、272bp 和 668bp，2 个内含子大小分别为 796bp 和 347bp（图 5‑32）。

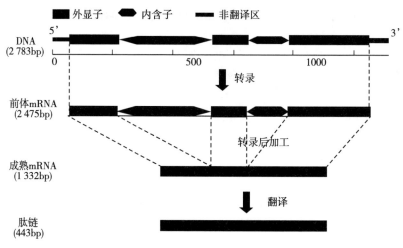

图 5-32 *NtTubB* 基因结构模式图

（二）*NtTubB* 基因编码蛋白的生物信息学预测

NtTubB 蛋白理化性质分析表明，该蛋白分子式为 $C_{2178}H_{3354}N_{590}O_{685}S_{32}$，分子量为 49.79kD，不稳定系数为 34.46，说明 NtTubB 蛋白是稳定蛋白。脂肪系数为 70.16，总的疏水性平均系数为 -0.373。理论等电点 pI 为 4.79，属于酸性蛋白。由其氨基酸的组成可知，该蛋白包含 20 种氨基酸，共 443 个氨基酸残基，带负电荷的氨基酸残基（Asp+Glu）有 60 个，带正电荷的氨基酸残基（Arg+Lys）有 37 个，其中 Ser（S）最多为 7.9%，Trp（W）最少为 1.1%。亚细胞定位分析表明，叶绿体转运肽与线粒体目标肽在该序列中均不存在。最小 S 值（0.111）小于剪切位点值（0.450），该蛋白为非分泌蛋白，可能在细胞质中合成，不进行转运。利用 Psort 在线分析发现，NtTubB 蛋白在不同细胞器的占比分别为细胞质（69.6%）、细胞核（13.0%）、液泡（4.3%）、线粒体（4.3%）、溶酶体（4.3%）和细胞膜（4.3%）。

跨膜结构域预测结果表明，该蛋白为无跨膜结构（图 5-33A）；磷酸化位点预测结果表明，该蛋白含有的丝氨酸、苏氨酸、酪氨酸磷酸化位点数分别为 25、15 和 7，其中 S322 在所有预测中得分最高，为 0.997（图 5-33B）。亲疏水性分析表明（图 5-33C），NtTubB 在 100~250 区域疏水性较强，最强点出现在 269 位置；而亲水性较强的范围出现在 251~439 区域，最强点出现在 435 位置。该蛋白的负峰值个数明显多于正峰值个数，说明 NtTubB 蛋白为亲水性蛋白。

　　保守域及蛋白结构预测分析表明，NtTubB 包含 2 个高度保守的 domain，即 Tubulin/FtsZ family，GTPase domain 和 Tubulin/FtsZ family，C-terminal domain（图 5-34A）。该蛋白的二级结构由 4 种形式组成。其中，α-螺旋占 48.53%、无规卷曲占 32.73%、延伸链占 14.22%、β-转角占 4.51%。由此推断 α-螺旋是 NtTubB 蛋白二级结构中最大量的结构元件，且 N-末端和 C-末端都以 α-螺旋形式存在（图 5-34B）。三维建模结果显示，NtTubB 蛋白以 α-螺旋和无规卷曲为主要结构元件（图 5-34C），该结果与二级结构预测结果一致。

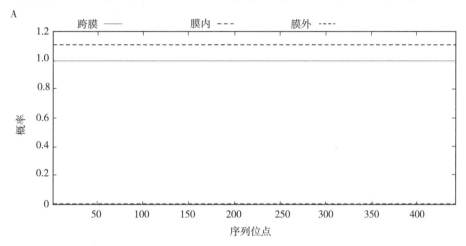

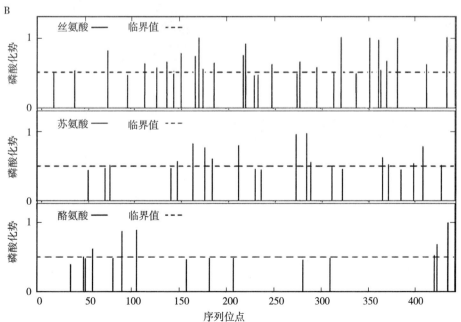

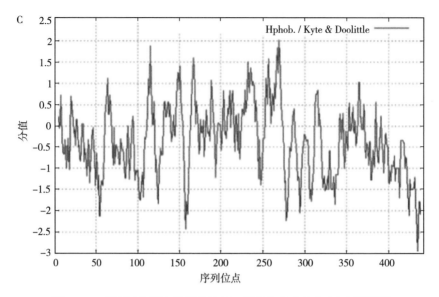

图 5－33　NtTubB 蛋白跨膜结构域、磷酸化位点及亲/疏水性预测

注：A：NtTubB 蛋白跨膜结构域预测；B：NtTubB 中丝氨酸、苏氨酸及酪氨酸的磷酸化位点预测；C：NtTubB 蛋白亲/疏水性预测。

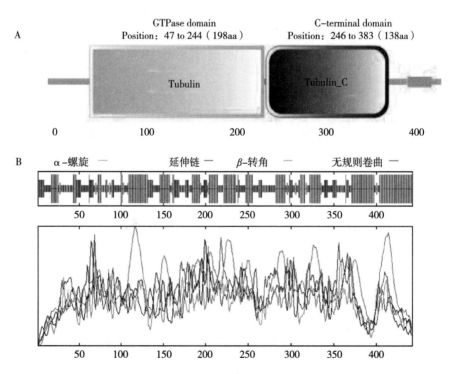

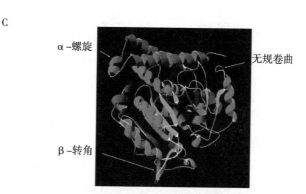

图 5-34 NtTubB 蛋白保守域及蛋白结构预测

注：A：NtTubB 蛋白保守域预测；B：NtTubB 蛋白二级结构预测；C：NtTubB 蛋白三级结构预测。

多重序列比对表明，TubB 与其他已报道的 16 种高等植物的 TubB 相似性很高，尤其是 N 端序列，而 C 端约 20 个氨基酸残基略有差异，说明 TubB 蛋白氨基酸序列在系统进化上高度保守（图 5-35A）。系统进化分析表明，烟草 TubB 和其他茄科植物同属 Ⅰa 类，NtTubB 与林烟草（*Nicotiana sylvestris*）的 NsTubB 蛋白聚为一支，亲缘关系较近，符合传统分类结果（图 5-35B）。

（三）*NtTubB* 基因 VIGS 载体的构建及重组病毒载体侵染烟草验证

PCR 扩增的 *NtTubB* 基因序列长度与预期相符，转化大肠杆菌后阳性克隆测序表明，*NtTubB* 基因长度为 1 332 bp，与预期片段大小一致。*EcoRI* 和 *KpnI* 双酶切并连接目的片段和 TRV2，琼脂糖凝胶电泳检测在 1 300 bp 左右有一条清晰的条带，说明沉默载体 pTRV2-NtTubB 已构建成功。将重组载体 pTRV2-NtTubB 转化农杆菌 LBA4404，菌落 PCR 验证显示在 1 300 bp 左右有清晰的条带，说明重组载体 TRV2-NtTubB 已成功转化农杆菌 LBA4404（图 5-36）。

侵染后发现，本氏烟的叶片表面充满液体，侵染 7d 后接种重组 pTRV2-PDS 病毒载体的烟株叶片伤口区域有明显的光漂白现象；15d 后白化现象扩展至其他叶片及部分花瓣（图 5-37）。烤烟 K326 的叶片经注射侵染后叶片充满液体的圆形痕迹没有本氏烟明显，但随着侵染时间的延长，接种重组 pTRV2-PDS 病毒载体的植株叶片变黄，接种重组 pTRV2-NtTubB 病毒载体的烟株生长速度明显减慢（图 5-38）。

A

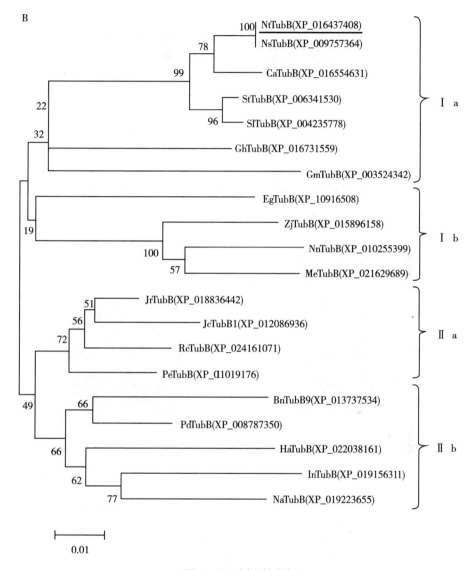

图 5-35　同源性分析

注：A：NtTubB 与其他植物 TubB 氨基酸序列比对（a，b 横线分别为 GTPase domain 和 C-terminal domain）；B：NtTubB 氨基酸序列的系统进化树分析。Gm. 大豆，Bn. 甘蓝型油菜，Pd. 海枣，Nn. 荷花，Jr. 核桃，Pe. 胡杨，Ns. 林烟草，Gh. 陆地棉，Jc. 麻风树，St. 马铃薯，Nt. 普通烟草，Me. 木薯，Ca. 甜椒，Sl. 西红柿，Eg. 油棕，Rc. 月季，Zj. 枣。

　　分别从 TRV 和 TRV-NtTubB 侵染后 0d、10d、20d 和 30d 烤烟 K326 叶片中提取总 RNA，反转录和 qRT-PCR 分析见第二章，引物为 *NtTubB-F*

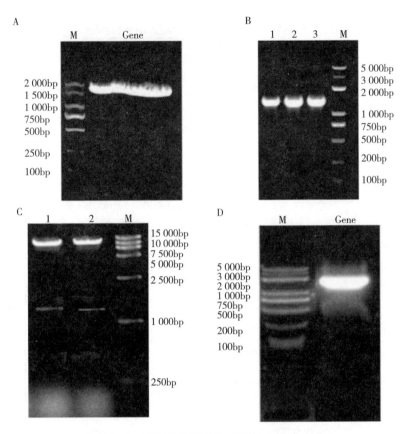

图 5 - 36　重组载体 TRV2 - NtTubB 构建过程

注：A：*NtTubB* 基因序列扩增（M：DL2 000marker；Gene：挑选克隆）；B：重组载体转化 DH5α 后菌落 PCR 验证（M：DL5 000marker；1－3：挑选克隆）；C：重组载体酶切验证（M：DL 15 000marker；1－2：重组载体 *EcoRI* 和 *KpnI* 双酶切目的基因）；D：重组载体转化 LBA4404 后菌落 PCR 验证（M：DL5 000 marker；Gene：挑选克隆）。

（5′- TGGTCCTTATGGTCAGATT - 3′）和 *NtTubB - R*（5′- CAACAT-CAAGAACAGAGTCA - 3′），内参基因 *NtActin*，所用引物为 *NtActin - F*（5′- CAAGGAAATCACCGCTTTGG - 3′）和 *NtActin - R*（5′- AAGGGAT-GCGAGGATGGA - 3′）。结果显示，TRV 侵染的烟苗随侵染时间的延长 *NtTubB* 基因的表达量未出现明显变化（图 5 - 39A），而 TRV - NtTubB 侵染的烟苗随侵染时间的延长 *NtTubB* 基因的表达量显著下调（图 5 - 39B）。结果初步验证了 *NtTubB* 基因参与了低温诱导叶形狭长的分子调控。

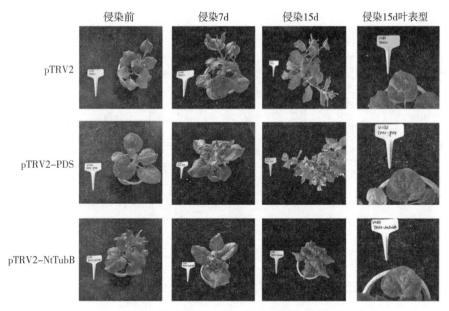

图 5-37　被病毒载体侵染后烟苗叶片的光漂白症状（本氏烟）

图 5-38　被病毒载体侵染后烟苗叶片的光漂白症状（K326）

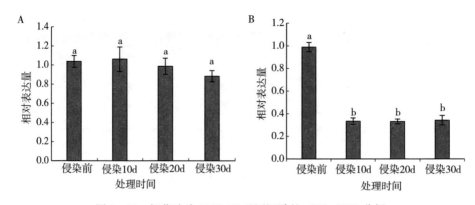

图 5-39 烟草叶片 *NtTubB* 基因沉默的 qRT-PCR 分析

注：A：TRV 侵染后的 *NtTubB* 基因的表达量；B：TRV-NtTubB 侵染后的 *NtTubB* 基因的表达量。

六、低温胁迫对苗期烟草多酚代谢的影响

低温胁迫是影响植物生长发育最常见的非生物胁迫之一，植物通过进化逐步形成了大量复杂的调控机制以提高自身抗寒性并适应低温，这些保护机制不仅包括一些关键性调控基因的表达，还包括不同类型蛋白、小分子代谢物质，如可溶性糖、脯氨酸和甘氨酸等的积累。前人研究表明，酚酸类和黄酮类等多酚类化合物及其中间产物的生物合成与积累在提高植物抗寒性方面起到重要的作用，其中一些多酚类化合物本身就是具芳香气味的次生代谢产物。多酚物质合成是植物应对环境胁迫的重要途径之一，主要来源于苯丙烷代谢途径。在烟草中，多酚类物质可以改善烟气生理强度、烟叶色泽和气味，从而影响烟叶品质。适度低温可以提高烟叶多酚类物质含量，更有利于烟草清香风格的彰显。低温胁迫可以改变下游代谢产物木质素的含量和组成结构，提高细胞壁强度，是植物在低温胁迫时保护植物的重要机制。

为了明确在低温胁迫条件下烟苗中的多酚物质代谢响应，以烟草 K326 为材料，对比分析了低温胁迫处理（4℃）和对照处理（25℃）烟苗叶片中多酚物质含量及其代谢酶活性和基因表达水平变化。人工智能气候箱内培养至七叶一心期，温度设置 25℃（CK）和 4℃（T），其他培养条件见第二章，培养后0h、6h、12h、18h、24h 和 36h 取自上而下第 2 展叶，苯丙氨酸解氨酶基因（*PAL*）、莽草酸酯羟基肉桂酸转移酶基因（*HCT*）、过氧化物酶基因（*POD*）和内参基因 *NtActin* 的引物设计见表 5-18。

表 5 - 18　目的基因的引物序列

基因名称	序列号	方向	引物序列（5′-3′）	产物（bp）
Nt PAL2	D17467.1	Forward Primer	GAAGTCGAGAGTGCAAGAATCT	104
		Reverse primer	TGTCAATAATTCAGCTCCAAGTTC	
NtPAL1	M84466.1	Forward Primer	CAACTTCCAAGGCACTCCTATC	140
		Reverse primer	CAGTGAGATTAGAGGGCAAACC	
NtPAL3	X78269.1	Forward Primer	GAAGTCGAGAGTGCAAGAATCT	126
		Reverse primer	TGTCAATAATTCAGCTCCAAGTTC	
NtHCT	AJ 507825.1	Forward Primer	ACCTCCCACTCTCAAGGTAA	118
		Reverse primer	GGACTTCGCTTTGAGGGTATT	
NtPAL4	EU883669/70.1	Forward Primer	TCGGTGTGTCCATGGATAATG	127
		Reverse primer	CTTGATGCGGTGAGGTTAGAT	
NtPOD	XP_016503488.1	Forward Primer	CTTGCCAACAAGCTCCACTA	76
		Reverse primer	CAAAGGAAGGGGAAAAGTGA	
NtActin	U60495.1	Forward Primer	CAAGGAAATCACCGCTTTGG	106
		Reverse primer	AAGGGATGCGAGGATGGA	

（一）低温胁迫下烟叶植物总酚和木质素含量变化

由图 5 - 40 可知，苗期烟叶中总酚含量在低温处理后下降，但无显著差异。在苗期烟叶中木质素含量在低温胁迫处理后显著升高，其中 6h 低温胁迫处理后即差异达到显著水平（$P<0.05$），低温胁迫处理较对照高 46%，在胁迫处理 12h 后木质素含量持续增加，表明多酚物质的合成与降解的动态平衡被打破，其物质流向下游木质素合成转移。

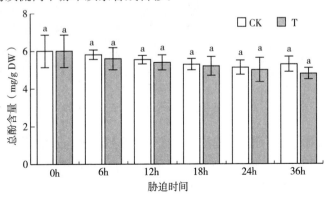

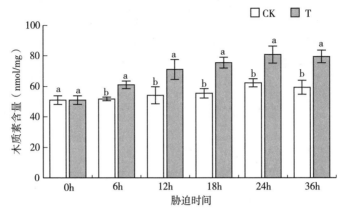

图 5-40 低温胁迫对苗期烟叶总酚和木质素含量的影响

注：不同小写字母表示 $P<0.05$ 水平差异显著，下同。

（二）低温胁迫下烟叶多酚生物合成关键酶活性分析

由图 5-41 可知，低温处理后烟叶中 PAL 活性先升高后降低，12 h 低温处理时 PAL 活性最高为 33.0U/g FW，显著高于对照处理的 27.1U/g FW；随着低温胁迫时间的增加，PAL 活性降低，但差异不显著（$P>0.05$）。低温胁迫条件下，苗期烟叶中 HCT 活性与 PAL 活性变化规律相同，12h 低温胁迫处理时活性最高为 32.17U/g FW，对照为 25.41U/g FW。然而，低温胁迫处理后苗期烟叶中 POD 活性呈增加趋势，在 12h 和 24h 分别增加 17.2%和 8.6%。

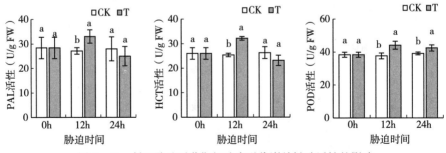

图 5-41 低温胁迫对苗期烟叶多酚代谢关键酶活性的影响

（三）低温胁迫下烟叶多酚生物合成关键酶基因表达分析

由图 5-42 可知，低温胁迫条件下苗期烟叶中多酚代谢相关关键酶基因的表达水平均有不同程度的提高，但不同基因之间变化规律存在差异。*PAL1*、

PAL2、*PAL3* 和 *PAL4* 是编码 PAL 酶的同源基因，在低温条件下均显著上调表达，除 *PAL1* 低温处理后表达量持续增加外，*PAL2*、*PAL3* 和 *PAL4* 三个基因在低温处理 12h 时达到最高值，24h 低温处理后表达量下降，但仍显著高于对照处理。*HCT* 基因在低温条件下表达水平显著提高，其中 12h 和 24h 分别较 CK 提高了 6.6 和 1.7 倍。*POD* 基因表达水平在低温胁迫条件下显著增加，分别较 CK 提高了 2.4 和 2.3 倍。

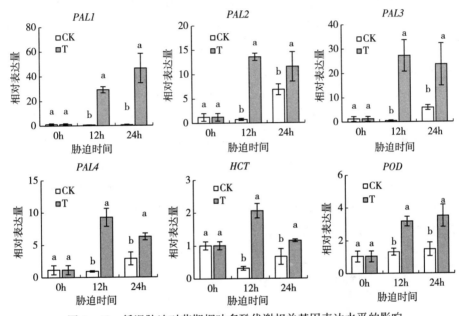

图 5-42　低温胁迫对苗期烟叶多酚代谢相关基因表达水平的影响

综上所述，低温胁迫条件下 *PAL* 和 *HCT* 基因表达水平上调和其酶活性升高促进多酚物质的合成，并在 *POD* 基因表达水平上调及其酶活性升高的作用下促进多酚物质的降解，促进木质素的生物合成，提高植株的低温抗性。

七、低温胁迫对苗期烟草多酚生物合成关键途径的影响

为了进一步阐明低温胁迫对苗期烟草多酚生物合成关键途径的影响，利用超高效液相色谱-四极杆飞行时间串联质谱（UHPLC-QTOF MS）对 25℃处理 0h、25℃处理 24h 和 4℃处理 24h 三组处理（CK0h、CK24h 和 T24h）的烟草（*Nicotiana tabacum* L. cv. k326）自下而上第 4 叶位鲜烟叶片中代谢产物进行分离和鉴定，并进行代谢组学分析，利用 RNA 测序技术构建了 25℃处理

12h、25℃处理 24h、4℃处理 12h 和 4℃处理 24h 四组处理（CK12h、CK24h、T12h 和 T24h）烟草自下而上第 4 片鲜烟叶片的转录组数据库，并根据所测定的代谢组和转录组信息，深入解析了烟草苗期低温胁迫下的多酚生物合成关键途径、关键中间代谢产物和调控基因的响应。

（一）低温胁迫下苗期烟草代谢组学分析

通过对模型进行正交校正偏最小二乘法判别分析（OPLS‐DA），能够最大化地展示模型内部与预测主成分相关的差异。对三个处理组分别建立含有 1 个主成分和 2 个正交成分的 OPLS‐DA 模型。CK24h vs. CK0h 处理组模型主要质量参数为 $R^2X=0.444$，$R^2Y=0.931$，$Q^2Y=0.622$（图 5‐43A）。T24h vs. CK0h 处理组模型主要质量参数为 $R^2X=0.588$，$R^2Y=0.957$，$Q^2Y=0.865$（图 5‐43B）。T24h vs. CK24h 处理组模型主要质量参数为 $R^2X=0.539$，$R^2Y=0.952$，$Q^2Y=0.859$（图 5‐43C）。综合来看，该模型可以较好地拟合不同处理之间代谢物质的差异情况。从不同处理的聚散程度来看，CK0h、CK24h 和 T24h 之间比较分别处于不同的位置，而相较于 CK24h vs. CK0h 处理组，T24h vs. CK0h 处理组和 T24h vs. CK24h 处理组中组分样本之间具有更加显著的代谢差异，表示当前模型可以对低温胁迫处理组样本和对照处理样本进行有效的区分。

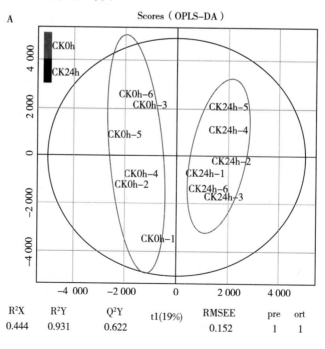

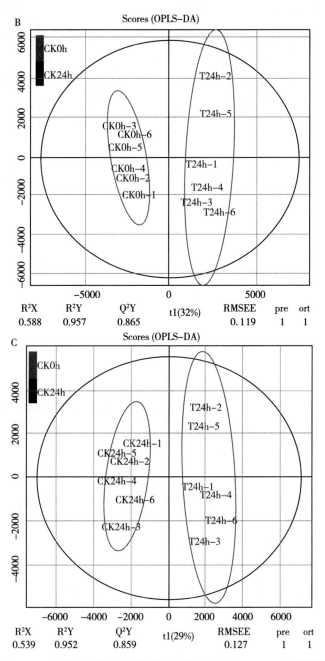

图 5 - 43　烟草低温胁迫和常温对照处理组间 OPLS - DA 得分图

注：A：CK24h vs. CK0h；B：T24h vs. CK0h；C：T24h vs. CK24h。CK0h：对照处理，25℃处理 0 小时；CK24h：常温处理，25℃处理 24 小时；T24h：低温胁迫处理，4℃处理 24 小时。

在低温胁迫组和对照组样品中共检测到 642 种代谢物，主要包括有机酸及其衍生物、氨基酸衍生物、核苷酸及其衍生物、黄酮、脂质-甘油磷脂、羟基肉桂酰衍生物、香豆素及其衍生物、黄烷酮、酚胺、植物激素、花青素、儿茶素及其衍生物、黄酮碳糖苷、醇类和多元醇、吲哚及其衍生物、异黄酮等，其中种类最多的是 74 个有机酸及其衍生物、56 个氨基酸衍生物、55 个核苷酸及其衍生物、46 个黄酮、35 个脂质-甘油磷脂、32 个羟基肉桂酰衍生物（图 5-44）。

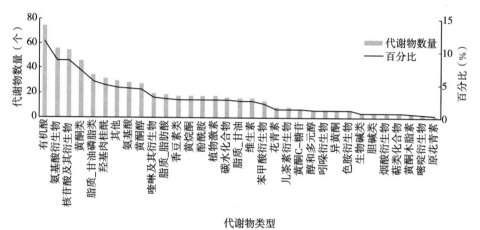

图 5-44　代谢物鉴定结果统计

根据 $P \leqslant 0.05$ 且 $\log_2^{|\text{foldchange}|} \geqslant 1$ 作为差异代谢物质的筛选条件，在 CK 24h vs. CK 0 h 组共检测到 17 种代谢物，在 T 24h vs. CK 0h 组和 T 24h vs. CK 24h 组分别包含了 66 种和 70 种差异代谢物（图 5-45）。由于在低温胁迫处理过程中影响植物体代谢物质变化的影响因素既包含了温度条件还包括了植物自身生长发育引起的代谢物质变化，因此通过韦恩图分析可以筛选出，由于低温因素引起变化的代谢物质种类与数量。例如 CK 24h vs. CK 0h 处理组的 5 个代谢物质变化不受低温胁迫的影响，表明该物质可能参与植物基本的发育和细胞代谢过程，而不是参与低温胁迫响应。12 种代谢物质既在低温胁迫下差异表达，也在常温处理下发生变化，表明该类物质变化既受到低温胁迫因素的影响，同时又受自身基础生长发育代谢调控。另外 82 种代谢物质只在低温胁迫条件下特异差异变化，这些代谢物质是响应低温胁迫的关键代谢物质，该物质主要包括氨基酸类、糖类、有机酸及其衍生物和脂质-甘油磷酸脂等，分析这些代谢物质在响应低温胁迫中的作用是探索烟草抵御低温胁迫的关键。

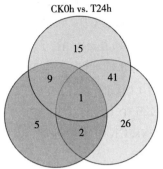

图 5-45　烟草低温胁迫和常温对照处理组间差异代谢物的韦恩图分析

（二）低温胁迫下苗期烟草转录组学分析

1. 差异表达基因（DEGs）筛选

RNA-Seq 测序结果表明，12 个转录组数据库产生了 5.20 亿的 clean reads，其中 5.16 亿高质量（$Q>20$）100-bp reads 用于后续分析。91.38%～95.91%的 clean reads 比对到烟草基因组数据库（https：//www. ncbi. nlm. nih. gov/genome/425），其中 uniquely mapped 的百分比达 88.74%～93.64%，比对参考基因组共鉴定到 30 000 多个基因（表 5-19）。

表 5-19　烟草转录组测序产量概要信息

样品名称	原始读数	总映射数	单映射数	总的未映射数	转录数
CK12h_1	47 541 458	42 160 193	41 119 891（92.02%）	1.5%	35 356
CK12h_2	47 681 058	41 303 534	40 479 007（91.91%）	1.6%	34 703
CK12h_3	46 017 450	40 088 096	39 422 031（91.94%）	1.3%	35 156
T12h_1	46 428 834	40 122 940	38 988 057（89.42%）	1.8%	30 723
T12h_2	45 488 212	40 386 216	39 429 769（92.07%）	2.3%	32 240
T12h_3	48 448 426	43 365 731	42 362 903（92.59%）	2.8%	33 527
CK24h_1	44 149 790	39 954 846	38 983 015（92.86%）	1.3%	32 507
CK24h_2	56 797 324	50 600 865	49 396 010（93.63%）	1.4%	31 832
CK24h_3	48 608 564	43 015 441	42 099 774（93.64%）	1.2%	31 364
T24h_1	42 928 330	36 576 123	35 541 503（90.17%）	2.2%	33 141
T24h_2	49 276 250	42 473 727	41 244 572（88.74%）	2.4%	32 025
T24h_3	42 243 670	37 984 278	37 172 253（92.1%）	2.0%	34 423

为了筛选与低温胁迫相关的基因，我们通过比较低温处理和对照处理数据库来确定差异表达基因（DEGs）。当 $P<0.05$，且 $\log_2 {}^{|\text{foldchange}|} \geqslant 3$ 时认为该基因是差异表达的。如图 5 - 46A 所示，在 T12h vs. CK12h 比较中，共获得 4 868 个 DEGs，其中 3 147 个 DEGs 低温下上调表达、1 721 个 DEGs 低温下下调表达。在 T24h vs. CK4h 比较中，共获得 3 760 个 DEGs，其中 2 334 个 DEGs 低温下上调表达、1 426 个 DEGs 低温胁迫下下调表达。通过韦恩图比较 T12h vs. CK12h 和 T24h vs. CK4h 两组处理，共获得 1 675 个在 12h 和 24h 共同表达的 DEGs（图 5 - 46B）。

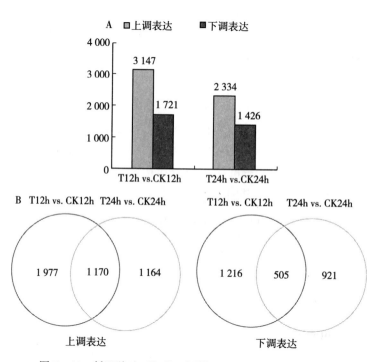

图 5 - 46　低温胁迫下烟草不同转录组数据库差异基因筛选

注：A：T12h vs. CK12h 和 T24h vs. CK24h 两对处理响应低温胁迫的上调或者下调基因数量；B：低温胁迫下上调或者下调差异基因的韦恩图分析。在韦恩图中，个体和重叠区域代表了不同处理间特异性表达和共表达基因的数量。

2. 差异表达基因（DEGs）的功能分析

通过对上述 DEGs 进行 GO 分析表明，在低温胁迫下大量地显著上调或者下调的 DEGs 被注释到不同的功能分类中。GO 注释系统是一个有向无环图，包含三个主要的分支，即：生物学过程（Biological Process），分

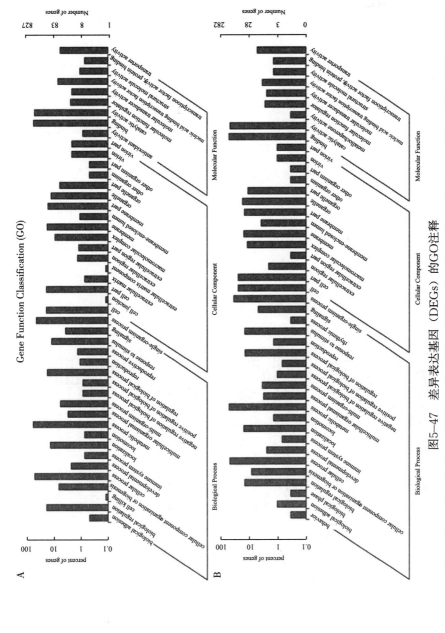

图5—47 差异表达基因（DEGs）的GO注释

注：A：上调表达的DEGs的GO注释。B：下调表达的DEGs的GO注释。X轴表示GO分类，Y轴表示DEGs数量。注释分析根据生物学过程（Biological Process）、分子功能（Molecular Function）和细胞组分（Cellular Component）进行分类。

子功能（Molecular Function）和细胞组分（Cellular Component）
（图5-47）。生物学过程分类中涉及的DEGs主要是metabolic processes、
cellular processes、biological regulation和regulation of biological process and
localization。细胞组分中涉及的DEGs主要参与cell、membrane和organ-
elles等。在分子功能分类中DEGs主要参与function binding和catalytic
activities。

　　基于KEGG通路富集分析有助于进一步阐明DEGs的生物学功能。因
此，为了对在T12h vs. CK12h和T24h vs. CK24h两数据库功能同差异表达
的DEGs进行分类和代谢通路注释，我们利用KEGG代谢通路数据库进行
DEGs的通路分析，进一步了解这些DEGs的生物学功能。如图5-48所示，
根据对所有DEGs的通路分析表明低温胁迫不同代谢通路的基因在转录水平
发生显著变化，其中593个上调表达的DEGs和87个下调表达的DEGs分别
注释到87个和38个不同的代谢通路（图5-48A，B）。具体来看，上调表达

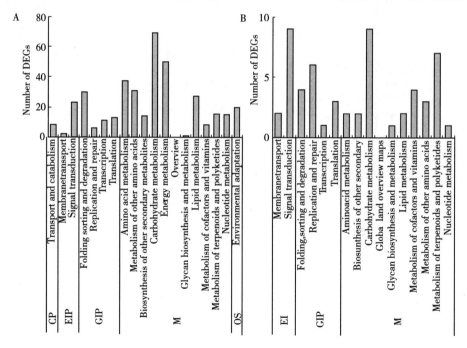

图5-48　差异表达基因（DEGs）的KEGG通路分析

注：A：上调表达的DEGs的KEGG注释。B：下调表达的DEGs的KEGG注释。X轴表示
KEGG分类，Y轴表示DEGs数量。CP：细胞过程；EIP：环境信息交互；GIP：遗传信息交
互；M：新陈代谢；OS：有机系统。

的 DEGs 主要是注释到 metabolic pathways（22.60%）、biosynthesis of secondary metabolites（9.27%）、photosynthesis（4.72%）、plant hormones signal transduction（3.54%）、starch and sucrose metabolism（3.37%）和 protein processing in endoplasmic reticulum（3.20%）（图 5-48A）。而下调表达的 DEGs 主要是注释到 metabolic pathways（18.4%）、biosynthesis of secondary metabolites（12.6%）、plant hormone signal transduction（10.3%）、diterpenoid biosynthesis（4.60%）和 starch and sucrose metabolism（3.45%）（图 5-48B）。

进一步根据 Nr、GO 和 KEGG 等数据库注释分析，从所有的 DEGs 中筛选出 108 个关键基因，其中 100 个候选 DEGs 上调表达，8 个候选 DEGs 下调表达（表 5-20）。根据 KEGG 功能分类：20 个 DEGs 参与到 plant hormone signal transduction 通路，包括 2 个 Nt-iaa4.1 deduced protein、7 个 protein phosphatase 2C 37-like 和 3 个 jasmonate ZIM—domain protein 等；82 个 DEGs 参与到 carbohydrate（17）和 energy metabolism（26）、mino acid and lipid metabolism（27）、biosynthesis of other secondary metabolites（5）和 metabolism of terpenoids and polyketides 通路（7）。同时，有一些基因参与到不同的代谢通路中，在响应低温胁迫中起到各自的作用。可见低温胁迫处理对烟草信号转导、碳代谢、氨基酸代谢和次生代谢等代谢途径的基因表达影响较大。

3. 差异表达基因（DEGs）的表达谱分析

为了明确不同低温处理后 DEGs 基因的表达情况，对不同基因的 FPKM 值进行比较分析，结果表明（图 5-49），在碳水化合物和能量代谢途径中，不同功能基因在低温处理后出现明显的表达差异，多数基因表达上调，如 NtBAM、NtPsbA、hexokinase-2-like（NtHxK）等，只有少数基因表达下调，如 NtEG、NtPE 和 NtPetA 等。在植物信号转导途径中参与 ABA 信号转导的 NtPP2C 和 NtSnRK2、IAA 信号转导的 NtAUX/IAA、JA 信号转导的 NtJAZ 和 NtJAR1 和参与乙烯信号转导的 NtACO 基因上调表达；而参与 BR 信号转导的 NtCYCD3、参与细胞分裂素信号转导的 NtCRE1 和 NtA-ARR 在低温胁迫条件下显著下调表达。在参与脂类和氨基酸代谢途径中，参与氨基酸代谢的 NtADC1、NtPAO、NtGST 及 NtGPx4 和参与脂类代谢的 NtPLD 基因在低温处理后表达水平上调。

表5-20 响应低温胁迫的候选基因 Nr 数据库比对结果

Gene ID	KO ID	Nr ID	Blast Nr	E - value	Abbreviation	$\log_2^{(foldchange)}$ T12h/ CK12h	T24h/ CK24h
Plant hormone signal transduction							
gene_83761	sly04075	NP_001312137.1	cyclin - D3 - 1 - like	6E - 105	CYCD3	-4.4	-3.4
gene_3490	sly04075	NP_001312523.1	histidine kinase 4 - like	0	CRE1	-3.6	-4.4
gene_11251	sly04075	NP_001312865.1	two - component response regulator ORR21 - like	3.E - 05	A - ARR9	-4.0	-4.3
gene_11181	sly04075	AAD32147.1	Nt - iaa4.1 deduced protein	2E - 63	AUX - IAA8	5.8	5.1
gene_13913	sly04075	AAD32147.1	Nt - iaa4.1 deduced protein	5E - 61	AUX - IAA8	8.2	5.3
gene_29496	sly04075	BAC15624.1	hsr203J	6E - 39	GID1B	4.5	4.6
gene_56950	sly04075	BAC15624.1	hsr203J	3E - 38	GID1	4.7	5.3
gene_17964	sly04075	BAC15624.1	hsr203J	1E - 37	GID1B	4.8	4.1
gene_57078	sly04075	BAG68655.1	jasmonate ZIM - domain protein 1	3E - 161	JAZ1	4.7	4.6
gene_6879	sly04075	BAG68655.1	jasmonate ZIM - domain protein 1	1E - 167	JAZ1	4.7	4.5
gene_25414	sly04075	BAG68657.1	jasmonate ZIM - domain protein 3	3E - 113	JAZ10b	3.7	4.4
gene_49012	sly04075	NP_001312941.1	probable indole - 3 - acetic acid - amido synthetase GH3.1	6E - 19	JAR1	4.1	4.4
gene_69007	sly04075	NP_001312221.1	proteinphosphatase 2C 37 - like	3E - 81	PP2C51	7.9	3.7
gene_53431	sly04075	NP_001312221.1	proteinphosphatase 2C 37 - like	1E - 82	PP2C51	7.6	4.9
gene_43322	sly04075	NP_001312664.1	proteinphosphatase 2C 37 - like	1E - 138	PP2C24	6.8	6.2
gene_16451	sly04075	NP_001312664.1	proteinphosphatase 2C 37 - like	3E - 131	PP2C24	6.5	5.3
gene_67702	sly04075	NP_001312664.1	proteinphosphatase 2C 37 - like	0	PPCC2	5.3	4.1

（续）

Gene ID	KO ID	Nr ID	Blast Nr	E-value	Abbreviation	$\log_2$ (foldchange) T12h/CK12h	T24h/CK24h
gene_42262	sly04075	NP_001312664.1	proteinphosphatase 2C 37-like	0	PPCC2	7.4	5.0
gene_20584	sly04075	NP_001312664.1	proteinphosphatase 2C 37-like	6E-61	PPCC51	3.4	3.2
gene_6225	sly04075	AII99812.1	SNF1-related kinase	0	SnRK2	4.5	6.1
Biosynthesis of other secondary metabolites							
(1) Phenylpropanoid biosynthesis							
gene_9345	sly00940	NP_001312975.1	beta-glucosidaseBoGH3B-like precursor	0	glu	3.9	6.6
gene_14226	sly00940	5U95_A	Chain A, 4-coumarate-coa Ligase From Nicotiana Tabacum	4E-107	4CL1	3.7	3.5
gene_45067	sly00940	ADD81205.1	sinapyl alcohol dehydrogenase 2	0	CAD	5.3	11.7
gene_52281	sly00940	NP_001311697.1	suberization-associated anionic peroxidase-like precursor	0	POD1	4.6	5.1
gene_64712	sly00940	NP_001311697.1	suberization-associated anionic peroxidase-like precursor	0	POD1	5.2	6.4
(2) Diterpenoid biosynthesis							
gene_57521	sly00904	NP_001313089.1	gibberellin 20 oxidase 1-like	3E-140	GA20ox4	-5.2	-4.6
Novel01446	sly00904	NP_001313008.1	gibberellin 2-beta-dioxygenase 1-like	2E-80	GA2ox2	9.2	10.9
Novel01841	sly00904	NP_001313008.1	gibberellin 2-beta-dioxygenase 1-like	0	GA2ox4	9.5	5.4
gene_70537	sly00904	NP_001313161.1	gibberellin 2-beta-dioxygenase 1-like	0	GA2ox2	3.4	4.1
gene_75150	sly00904	NP_001312509.1	gibberellin 2-beta-dioxygenase-like	0	GA2ox1	5.2	5.3
gene_82199	sly00904	BAA31689.1	Ntc12 (GA20ox)	0	GA20ox4	-4.2	-4.4

（续）

Gene ID	KO ID	Nr ID	Blast Nr	E-value	Abbreviation	$\log_2^{(foldchange)}$ T12h/CK12h	$\log_2^{(foldchange)}$ T24h/CK24h
gene_38725	sly00904	BAA31689.1	Ntcl2	0	GA20ox4	-8.6	-7.8

Carbohydrate metabolism and Energy metabolism

(1) Starch and sucrose metabolism

Gene ID	KO ID	Nr ID	Blast Nr	E-value	Abbreviation	T12h/CK12h	T24h/CK24h
gene_55274	sly00500	NP_001312790.1	alpha, alpha-trehalose-phosphate synthase [UDP-forming] 1-like	8E-34	TPS1	3.6	4.7
gene_4929	sly00500	NP_001312790.1	alpha, alpha-trehalose-phosphate synthase [UDP-forming] 1-like	6E-37	TPS1	5.1	7.1
gene_71885	sly00500	NP_001312790.1	alpha, alpha-trehalose-phosphate synthase [UDP-forming] 1-like	9E-137	TPS1	2.9	3.8
gene_70976	sly00500	NP_001312141.1	beta-amylase 1, chloroplastic-like（[EC: 3.2.1.2]）	0	BAM1	2.6	3.6
Novel00468	sly00500	NP_001312141.1	beta-amylase 1, chloroplastic-like	2E-177	BAM3	9.0	10.2
gene_15024	sly00500	NP_001312141.1	beta-amylase 1, chloroplastic-like	3E-17	BAM3	8.9	9.8
gene_38573	sly00500	NP_001312141.1	beta-amylase 1, chloroplastic-like	0	BAM1	7.2	4.0
Novel000019	sly00500	NP_001312141.1	beta-amylase 1, chloroplastic-like	0	BAM3	9.6	9.4
gene_58212	sly00500	NP_001312141.1	beta-amylase 1, chloroplastic-like	0	BAM1	6.4	4.1
gene_13129	sly00500	NP_001312753.1	beta-fructofuranosidase, insoluble isoenzyme 1-like precursor	0	AI1	3.1	4.9
gene_9345	sly00500	NP_001312975.1	beta-glucosidaseBoGH3B-like precursor	0	GLU	3.9	6.6

（续）

Gene ID	KO ID	Nr ID	Blast Nr	E-value	Abbreviation	log2 (foldchange)	
						T12h/ CK12h	T24h/ CK24h
gene_25126	sly00500	NP_001312102.1	endoglucanase 8 – like precursor	0	EG	-3.7	-7.4
gene_80967	sly00500	NP_001311577.1	granule – bound starch synthase 1, chloroplastic/amyloplastic	0.00000001	SS	3.0	4.9
gene_12144	sly00500	NP_001311993.1	hexokinase – 2 – like	0	HxK	5.0	6.8
gene_38746	sly00500	NP_001311905.1	pectinesterase – like precursor	0	PE	3.6	3.3
gene_79361	sly00500	AHL84158.1	sucrose synthase	0	SUS3	3.6	4.8
gene_80289	sly00500	NP_001312321.1	UDP – glucuronic acid decarboxylase 2 – like	7E-21	UXS2	2.6	3.3
(2) Photosynthesis							
Novel01623	sly00195	AAC98335.1	ATP synthase beta subunit	8E-63	atpB	7.0	6.1
Novel01809	sly00195	NP_054506.2	ATP synthase CF1 beta subunit	1E-66	atpB	4.5	4.1
gene_77068	sly00195	AAS58496.1	chloroplast ferredoxin I	8E-43	PetF	2.7	4.8
Novel01438	sly00195	NP_054530.1	cytochrome b6	5E-156	PetB	2.8	3.4
Novel01232	sly00195	NP_054512.1	cytochrome f	3E-118	PetA	5.4	3.5
Novel01037	sly00195	CAJ32480.1	hypothetical protein	2E-36	PetN	8.2	6.5
Novel02503	sly00195	1211235AC	photosystem I P700 apoprotein A1	0	PsaA	4.9	5.1
Novel00518	sly00195	NP_054497.2	photosystem I P700 chlorophyll a apoprotein A1	8E-64	PsaA	4.1	5.1
Novel02441	sly00195	NP_054497.2	photosystem I P700 chlorophyll a apoprotein A1	0	PsaA	4.8	4.5
Novel02029	sly00195	NP_054497.2	photosystem I P700 chlorophyll a apoprotein A1	2E-84	PsaA	4.8	4.2

（续）

Gene ID	KO ID	Nr ID	Blast Nr	E-value	Abbreviation	$\log_2^{(foldchange)}$ T12h/CK12h	T24h/CK24h
Novel02533	sly00195	NP_054497.2	photosystem I P700 chlorophyll a apoprotein A1	0	PsaA	5.9	4.1
Novel01855	sly00195	NP_054496.1	photosystem I P700 chlorophyll a apoprotein A2	4E-75	PsaB	4.5	4.5
Novel00516	sly00195	ABC36120.1	PSI P700 apoprotein A2	2E-140	PsaB	3.9	3.2
Novel02293	sly00195	NP_054526.1	photosystem II 47 kDa protein	2E-78		4.2	3.6
Novel01709	sly00195	NP_054477.1	photosystem II protein D1	0	PsbA	3.9	4.0
Novel02242	sly00195	NP_054477.1	photosystem II protein D1	0	PsbA	4.6	4.5
Novel00338	sly00195	NP_054477.1	photosystem II protein D1	2E-84	PsbA	3.9	4.0
Novel01459	sly00195	BAA76900.1	photosystem II protein D1	2E-52	PsbA	4.3	5.0
Novel02463	sly00195	NP_054491.1	photosystem II protein D2	1E-61	PsbD	4.7	5.2
Novel00833	sly00195	NP_054491.1	photosystem II protein D2	6E-99	PsbD	4.2	5.7
Novel02031	sly00195	NP_054491.1	photosystem II protein D2	3E-75	PsbD	4.1	4.2
Novel00044	sly00195	NP_054491.1	photosystem II protein D2	0	PsbD	5.1	4.3
Novel00306	sly00195	NP_054529.1	photosystem II protein H	2E-44	PsbH	2.9	3.6
gene_69079	sly00195	NP_054529.1	photosystem II protein H	5E-26	PsbH	3.8	4.4
Novel01548	sly00195	P06413.1	RecName: Full = Photosystem II CP43 reaction center protein	0	PsbC	4.9	5.4
Novel02087	sly00195	NP_054492.2	photosystem II 44 kDa protein	4E-63	PsbC	4.0	3.2
Aminoacid metabolism and Lipid metabolism							
(1) Cysteine and methionine metabolism							
gene_8942	sly00270	NP_001312238.1	1-aminocyclopropane-1-carboxylate oxidase	7E-128	ACO1	6.9	5.4

（续）

Gene ID	KO ID	Nr ID	Blast Nr	E-value	Abbreviation	$\log_2$(foldchange) T12h/CK12h	T24h/CK24h
gene_70080	sly00270	NP_001312238.1	1-aminocyclopropane-1-carboxylate oxidase	0	ACO4	6.3	3.4
gene_71103	sly00270	CAA58232.1	1-aminocyclopropane-1-carboxylate oxidase	7E-175	ACO	8.3	4.2
gene_49	sly00270	NP_001312708.1	L-lactate dehydrogenase B-like	0	LDHB	4.3	5.5
gene_54330	sly00270	NP_001312708.1	L-lactate dehydrogenase B-like	0	LDHB	2.8	4.8
（2）Arginine and proline metabolism							
gene_21618	sly00330	NP_001311892.1	arginine decarboxylase	0	ADC1	4.4	6.3
gene_60831	sly00330	NP_001312553.1	arginine decarboxylase-like	0	ADC1	3.3	3.4
gene_22061	sly00330	NP_001312197.1	glutamate dehydrogenase B-like precursor	0	GLUD	2.7	3.2
gene_12319	sly00330	NP_001313211.1	polyamine oxidase 1	1E-37	PAO1	5.3	5.5
gene_63598	sly00330	NP_001313211.1	polyamine oxidase 1	2E-38	PAO1	6.1	5.3
gene_83569	sly00330	NP_001312627.1	S-adenosylmethionine decarboxylase proenzyme	0	SAMDC	2.9	3.4
（3）Glutathione metabolism							
gene_28341	sly00480	NP_001311811.1	probable glutathione S-transferase	2E-113	GST	6.9	8.0
gene_37357	sly00480	NP_001311811.1	probable glutathione S-transferase	2E-99	GST	3.1	4.7
gene_72905	sly00480	NP_001311811.1	probable glutathione S-transferase	1E-88	GST	6.6	14.1
gene_12706	sly00480	NP_001311811.1	probable glutathione S-transferase	1E-50	GST	3.4	4.3
gene_28340	sly00480	NP_001311811.1	probable glutathione S-transferase	2E-107	GST	4.5	5.0
gene_31648	sly00480	NP_001312278.1	probable glutathione S-transferase	4E-125	GST	12.0	8.2
gene_27795	sly00480	NP_001312278.1	probable glutathione S-transferase	2E-151	GST	4.7	3.7

（续）

Gene ID	KO ID	Nr ID	Blast Nr	E-value	Abbreviation	$\log_2^{(\text{foldchange})}$ T12h/CK12h	T24h/CK24h
gene_81015	sly00480	NP_001312413.1	probable glutathione S-transferase	2E-70	GST	3.0	7.5
gene_28342	sly00480	NP_001312621.1	probable glutathione S-transferase	8E-43	GST	5.7	10.5
gene_28339	sly00480	NP_001312621.1	probable glutathione S-transferase	9E-57	GST	3.9	4.8
gene_37356	sly00480	NP_001312621.1	probable glutathione S-transferase	1E-46	GST	2.8	4.0
gene_47284	sly00480	NP_001312651.1	probable glutathione S-transferase	1E-105	GST	6.2	7.4
gene_21840	sly00480	NP_001311811.1	probable glutathione S-transferase [Nicotiana tabacum]	3E-49	GST	-10.2	-4.1
gene_67173	sly00480	NP_001312067.1	probable glutathione S-transferase parA	5E-148	GST	6.3	9.2
gene_28022	sly00480	NP_001312067.1	probable glutathione S-transferase parA	2E-164	GST	6.7	7.9
gene_85138	sly00480	NP_001313053.1	probable glutathione S-transferaseparC	3E-98	GST	4.3	5.3
gene_64976	sly00480	Q9FXS3.1	RecName: Full = Probable phospholipid hydroperoxide glutathione peroxidase	6E-120	GPx4	3.5	4.2
gene_42617	sly00480	Q9FXS3.1	RecName: Full = Probable phospholipid hydroperoxide glutathione peroxidase	3E-120	GPx4	3.4	4.1
(4) Glycerolipid metabolism							
gene_85497	sly00561	AAT67159.1	digalactosyldiacylglycerol synthase	4E-34	DGD2	4.2	3.8
gene_26980	sly00561	NP_001312377.1	probable monogalactosyldiacylglycerol synthase, chloroplastic	4E-171	MGD2	4.7	3.6
(5) Glycerophospholipid metabolism							
gene_21757	sly00564	AHM22937.1	phosphatidylserine synthase 2	0	PSS2	4.2	3.4
gene_67238	sly00564	AAF05818.2	phospholipase D beta 1 isoform	5E-18	PLD β1	5.2	4.1

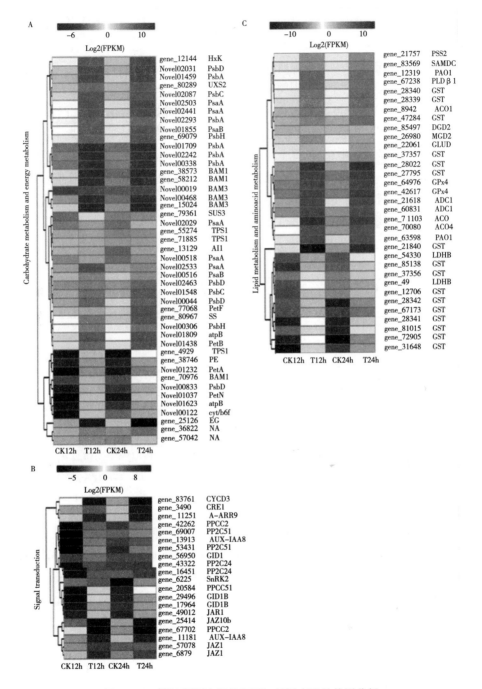

图 5-49　关键代谢途径的 DEGs 基因表达的热图分析

注：A：碳水化合物和能量代谢途径；B：信号转导途径；C：脂类和氨基酸代谢途径。

（三）基于转录组和代谢组低温胁迫对苗期烟草多酚生物合成关键途径的影响

1. 烟草叶片转录组文库构建和叶片基因表达模式分析

为了确定烟草叶片中与低温胁迫相关的基因转录变化，我们进行了RNA-Seq测序（表5-21）。总体来看，构建了9个转录组数据库产生了4.22～5.68千万的过滤后序列片段读数，所有的数据均已上传至NCBI转录组文库，登录号为：SRP129465。其中超过96.91%的高质量（$Q>20$）100-bp reads用于后续分析。超过3.66千万的过滤后序列片段读数比对到烟草基因组数据库（https：//www.ncbi.nlm.nih.gov/genome/425），其中单映射的百分比超过81.32%，比对参考基因组共鉴定到30 000多个基因。

表5-21　烟草转录组测序产量概要信息

样品名称	原始读数	过滤后序列片段读数	Q_{20}（%）	总映射数	单映射数	转录数
CK0h_1	51 308 026	48 482 196	97.43	46 127 815	44 981395（92.78%）	36 647
CK0h_2	44 426 004	41 612 484	97.22	39 677 484	38 800 578（93.24%）	34 918
CK0h_3	49 359 380	47 022 124	97.1	44 768 956	43 644 685（92.82%）	36 534
CK24h_1	44 149 790	41 981 068	97.2	39 954 846	38 983 015（92.86%）	32 507
CK24h_2	56 797 324	52 758 530	97.95	50 600 865	49 396 010（93.63%）	31 832
CK24h_3	48 608 564	44 959 150	97.97	43 015 441	42 099 774（93.64%）	31 364
T24h_1	42 928 330	39 414 308	97.63	36 576 123	35 541 503（90.17%）	33 141
T24h_2	49 276 250	46 478 006	97.32	42 473 727	41 244 572（88.74%）	32 025
T24h_3	42 243 670	40 362 388	96.91	37 984 278	37 172 253（92.1%）	34 423

为了筛选与低温胁迫相关的基因，我们通过比较低温处理和对照处理数据库来确定差异表达基因（DEGs）。当$P<0.01$，且$\log_2|^{\text{foldchange}}|\geqslant1$时认为该基因是差异表达基因（DEGs）。如图5-50A所示，在CK24h vs. CK0h 比较中，共获得2 060个DEGs，其中1 366个DEGs低温下上调表达和694个DEGs低温下下调表达。在T24h vs. CK0h 比较中，共获得8 335个DEGs，其中4 658个DEGs低温胁迫下上调表达、3 677个DEGs低温胁迫下下调表达。通过韦恩图比较CK24h vs. CK0h 和T24h vs. CK0h 两组处理，共获得4 465个上调表达的DEGs和3 544个下调表达的DEGs在低温胁迫条件下差异表达（图5-50B）。

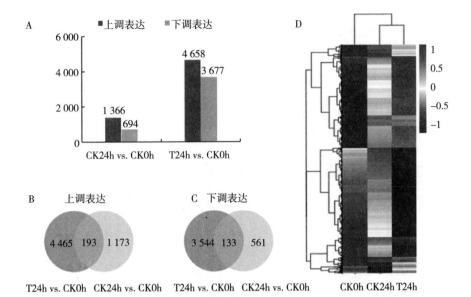

图 5-50　低温胁迫下烟草不同转录组数据库差异基因筛选

注：A：T12h vs. CK12h 和 T24h vs. CK24h 两对处理响应低温胁迫的上调或者下调基因数量；B、C：低温胁迫下上调，下调差异基因的韦恩图分析。在韦恩图中，个体和重叠区域代表了不同处理间特异性表达和共表达基因的数量。D：不同处理间差异表达基因的热图分析。CK0h 表示 0h 常温处理，CK24h 表示 24h 常温处理；T24h 表示 24h 低温处理。

差异基因 KEGG 功能富集分析表明，大量的 DEGs 被注释到初生代谢和次生代谢途径中（图 5-51）。低温胁迫条件下，植物信号转导和糖类代谢相关的基因上调表达较多，说明植物信号转导在感知低温胁迫和诱导下游代谢响应中起到重要作用，而这些代谢过程也需要更多的能量来维持。

2. 烟草叶片代谢组学分析

为了解检测到的烟草中代谢物质的总体代谢途径，利用 KEGG 代谢通路分析比对代谢组结果；在鉴定到的 645 种代谢物质中，共 225 种代谢物质匹配到 87 个代谢通路中。结果显示，能够匹配到代谢组学数据库中的关键中间代谢物质均参与到常见的关键途径中，如氨基酸代谢、次生代谢和代谢辅助因子以及维生素等（图 5-52）。通过转录组和代谢组对关键代谢途径对比分析表明，关键代谢物质的丰度与该代谢途径中关键酶基因转录水平表现一致。例如，在苯丙烷代谢途径，包括下游类黄酮生物合成、多酚生物合成等分支途径检测到多种代谢物质含量发生变化，同时在该通路中关键调控基因也发生相应的变化。

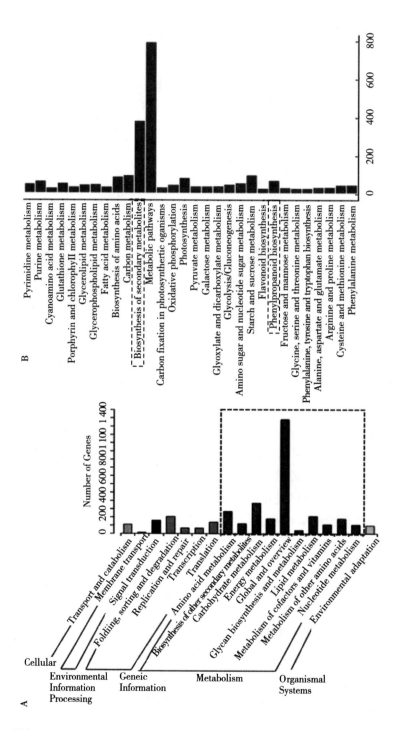

图5-51　差异表达基因 KEGG 功能注释

注：A：差异基因 KEGG 功能注释总图。B：根据 DEGs 数量确定的前30条代谢途径。

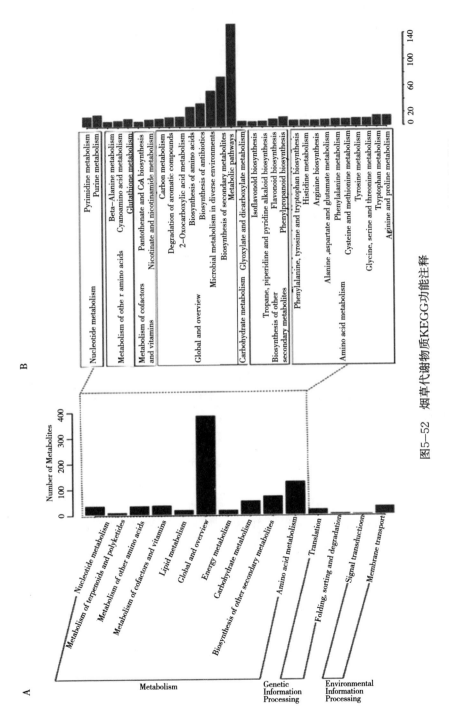

图5-52　烟草代谢物质KEGG功能注释

注：A：烟草代谢组代谢物质功能注释。B：烟草代谢组前30条与新陈代谢途径代谢物质的数量。

3. 烟草苯丙烷代谢物质积累及关键基因表达分析

基于转录组学和代谢组学数据对苯丙烷生物合成途径和下游类黄酮生物合成途径进行了综合分析。在该途径中共检测到包括 L-苯丙氨酸、阿魏酸、香豆酸、绿原酸、胆碱和介子酸等 49 种代谢产物，涉及苯丙烷代谢途径及其下游类黄酮合成途径、花青素合成途径、异黄酮合成途径和黄酮与黄酮醇合成途径等分支（表 5-22）。除此之外，分析转录组数据共注释到 97 个基因参与了苯丙烷代谢途径，包括 *PAL*、*4CL*、*C4H* 和 *HCT* 等关键酶基因。根据这些已经鉴定的代谢物和关键酶基因，构建了烟草苯丙烷代谢途径和类黄酮代谢途径的模式图（图 5-53）。

表 5-22　苯丙烷代谢及其下游代谢途径的关键代谢物质

代谢物 ID	代谢物名称	分类	相对含量		
			CK0h	CK24h	T24h
Phenylpropanoid biosynthesis					
Nit981	L-Phenylalanine	Amino acids	1.00	0.67	0.77
Nit1263	Cinnamic acid	Hydroxycinnamoyl derivatives	1.00	0.41	0.47
Nit1151	p-Coumaric acid	Hydroxycinnamoyl derivatives	1.00	0.87	1.36
Nit1169	p-Coumaroyl shikimic acid	Quinate and its derivatives	1.00	0.67	1.67
Nit1106	p-Coumaroylquinic acid	Quinate and its derivatives	1.00	0.98	1.03
Nit1035	Chlorogenic acid	Quinate and its derivatives	1.00	1.00	0.94
Nit330	Caffeic acid	Hydroxycinnamoyl derivatives	1.00	1.18	1.04
Nit1181	Ferulic acid	Hydroxycinnamoyl derivatives	1.00	0.98	1.40
Nit1176	Sinapic acid	Hydroxycinnamoyl derivatives	1.00	1.37	1.06
Nit312	Sinapoylcholine	Cholines	1.00	1.07	0.94
Nit645	trans-cinnamaldehyde	Hydroxycinnamoyl derivatives	1.00	0.99	0.79
Nit1229	Coniferylaldehyde	Hydroxycinnamoyl derivatives	1.00	0.96	0.90
Nit1215	Sinapaldehyde	Hydroxycinnamoyl derivatives	1.00	0.80	0.67
Nit1156	Coniferyl alcohol	Hydroxycinnamoyl derivatives	1.00	0.86	0.95
Nit706	Methyleugenol	Hydroxycinnamoyl derivatives	1.00	1.03	1.01
Nit1048	Coniferin	Hydroxycinnamoyl derivatives	1.00	2.35	4.08
Nit1052	Syringin	Hydroxycinnamoyl derivatives	1.00	1.56	1.10
Nit1153	Sinapyl alcohol	Hydroxycinnamoyl derivatives	1.00	0.66	0.65
Nit653	Caffeic aldehyde	Hydroxycinnamoyl derivatives	1.00	0.63	0.63

（续）

代谢物 ID	代谢物名称	分类	相对含量		
			CK0h	CK24h	T24h
Nit2	Spermidine	Phenolamides	1.00	1.11	0.46
Flavonoid biosynthesis					
Nit624	Naringenin chalcone	Flavanone	1.00	0.96	0.86
Nit629	Naringenin	Flavanone	1.00	0.95	0.83
Nit1228	Dihydrokaempferol	Flavonol	1.00	1.38	2.94
Nit354	L‑Epicatechin	Catechin derivatives	1.00	0.45	0.68
Nit1250	Eriodictyol	Flavanone	1.00	1.87	2.09
Nit395	Dihydromyricetin	Flavonol	1.00	1.18	0.83
Nit313	Catechin	Catechin derivatives	1.00	1.33	0.79
Nit1256	Quercetin	Flavonol	1.00	0.52	0.35
Nit1170	Naringin	Flavanone	1.00	1.40	0.91
Nit1201	Prunin	Flavanone	1.00	1.44	1.46
Nit226	Gallocatechin	Catechin derivatives	1.00	1.15	0.93
Nit1288	Homoeriodictyol	Flavanone	1.00	0.72	1.10
Nit631	Butin	Flavone	1.00	1.08	0.89
Nit731	Xanthohumol	Flavanone	1.00	1.66	1.69
Nit1093	Afzelechin	Flavanone	1.00	1.15	1.29
Nit1251	Luteolin	Flavone	1.00	0.38	0.40
Anthocyanin biosynthesis					
Nit233	Pelargonin	Anthocyanins	1.00	1.16	0.96
Nit270	Petunidin 3‑O‑glucoside	Anthocyanins	1.00	1.29	0.85
Isoflavonoid biosynthesis					
Nit1255	Sissotrin	Isoflavone	1.00	1.65	0.51
Nit1316	Medicarpin	Hydroxycinnamoyl derivatives	1.00	0.75	0.89
Nit1211	2′‑Hydroxyd aidzein	Isoflavone	1.00	0.86	0.57
Flavone and flavonol biosynthesis					
Nit1312	3，7‑Di‑O‑methylquercetin	Flavonol	1.00	1.52	1.25

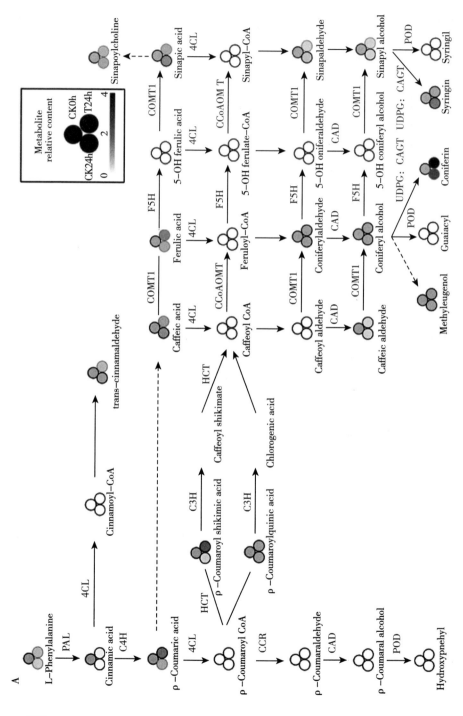

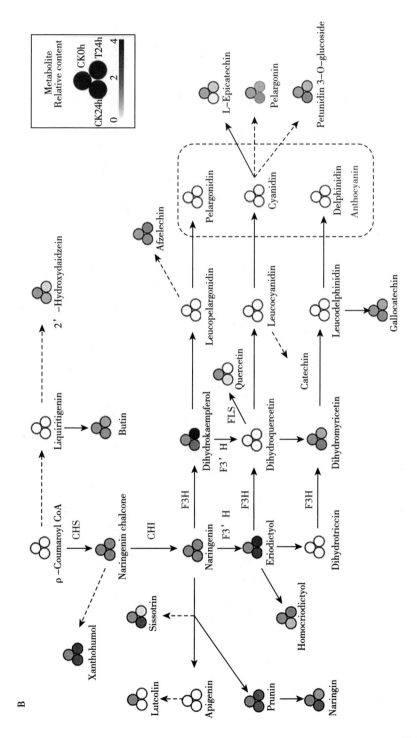

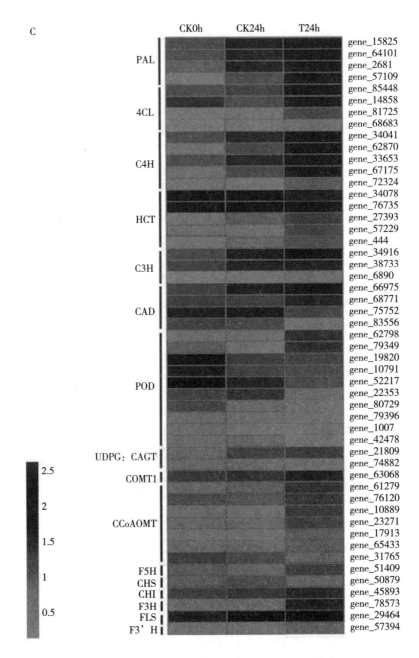

图 5-53　多酚类代谢物质积累和基因表达模式图

注：A、B：不同代谢分支途径关键物质积累。三个圆圈代表三个不同的重复，其中 CK0h 代表 25℃处理 0h，CK24h 代表 25℃处理 24h，T24h 代表 4℃处理 24h。标尺表示代谢不同处理物质含量相对于 CK0h 的比值。C：不同处理间多酚相关途径中基因的表达模式。标尺代表 Log10 (RPKM+1)。

值得注意的是，编码同一催化酶的不同基因在低温处理后表现出明显的表达差异趋势，例如，*gene_21809* 和 *gene_74882* 均编码 UDP-葡萄糖：松柏醇糖基转移酶（UDP-glucose：coniferyl alcohol glucosyltransferase enzyme），但是 *gene_21809* 低温处理后表达上调，而 *gene_74882* 表达下调。通过比较苯丙烷代谢途径中关键基因的表达趋势和中间代谢产物积累量的趋势表明，大部分代谢产物含量的变化与基因表达量的变化趋势一致。例如，*COMT1*（*gene_13663*，*gene_63068* 和 *gene_14785*）在低温条件下显著上调表达，由该基因编码 COMT 酶催化合成的阿魏酸和介子酸在低温条件下同样积累量增加（表 5-22）。同样，在低温条件下 ρ-香豆酸和 ρ-酰基介子酸的积累量与 *PAL*（*gene_15825*）、*4CL1*（*gene_85448*）、*4CL2*（*gene_14858*）和 *C3H*（*gene_34916*）的表达水平上调有关。特别是 *CAD* 基因编码的 CAD 酶参与木质素前体的合成，低温条件下 *CAD* 的上调表达促进了木质素的合成积累。

4. 烟草叶片多酚类物质含量与基因定量表达变化

图 5-54A 表明，低温条件下总酚含量相对于对照处理并没有显著变化。

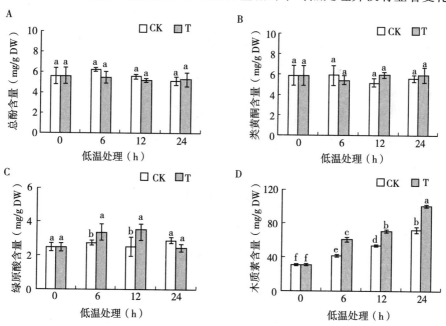

图 5-54　烟草叶片总酚、类黄酮、绿原酸和木质素含量变化
注：不同小写字母表示 $P < 0.05$ 水平差异显著。

类黄酮含量在低温处理后变化不显著（图5-54B）。然而绿原酸含量在低温处理6h后发生显著变化，并在12h低温处理后达到峰值，继续低温处理后含量下降（图5-54C）。这个结果与代谢组学分析结果相同，即低温条件下类黄酮含量低于或者与常温对照处理无显著差异。值得注意的是，在低温处理后烟草叶片中木质素含量持续增加，且均显著高于常温对照处理（图5-54D）。因此，低温处理有利于烟草叶片中苯丙烷代谢上游中间产物的合成与消耗达到动态平衡，有利于木质素的合成。

从苯丙烷代谢途径中筛选出8个参与木质素合成的关键基因，并通过qRT－PCR技术对比分析这些基因在低温处理和常温对照之间的差异（图5-55）。同时以下基因在低温条件下表达量显著增加：*PAL*（*gene_15825*），*4CL1*（*gene_85448*），*4CL2*（*gene_14858*），*C3H*（*gene_34916*），*HCT*（*gene_34078*和*gene_76735*）和*CAD*（*gene_66975*）。相反，参与编码类黄酮合成途径关键酶的*CHS*（*gene_50879*）在低温条件下表达量极低，而在常温条件下表达量较高。

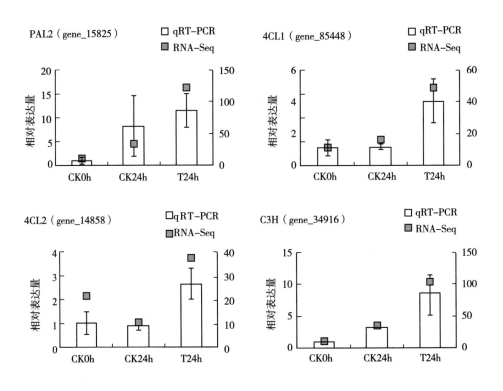

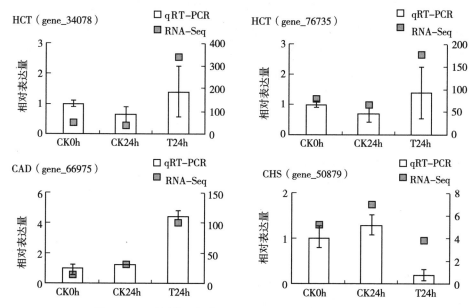

图 5-55　不同处理烟草叶片候选基因的 qRT-PCR 分析

注：基因的相对含量通过内参基因 *NtActin* 计算。X 轴表示 3 个处理样品。Y 轴：左侧轴表示 qRT-PCR 结果，右侧轴表示基因的 FPKM 值。所有的 qRT-PCR 实验均 3 次重复。误差线表示均值的标准差。

第五节　彰显龙岩烟叶质量特色的因素分析

　　在前述龙岩烤烟优质特色形成机制、气候资源优化配置方案及其可能触发的苗期低温胁迫及抗寒性机制研究基础上，如何彰显优质特色成为龙岩优质特色烟叶开发的重要生产目标。生态、品种和栽培烘烤技术是影响烟叶质量特色差异的三大因素。为了明确龙岩烤烟质量特色差异对生态、品种和栽培烘烤技术的响应及定向提升彰显技术水平，2013 年、2014 年在长汀馆前镇珊坑村、上杭庐丰乡中坊村、永定培丰镇洪源村，连续开展 4 个早春烟品种（闽烟 35、C2、FL88f、CB-1）和 5 个春烟品种（闽烟 38、闽烟 57、F31-2、FL25、云烟 87）的试验研究。田间管理和烘烤技术按照当地生产管理方案进行。采用 Duncan 法多重比较进行差异性分析。

一、区域内烟叶感官质量差异的影响因素分析

　　感官评吸得分的区域间无显著差异，但品种间差异显著，差异主要表现在

春烟和早春烟之间，表明影响龙岩烤烟感官质量差异的因素中品种＞生态，早春烟的感官质量更优（表 5-23）；感官质量差异的主要影响因素中，品种差异的贡献率 75.60％，栽培调制技术差异的贡献率达 22.20％，生态差异的贡献率仅 2.20％（表 5-24），可见提升龙岩烤烟感官质量首要应关注优化品种布局，其次是要配套栽培调制技术。

表 5-23　感官评吸得分及其差异性分析

品种	评吸得分			
	永定	上杭	长汀	品种间差异
CB-1	74.90	74.80	73.35	ab
C2	73.75	75.25	76.10	ab
闽烟 35	75.30	76.30	75.10	a
FL88f	73.00	74.20	74.00	bc
云烟 87	72.50	74.25	73.90	bcd
闽烟 57	73.90	73.25	74.60	bc
闽烟 38	73.35	71.85	71.45	d
FL25	72.25	72.55	71.95	d
F31-2	72.25	72.95	72.35	cd
区域间差异	a	a	a	

注：不同小写字母表示 $P<0.05$ 水平差异显著。

表 5-24　感官评吸得分差异的影响因素分析

因素	评吸得分	
	平方和 SS	贡献率
模型	45.455 7	
生态	0.998 5	2.20％
品种	34.365 7	75.60％
栽培调制技术	10.091 5	22.20％

二、区域内烟叶特征香气成分含量差异的影响因素分析

β-大马酮和 β-二氢大马酮含量的区域间和品种间均无显著差异，氧化异佛尔酮含量仅品种间存在差异，表明影响龙岩烤烟特征香气成分含量差异的因素中品种＞生态（表 5-25）。

表 5 - 25　特征香气成分含量及其差异性分析

特征香气成分	地点	CB-1	C2	闽烟35	FL88f	云烟87	闽烟57	闽烟38	FL25	F31-2	区域间差异
β-大马酮 (μg/g)	永定	4.162	4.634	7.688	7.184	6.906	8.106	3.955	5.726	4.564	a
	上杭	6.358	6.302	5.053	6.465	6.644	7.520	7.459	7.882	7.818	a
	长汀	6.132	6.544	4.600	4.930	6.686	5.154	6.708	6.273	6.202	a
	品种间差异	a	a	a	a	a	a	a	a	a	
β-二氢大马酮 (μg/g)	永定	1.303	1.170	2.452	2.396	1.761	2.268	1.509	1.461	1.338	a
	上杭	2.010	2.169	1.508	2.077	2.126	2.558	3.012	3.136	2.748	a
	长汀	2.480	2.366	1.557	1.914	2.524	1.888	2.726	2.358	2.310	a
	品种间差异	a	a	a	a	a	a	a	a	a	
氧化异佛尔酮 (μg/g)	永定	0.200	0.268	0.211	0.282	0.240	0.261	0.322	0.248	0.268	a
	上杭	0.212	0.131	0.182	0.211	0.244	0.220	0.322	0.261	0.213	a
	长汀	0.245	0.260	0.245	0.245	0.246	0.292	0.276	0.225	0.201	a
	品种间差异	b	b	b	ab	ab	ab	a	ab	b	

注: 不同小写字母表示 $P<0.05$ 水平差异显著。

特征香气成分 β-大马酮、β-二氢大马酮和氧化异佛尔酮含量差异的主要影响因素中，品种差异的贡献率依次为 13.92%、12.37% 和 44.47%，生态差异的贡献率依次为 13.80%、27.06% 和 12.87%，栽培调制技术的贡献率依次为 72.29%、60.57% 和 42.89%，因此，要提升龙岩烤烟特色，首先应关注栽培调制技术，其次是优化品种布局和生态布局（表 5-26）。

表 5-26　特征香气成分含量差异的影响因素分析

因素	β-大马酮		β-二氢大马酮		氧化异佛尔酮	
	平方和 SS	贡献率	平方和 SS	贡献率	平方和 SS	贡献率
模型	38.140 7		7.357 4		0.044 3	
生态	5.261 7	13.80%	1.991	27.06%	0.005 7	12.87%
品种	5.308 7	13.92%	0.910 1	12.37%	0.019 7	44.47%
栽培调制技术	27.570 3	72.29%	4.456 3	60.57%	0.019	42.89%

三、区域内烟叶经济性状差异的影响因素分析

经济性状是烟农最为关心的要素。单位产值的区域间无显著差异，但品种间差异显著，差异主要表现在早春烟不同品种之间，表明影响龙岩烤烟经济性状差异的因素中品种＞生态，FL88f 显著优于主栽品种 CB-1（表 5-27）。经济性状差异的主要影响因素中，栽培调制技术差异的贡献率为 51.70%，品种差异的贡献率为 38.75%，生态差异的贡献率仅 9.55%（表 5-28），可见提高龙岩烤烟经济性状首先应关注优化栽培调制技术，其次是优化品种布局。

表 5-27　经济性状及其差异性分析

品种	单位产值（元/公顷）			
	永定	上杭	长汀	品种间差异
CB-1	36 842.55	25 546.20	39 904.80	b
C2	34 505.85	30 846.90	43 965.45	ab
闽烟 35	28 708.35	49 557.45	41 592.15	ab
FL88f	44 345.55	58 094.40	46 536.15	a
云烟 87	43 061.10	44 641.50	47 122.05	ab
闽烟 57	44 865.75	38 138.85	33 353.40	ab
闽烟 38	34 299.90	47 290.05	38 118.90	ab

（续）

品种	单位产值（元/公顷）			
	永定	上杭	长汀	品种间差异
FL25	36 364.20	53 330.25	38 216.70	ab
F31-2	42 417.00	47 597.40	46 221.45	ab
区域间差异	a	a	a	

注：不同小写字母表示 $P<0.05$ 水平差异显著。

表 5-28　经济性状差异的影响因素分析

因素	单位产值	
	平方和 SS	贡献率
模型	6 448 140.950 0	
生态	615 848.528 0	9.55%
品种	2 498 752.774 0	38.75%
栽培调制技术	3 333 539.648 0	51.70%

综上所述，栽培调制技术对提升龙岩烤烟特色和提高经济效益的影响最大，优化品种布局对提升龙岩烤烟感官质量的影响最大，因此，在龙岩区域独特生态条件下，生产优质特色烟叶原料需要适宜的品种及其配套的栽培调制技术保障。

第六章

龙岩优质特色烟叶后备品种（系）筛选与评价

龙岩生态资源优越，是中国烤烟最适宜种植区之一，所产烟叶具有典型的东南清香型风格特征，一直以其良好的品质深受各卷烟工业企业喜爱。然而，龙岩烟区 20 余年长期种植单一的云烟 87 已表现出较明显的经济性状和品质性状退化。前述研究表明品种及其布局对龙岩烤烟质量的影响高达 75.60%。前人研究表明，外引烤烟品种由于生态条件的改变，其适应性表现往往不尽如人意（孙计平等，2011）。因此，从当地自育品种（系）中筛选综合适应性强的后备品种（系），对龙岩烟叶的质量特色提升和烟区的可持续发展具有重要意义。

为此，根据龙岩烟区 6 个主要植烟县（市、区）的地形地貌，分别在武夷山脉区域、玳瑁山脉区域和博平岭区域选点，选出 3 个区域代表县（市、区）：长汀县位于龙岩市西北，属武夷山脉南端余脉区域，在龙岩烟区气温相对较低，降水相对较多；上杭县位于龙岩市中部，属玳瑁山脉区域，在龙岩烟区气温和降水条件居中；永定区位于龙岩市南部，属博平岭山脉区域，在龙岩烟区气温相对较高，降水相对较少。以龙岩烟区主栽品种和自主选育的新品种为材料，进行龙岩分区域特色优质烟叶品种筛选研究。试验品种（系）：4 个早春烟品种（系）（闽烟 35、C2、FL88f、翠碧一号），翠碧一号为对照；5 个春烟品种（系）（闽烟 38、闽烟 57、F31-2、FL25、云烟 87），云烟 87 为对照。

第一节 龙岩烤烟后备新品种（系）的筛选

烤烟生产主要涉及产区生态、品种和栽培调制措施，在现有的生产背景下，首先应考虑到区域布局和品种布局。2013—2014 年在长汀、上杭、永定分别同时进行了 9 个烤烟新品种（系）农艺性状、经济性状、外观质量、化学成分和感官评吸比较，综合分析，确定各区域适宜种植的品种（系），为龙岩烟区种植布局和品种布局提供参考。

一、长汀点

试验安排在长汀县馆前镇珊坑村，土壤质地为砂壤土，光照充足，肥力中等，前作水稻。各品种（系）种植田块土壤地力情况见表6-1。

表6-1 试验地养分指标情况

品种（系）	2013年					2014年				
	pH	水解氮 (mg/kg)	有机质 (g/kg)	有效磷 (mg/kg)	Cl⁻ (mg/kg)	pH	水解氮 (mg/kg)	有机质 (g/kg)	有效磷 (mg/kg)	Cl⁻ (mg/kg)
翠碧一号	4.8	103	37.8	144	5.52	5.1	157	30.9	184	264
C2	5.3	155	43.2	162	9.21	5.2	153	29.7	184	252
闽烟35	4.8	103	37.8	144	5.52	5.3	162	40.1	221	190
FL88f	4.8	103	37.8	144	5.52	5.1	314	31.9	209	259
云烟87	5.3	125	34.7	160	3.68	5.5	156	40.1	194	169
闽烟57	5.2	143	29.7	195	16.6	5.0	152	31.5	214	270
闽烟38	5.3	125	34.7	160	3.68	5.4	176	39.8	213	174
FL25	5.3	125	34.7	160	3.68	5.4	188	38.5	204	177
F31-2	5.3	125	34.7	160	3.68	5.4	166	38.1	227	190

（一）抗病性调查

田间发病情况调查见表6-2。结果表明，气候斑点病均发生在春烟品种（系）上，普通花叶病主要发生在春烟品种闽烟57上，黑胫病各品种（系）均有发病但均低于10%。早春烟品种（系）中C2、FL88f均好于对照翠碧一号，春烟品种（系）中，F31-2整体上好于对照云烟87。

表6-2 2013—2014年各品种（系）病害发生情况（发病率）

单位：%

品种（系）	2013年		2014年		
	普通花叶病	气候斑点病	普通花叶病	气候斑点病	黑胫病
翠碧一号	0	0	0	0	9.1
C2	0	0	0	0	5.4
闽烟35	1.5	0	0	0	8
FL88f	0	0	0	0	4.1

（续）

品种（系）	2013 年		2014 年		
	普通花叶病	气候斑点病	普通花叶病	气候斑点病	黑胫病
云烟 87	0	18.5	0	81.2	6.7
闽烟 57	55.6	10.2	15.0	0	2.4
闽烟 38	0	15.6	0	86.7	4.5
FL25	0	16.2	0	92.1	2.4
F31-2	0	20.5	0	0	2.9

（二）农艺性状

平顶期农艺性状的 MODM 分析见表 6-3。2013 年早春烟表现为 C2＞FL88f＞闽烟 35＞翠碧一号，春烟表现为闽烟 38＞F31-2＞闽烟 57＞FL25＞云烟 87。2014 年早春烟表现为 FL88f＞翠碧一号＞闽烟 35＞C2，春烟表现为 F31-2＞闽烟 57＞闽烟 38＞FL25＞云烟 87。综合表现早春烟 FL88f 和春烟 F31-2 较好。

表 6-3　2013—2014 年各品种（系）平顶期农艺性状

单位：cm

品种（系）	2013 年						2014 年					
	株高	茎围	节距	有效叶数	腰叶长宽比	MODM 值	株高	茎围	节距	有效叶数	腰叶长宽比	MODM 值
翠碧一号	91.5	9.8	4.0	20.1	1.9	0.343 8	93.8	10.0	6.1	17.2	2.3	0.726 1
C2	118.2	9.0	4.8	23.2	1.8	0.459 8	122.6	10.0	6.2	20.2	2.4	0.437 9
闽烟 35	96.1	10.5	4.2	23.2	2.1	0.411 4	94.8	9.2	8.8	20.4	2.6	0.458 5
FL88f	103.4	9.6	4.3	23.3	1.9	0.425 8	118.6	8.4	5.2	20.8	2.3	0.733 1
云烟 87	89.7	6.4	4.0	22.1	2.6	0.396 5	89.0	9.6	4.9	17.2	2.6	0.286 0
闽烟 57	110.3	7.8	3.8	24.1	2.6	0.444 0	99.6	9.9	4.5	23.4	3.5	0.351 9
闽烟 38	93.2	8.2	3.8	23.5	2.4	0.669 2	81.8	8.1	4.2	17.4	3.4	0.296 2
FL25	93.6	7.6	4.2	23.2	2.5	0.436 2	77.6	7.8	4.3	15.8	2.7	0.288 7
F31-2	112.5	8.0	4.2	23.4	2.2	0.616 9	111.2	9.8	5.0	22.8	2.5	0.383 9

（三）经济性状

经济性状的 MODM 分析见表 6-4。2013 年早春烟表现为 FL88f＞翠碧一号＞闽烟 35＞C2，春烟表现为 F31-2＞云烟 87＞闽烟 38＞FL25＞闽烟 57。

2014 年早春烟表现为 C2＞FL88f＞闽烟 35＞翠碧一号，春烟表现为云烟 87＞
F31－2＞闽烟 57＞FL25＞闽烟 38。综合表现早春烟 FL88f 和春烟 F31－2
较好。

表 6－4　2013—2014 年各品种（系）经济性状

单位：kg/hm²、元/hm²、%、元/kg

品种（系）	2013 年						2014 年					
	产量	产值	上等烟比例	中上等烟比例	均价	MODM 值	产量	产值	上等烟比例	中上等烟比例	均价	MODM 值
翠碧一号	1 774.5	47 175.0	51.4	93.7	26.6	0.520 5	1 411.5	32 634.0	54.4	91.8	23.1	0.442 3
C2	1 711.5	44 985.0	48.0	94.3	26.3	0.490 2	1 848.0	42 946.5	48.2	93.5	23.2	0.513 6
闽烟 35	1 770.0	47 047.5	51.3	93.5	26.6	0.518 3	1 593.0	36 136.5	52.8	88.6	22.7	0.455 9
FL88f	1 935.0	55 156.5	62.1	96.2	28.5	0.643 7	1 678.0	37 915.5	50.6	90.7	22.6	0.468 0
云烟 87	1 732.5	44 101.5	46.9	90.2	25.5	0.469 7	2 079.0	50 142.0	63.5	92.7	24.1	0.647 1
闽烟 57	1 266.0	30 415.5	37.8	85.9	24.0	0.327 6	1 633.5	36 291.0	44.9	92.9	22.2	0.438 7
闽烟 38	1 687.5	43 212.0	44.0	91.9	25.6	0.456 4	1 588.5	33 025.5	38.4	88.1	20.8	0.379 0
FL25	1 687.5	42 892.5	45.2	88.8	25.4	0.450 5	1 563.0	33 541.5	40.1	88.9	21.5	0.391 0
F31－2	1 719.0	44 659.5	52.3	92.8	26.0	0.500 1	1 996.5	47 784.0	53.5	96.1	23.9	0.588 3

（四）外观质量

C3F 烟叶外观质量的 MODM 分析见表 6－5。2013 年早春烟表现为翠碧
一号＞C2、闽烟 35、FL88f，春烟表现为 F31－2、云烟 87＞FL25＞闽烟 57、
闽烟 38。2014 年早春烟表现为 C2、闽烟 35、FL88f＞翠碧一号，春烟表现为
云烟 87、闽烟 57、F31－2＞闽烟 38、FL25。综合表现 2014 年整体外观质量
好于 2013 年，早春烟两年结果相反，而春烟均以 F31－2 较好。

（五）内在质量

中部叶烟碱含量一般 2.5% 左右为宜，淀粉含量＜5% 为宜，糖碱比一般
9～13 分为宜。C3F 烟叶化学成分和感官评吸结果见表 6－6 和表 6－7。
2013 年早春烟评吸得分表现为 C2＞闽烟 35＞FL88f＞翠碧一号，其中 C2 糖碱
比和烟碱含量最为适宜，翠碧一号糖碱比较低、烟碱含量处于适宜值上限；春
烟评吸得分表现为闽烟 57＞云烟 87＞FL25＞F31－2＞闽烟 38，其中闽烟 57
糖碱比最为适宜，闽烟 38、FL25 烟碱含量偏高。2014 年早春烟评吸得分表现
为 C2＞闽烟 35＞翠碧一号＞FL88f，其中 C2 糖碱比和烟碱含量最为适宜，翠
碧一号和 FL88f 糖碱比较低、烟碱含量偏高；春烟评吸得分表现为闽烟 57＞

表6-5 2013—2014年各品种（系）原烟外观质量

品种（系）	2013年							2014年						
	颜色	成熟度	叶片结构	身份	油分	色度	综合	颜色	成熟度	叶片结构	身份	油分	色度	综合
翠碧一号	橘黄	成熟	疏松	中等	有+	中+	较高-	橘黄	成熟	疏松	中等-	有+	强	较高
C2	橘黄	成熟	疏松	中等	有	中+	一般+	橘黄	成熟	疏松	中等	有+	强	较高+
闽烟35	橘黄	成熟	疏松	中等	有+	中	一般+	橘黄	成熟	疏松	中等	有+	强	较高+
FL88f	橘黄	成熟	疏松	中等	有	中+	一般+	橘黄	成熟	疏松	中等	有+	强	较高+
云烟87	橘黄	成熟	疏松	中等	有	中+	较高	橘黄	成熟	疏松	中等	有	强	较高
闽烟57	橘黄	成熟	疏松	中等-	有	中-	一般+	橘黄	成熟	疏松	中等	有	强	较高
闽烟38	橘黄	成熟	疏松	中等	有	中	一般+	橘黄	成熟	疏松	中等-	有-	强-	一般
FL25	橘黄	成熟	疏松	中等	有	中+	较高-	橘黄	成熟	疏松	中等-	有-	强-	一般
F31-2	橘黄	成熟	疏松	中等	有	中	较高	橘黄	成熟	疏松	中等	有	强	较高

云烟 87＞F31 - 2＞闽烟 38＞FL25，其中闽烟 57 糖碱比、烟碱含量最为适宜，其他品种（系）糖碱比偏低、烟碱含量稍高。

表6-6　2013 年各品种（系）内在质量

单位：%

品种（系）	还原糖	总糖	烟碱	总氮	K_2O	Cl^-	淀粉	挥发碱	糖碱比	得分100	质量档次
翠碧一号	25.4	26.0	3.51	2.29	3.11	0.15	2.67	0.34	7.2	73.1	中等+
C2	26.4	28.7	2.30	1.92	3.55	0.13	3.10	0.24	11.5	76.5	较好-
闽烟35	31.7	32.5	2.28	1.89	3.28	0.15	3.24	0.22	13.9	75.2	较好-
FL88f	28.9	32.0	3.14	1.97	3.84	0.19	1.82	0.30	9.2	74.7	中等+
云烟87	30.6	31.8	2.35	2.04	4.05	1.06	3.01	0.22	13.0	73.5	中等+
闽烟57	26.9	27.1	2.70	2.14	3.60	0.36	4.32	0.26	10.0	74.4	中等+
闽烟38	21.4	22.3	4.04	2.31	4.33	0.12	2.58	0.41	5.3	70.8	中等
FL25	27.6	28.5	3.85	2.10	3.72	1.08	2.45	0.40	7.2	72.3	中等
F31 - 2	26.0	27.4	3.29	2.04	4.14	0.23	3.59	0.31	7.9	71.4	中等

表6-7　2014 年各品种（系）内在质量

单位：%

品种（系）	还原糖	总糖	烟碱	总氮	K_2O	Cl^-	淀粉	挥发碱	糖碱比	得分100	质量档次
翠碧一号	22.7	24.8	3.66	2.30	2.89	0.11	3.84	0.39	6.2	73.6	中等+
C2	22.2	25.2	2.20	2.04	3.93	0.09	3.82	0.29	10.1	75.7	较好-
闽烟35	24.5	31.9	2.24	1.84	3.10	0.12	4.05	0.26	10.9	75	较好-
FL88f	24.4	27.7	3.68	2.12	3.49	0.28	2.61	0.41	6.6	73.3	中等+
云烟87	22.1	23.7	2.88	2.22	3.67	0.24	3.49	0.34	7.7	74.3	中等+
闽烟57	24.9	27.0	2.60	2.08	3.58	0.21	5.41	0.29	9.6	74.8	中等+
闽烟38	20.5	22.5	3.07	2.28	3.86	0.12	2.75	0.36	6.7	72.1	中等
FL25	21.0	23.2	2.92	2.27	3.56	0.19	2.52	0.36	7.2	71.6	中等
F31 - 2	23.8	26.2	2.80	1.97	3.67	0.26	3.56	0.34	8.5	73.3	中等+

（六）农艺性状、经济性状、评吸得分综合评价

将感官评吸、农艺性状和经济性状标准化后的多目标决策值（Multiple objective decision making，MODM）进一步进行综合评价，各指标均为望

大型。

基于熵权的 MODM 分析结果见图 6-1。综合得分表现为 FL88f＞FL31-2＞翠碧一号＞C2＞闽烟 35＞云烟 87＞闽烟 38＞闽烟 57＞FL25。可见综合表现 FL88f 最好，较为突出，其次是 F31-2，两者均优于对照品种翠碧一号和云烟 87。结合两个品系的烟碱含量两年均超过 2.5%，生产上应控制氮肥用量。

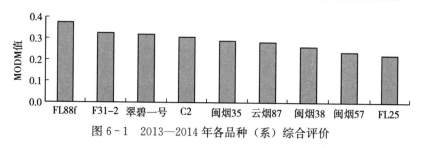

图 6-1　2013—2014 年各品种（系）综合评价

二、上杭点

试验安排在上杭县庐丰乡中坊村，土壤质地为壤土，光照充足，肥力中等，前作水稻。各品种（系）种植田块土壤地力情况见表 6-8。

表 6-8　试验地养分指标情况

品种（系）	2013 年					2014 年				
	pH	水解氮 (mg/kg)	有机质 (g/kg)	有效磷 (mg/kg)	Cl^- (mg/kg)	pH	水解氮 (mg/kg)	有机质 (g/kg)	有效磷 (mg/kg)	Cl^- (mg/kg)
翠碧一号	5.8	217	40.3	213	12.9	4.8	130	29.6	165	140
C2	5.4	210	44.8	104	11	4.9	165	34.3	224	93.5
闽烟 35	5.4	210	44.8	104	11	4.9	132	31.0	162	97
FL88f	5.4	210	44.8	104	11	4.9	139	32.9	246	112
云烟 87	5.0	178	30.8	54.2	11	5.1	154	27.6	201	122
闽烟 57	5.0	178	30.8	54.2	11	5.0	141	28.9	222	148
闽烟 38	5.9	160	41.5	125	11	5.1	139	27.2	177	96.3
FL25	5.8	217	40.3	213	12.9	4.8	135	29.4	196	77.8
F31-2	5.9	160	41.5	125	11	5.4	216	38.8	101	219

（一）抗病性调查

田间发病情况调查见表 6-9。2013 年病害较轻，发病率均低于 10%。2014 年普通花叶病主要发生在翠碧一号上，青枯病主要发生在闽烟 35、云烟

87、翠碧一号、F31-2 和闽烟 57 上，赤星病主要发生在闽烟 57 上。早春烟品种（系）中 FL88f 发病率轻于对照翠碧一号，春烟品种（系）中闽烟 38、FL25 和 F31-2 发病率轻于对照云烟 87。

表 6-9   2013—2014 年各品种（系）病害发生情况（发病率）

单位：%

品种（系）	2013 年		2014 年		
	普通花叶病	马铃薯 Y 病毒病	普通花叶病	青枯病	赤星病
翠碧一号	0.18	0.74	24.0	21.0	7.0
C2	1.9	0	9.3	2.7	2.0
闽烟 35	4.52	0.16	8.0	44.0	0.4
FL88f	0.06	0	0	0	0
云烟 87	1.5	0.38	3.2	34.1	4.0
闽烟 57	0.09	0	4.4	12.0	22.0
闽烟 38	0	0	0	10.0	0
FL25	0	0	0	0	0
F31-2	0	0	0	16.8	0

（二）农艺性状

平顶期农艺性状的 MODM 分析见表 6-10。

表 6-10   2013—2014 年各品种（系）平顶期农艺性状

单位：cm

品种（系）	2013 年						2014 年					
	株高	茎围	节距	有效叶数	腰叶长宽比	MODM 值	株高	茎围	节距	有效叶数	腰叶长宽比	MODM 值
翠碧一号	123.1	11.2	6.9	19.1	2.2	0.550 5	81.7	9.8	4.8	17.2	2.3	1.610 4
C2	146.8	11.3	8.9	17.6	2.0	0.444 7	107.6	10.7	5.9	18.4	2.1	0.514 5
闽烟 35	117.1	11.1	6.5	19.0	2.2	0.353 9	88.7	9.8	5.1	17.4	2.3	0.423 9
FL88f	138.9	10.2	7.1	20.8	2.2	1.034 4	113.0	10.1	5.6	20.4	2.2	0.866 8
云烟 87	116.9	9.7	7.5	16.6	2.4	0.416 5	77.4	9.0	5.1	15.2	2.9	0.351 7
闽烟 57	116.2	9.7	4.7	25.8	2.9	0.382 4	97.8	10.1	3.8	25.5	3.3	0.404 1
闽烟 38	95.7	8.7	5.2	19.2	2.8	1.261 8	80.0	8.4	4.1	19.6	3.1	0.354 3
FL25	114.7	9.5	5.4	22.2	2.5	0.377 0	87.4	9.6	4.5	19.5	2.9	0.355 1
F31-2	132.3	9.7	6.0	23.0	2.3	0.730 7	84.1	9.3	4.6	18.5	2.7	0.351 8

2013 年早春烟表现为 FL88f＞翠碧一号＞C2＞闽烟 35，春烟表现为闽烟 38＞F31－2＞云烟 87＞闽烟 57＞FL25。2014 年早春烟表现为翠碧一号＞FL88f＞C2＞闽烟 35，春烟表现为闽烟 57＞FL25＞闽烟 38＞F31－2＞云烟 87。综合表现早春烟 FL88f 和春烟闽烟 38、F31－2 较好。

（三）经济性状

经济性状的 MODM 分析见表 6－11。2013 年早春烟表现为 FL88f＞闽烟 35＞ C2＞翠碧一号，春烟表现为 FL25＞闽烟 38＞F31－2＞云烟 87＞闽烟 57。2014 年早春烟表现为 FL88f＞C2＞闽烟 35＞翠碧一号，春烟表现为 F31－2＞云烟 87＞FL25＞闽烟 38＞闽烟 57。综合表现早春烟 FL88f 和春烟 F31－2 较好。

表 6－11 2013—2014 年各品种（系）经济性状

单位：kg/hm² 、元/hm² 、% 、元/kg

品种（系）	2013 年						2014 年					
	产量	产值	上等烟比例	中上等烟比例	均价	MODM 值	产量	产值	上等烟比例	中上等烟比例	均价	MODM 值
翠碧一号	678.0	15 373.5	45.3	95.1	22.7	0.277 1	1 533.0	35 719.5	41.9	93.2	23.3	0.417 7
C2	921.0	22 660.5	70.3	98.3	24.6	0.393 8	1 675.5	39 033.0	50.2	91.4	23.3	0.474 1
闽烟 35	2 326.5	56 502.0	55.2	98.3	24.3	0.547 7	1 840.5	42 613.5	42.1	92.7	23.2	0.469 1
FL88f	2 406.0	62 848.5	80.8	99.3	26.1	0.694 3	2 185.0	53 340.0	52.3	97.6	24.4	0.623 7
云烟 87	2 098.5	41 629.5	47.5	87.8	19.8	0.387 0	2 022.0	47 653.5	47.7	94.2	23.6	0.540 6
闽烟 57	2 310.0	37 455.0	21.4	60.7	16.2	0.274 8	1 759.5	38 823.0	41.7	95.6	22.1	0.442 2
闽烟 38	1 941.0	49 009.5	64.4	98.7	25.2	0.518 8	1 990.5	45 571.5	34.8	96.6	22.9	0.476 7
FL25	2 722.5	60 613.5	51.5	95.5	22.3	0.575 3	2 086.5	46 048.5	39.7	94.7	22.1	0.494 8
F31－2	2 017.5	46 726.5	53.6	98.6	23.2	0.464 8	2 074.5	48 468.0	51.4	96.4	23.4	0.570 6

（四）外观质量

C3F 烟叶外观质量的 MODM 分析见表 6－12。2013 年早春烟表现为闽烟 35＞C2＞翠碧一号、FL88f，春烟表现为云烟 87＞闽烟 57、闽烟 38、FL25＞F31－2。2014 年早春烟和春烟品种（系）间表现相差无几。综合表现 2013 年整体外观质量好于 2014 年，早春烟和春烟品种（系）间差异不明显。

表 6－12　2013—2014 年各品种（系）原烟外观质量

品种（系）	2013 年							2014 年						
	颜色	成熟度	叶片结构	身份	油分	色度	综合	颜色	成熟度	叶片结构	身份	油分	色度	综合
翠碧一号	橘黄	成熟	疏松	中等	有	中	一般	橘黄	成熟	疏松	中等	有	中	一般
C2	橘黄	成熟	疏松	中等	有	中＋	一般＋	橘黄	成熟	疏松	中等	有	中	一般
闽烟 35	橘黄	成熟	疏松	中等一	有	中	较高一	橘黄	成熟	疏松	中等	有	中	一般
FL88f	橘黄	成熟	疏松	中等	有	中	一般	橘黄	成熟	疏松	稍薄	有	中	一般
云烟 87	橘黄	成熟	疏松	中等	有	中＋	较高一	橘黄	成熟	疏松	中等	有	中	一般
闽烟 57	橘黄	成熟	疏松	中等一	有	中	一般	橘黄	成熟	疏松	稍薄	有	中	一般
闽烟 38	橘黄	成熟	疏松	中等	有	中	一般	橘黄	成熟	疏松	中等	有	中	一般
FL25	橘黄	成熟	疏松	中等	有	中	一般	橘黄	成熟	疏松	中等	有	中	一般
F31－2	橘黄	成熟	疏松	稍薄	稍有	中	一般一	橘黄	成熟	疏松	稍薄	有	中	一般

（五）内在质量

中部叶烟碱含量一般 2.5% 左右为宜，淀粉含量 <5% 为宜，糖碱比一般 9~13 分为宜。C3F 烟叶化学成分和感官评吸结果见表 6-13 和表 6-14。2013 年早春烟评吸得分表现为闽烟 35>C2> FL88f、翠碧一号，其中闽烟 35 和 C2 的糖碱比和烟碱含量最为适宜，翠碧一号和 FL88f 的糖碱比较低、烟碱含量较高；春烟评吸得分表现为云烟 87> FL25>闽烟 57、F31-2>闽烟 38，其中云烟 87 糖碱比最为适宜，其他品种（系）糖碱比偏低。2014 年早春烟评吸得分表现为闽烟 35>翠碧一号>C2> FL88f，其中糖碱比以 FL88f 较为适宜，淀粉含量翠碧一号较为适宜，翠碧一号、C2 和闽烟 35 部位偏下；春烟评吸得分表现为闽烟 57>F31-2>云烟 87>闽烟 38>FL25，其中云烟 87 糖碱比、烟碱含量较为适宜，淀粉含量偏高，除闽烟 57 外的其他品种（系）糖碱比偏低、烟碱含量稍高，闽烟 38 和 FL25 部位偏上。上杭点同一品种（系）年际间内在质量波动较大。

表 6-13　2013 年各品种（系）内在质量

单位：%

品种（系）	还原糖	总糖	烟碱	总氮	K_2O	Cl^-	淀粉	挥发碱	糖碱比	得分 100	质量档次
翠碧一号	22.5	22.8	3.79	2.24	3.42	0.16	2.66	0.39	5.9	73.8	中等+
C2	25.0	25.9	2.41	1.94	3.69	0.27	6.68	0.25	10.4	75.2	较好-
闽烟 35	27.2	28.1	2.41	1.84	3.12	0.17	2.67	0.24	11.3	76.0	较好-
FL88f	20.1	20.8	4.64	2.22	3.68	0.31	1.36	0.46	4.3	73.8	中等+
云烟 87	27.6	28.5	2.19	1.90	3.14	0.15	3.81	0.22	12.6	74.7	中等+
闽烟 57	19.1	19.6	2.99	2.34	4.54	0.18	1.16	0.33	6.4	71.2	中等
闽烟 38	19.2	20.4	3.02	2.19	4.54	0.17	1.75	0.31	6.4	71.1	中等
FL25	18.1	18.8	3.48	2.42	4.18	0.17	1.74	0.36	5.2	72.8	中等+
F31-2	20.5	21.6	2.36	2.11	4.50	0.24	1.83	0.27	8.7	71.2	中等

表 6-14　2014 年各品种（系）内在质量

单位：%

品种（系）	还原糖	总糖	烟碱	总氮	K_2O	Cl^-	淀粉	挥发碱	糖碱比	得分 100	质量档次
翠碧一号	32.1	33.9	1.52	1.60	3.36	0.08	4.38	0.19	21.1	75.8	较好-
C2	28.4	30.1	1.49	1.48	3.25	0.11	9.29	0.18	19.1	75.3	较好-

（续）

品种 （系）	还原糖	总糖	烟碱	总氮	K₂O	Cl⁻	淀粉	挥发碱	糖碱比	得分 100	质量 档次
闽烟 35	32.3	37.5	1.18	1.40	3.20	0.17	5.32	0.16	27.4	76.6	较好－
FL88f	29.0	33.1	2.16	1.48	3.83	0.27	6.59	0.22	13.4	74.6	中等＋
云烟 87	26.8	28.8	2.60	1.94	3.03	0.44	6.31	0.28	10.3	73.8	中等＋
闽烟 57	28.1	29.7	1.83	1.83	3.45	0.27	4.51	0.20	15.4	75.3	较好－
闽烟 38	21.4	22.9	3.72	2.22	3.99	0.27	2.75	0.39	5.8	72.6	中等
FL25	19.3	21.0	3.34	2.22	3.55	0.30	4.81	0.38	5.8	72.3	中等
F31－2	24.2	26.6	2.94	2.09	4.60	0.36	2.99	0.31	8.2	74.7	中等＋

（六）农艺性状、经济性状、评吸得分综合评价

将感官评吸得分标准化转化为 MODM 值，结合农艺性状和经济性状的 MODM 值进一步进行综合评价，各指标均为望大型。基于熵权的 MODM 分析结果见图 6-2。综合得分表现为 FL88f＞翠碧一号＞闽烟 38＞FL31－2＞闽烟 35＞FL25＞C2＞云烟 87＞闽烟 57。可见早春烟综合表现 FL88f 最好，较对照翠碧一号提高 17.4%；春烟综合表现闽烟 38＞F31－2＞FL25，优于对照云烟 87。结合烟碱含量和留叶数表现，生产上应注意控制氮肥用量和留叶数的协同。

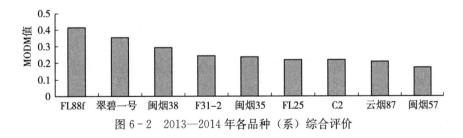

图 6-2　2013—2014 年各品种（系）综合评价

三、永定点

试验安排在永定区培丰镇洪源村（2013 年）、湖雷镇白崇村（2014 年），土壤质地为砂壤土，光照充足，肥力中等，前作水稻。各品种（系）种植田块土壤地力情况见表 6-15。

表 6 - 15　试验地养分指标情况

品种（系）	2013 年					2014 年				
	pH	水解氮 (mg/kg)	有机质 (g/kg)	有效磷 (mg/kg)	Cl⁻ (mg/kg)	pH	水解氮 (mg/kg)	有机质 (g/kg)	有效磷 (mg/kg)	Cl⁻ (mg/kg)
翠碧一号	5.8	156	33.5	34.5	14.7	4.9	186	46.8	115	73.8
C2	5.8	156	33.5	34.5	14.7	4.8	150	32.2	94.9	74.4
闽烟 35	5.8	156	33.5	34.5	14.7	4.7	146	34.9	70.5	58
FL88f	5.8	156	33.5	34.5	14.7	4.8	168	41.5	102	54.9
云烟 87	5.8	156	33.5	34.5	14.7	4.7	155	32.7	81.4	99.5
闽烟 57	5.8	156	33.5	34.5	14.7	5.5	143	42.7	63.5	43.8
闽烟 38	5.8	156	33.5	34.5	14.7	6.3	146	32.1	89.3	78.5
FL25	4.8	191	40	213	9.21	4.8	161	23.5	99.4	98.5
F31 - 2	4.8	191	40	213	9.21	4.7	182	32.5	114	103

（一）抗病性调查

田间发病情况调查见表 6 - 16。两年病害较轻，除 2013 年翠碧一号普通花叶病发病率 17.7% 外，发病率均低于 10%。早春烟 C2、闽烟 35、FL88f 抗病性表现均优于对照翠碧一号，春烟 F31 - 2、闽烟 38 优于对照云烟 87。

表 6 - 16　2013—2014 年各品种（系）病害发生情况（发病率）

单位：%

品种（系）	2013 年				2014 年	
	黑胫病	普通花叶病	马铃薯 Y 病毒病	青枯病	普通花叶病	青枯病
翠碧一号	0	17.7	0	0	8.4	1.7
C2	0	0	0	0	4	2.7
闽烟 35	4	0	0	0	0.8	3.2
FL88f	0	9.6	0	0	4	4.2
云烟 87	6.5	0	0	0	7.2	2.9
闽烟 57	0	7.2	0	4	6.4	1.2
闽烟 38	6	0	0	0	3.6	3.5
FL25	0	2	1.2	2.6	1.2	2.6
F31 - 2	0	3.6	0.4	5.5	3.2	3.3

（二）农艺性状

平顶期农艺性状的 MODM 分析见表 6-17。

2013 年早春烟表现为翠碧一号＞C2＞FL88f＞闽烟 35，春烟表现为 F31-2＞闽烟 57＞云烟 87＞FL25＞闽烟 38。

2014 年早春烟表现为 FL88f＞C2＞闽烟 35＞翠碧一号，春烟表现为云烟 87＞F31-2＞闽烟 57＞FL25＞闽烟 38。早春烟和春烟两年表现均波动较大，FL88f、C2 总体表现优于或与对照翠碧一号相当，F31-2 总体表现优于或与对照云烟 87 相当。

表 6-17　2013—2014 年各品种（系）平顶期农艺性状

单位：cm

品种（系）	2013 年						2014 年					
	株高	茎围	节距	有效叶数	腰叶长宽比	MODM 值	株高	茎围	节距	有效叶数	腰叶长宽比	MODM 值
翠碧一号	116.5	8.6	7.1	16.5	2.5	0.440 5	92.8	11.6	5.1	18.3	2.6	0.373 6
C2	125.2	9.8	6.4	19.6	2.9	0.423 8	111.4	9.9	6.4	17.3	2.0	0.484 8
闽烟 35	111.0	10.3	6.2	18.0	2.6	0.369 0	101.1	11.4	5.3	19.2	2.5	0.417 5
FL88f	121.1	9.3	5.5	22.1	3.1	0.422 9	100.5	10.5	5.1	19.8	2.2	0.579 2
云烟 87	105.2	8.8	6.9	15.2	3.6	0.390 8	79.1	10.2	4.9	16.0	2.4	0.612 0
闽烟 57	120.8	11.1	5.1	23.6	4.3	0.395 5	76.1	10.3	3.6	24.4	3.1	0.346 1
闽烟 38	92.9	9.1	5.1	18.1	3.6	0.329 4	60.3	9.2	3.6	16.9	3.6	0.279 7
FL25	100.0	10.2	4.8	21.0	2.4	0.346 9	68.2	9.1	3.9	17.4	3.3	0.308 9
F31-2	114.9	10.7	5.6	20.7	2.3	1.111 6	93.8	9.9	4.8	19.8	2.4	0.506 0

（三）经济性状

经济性状的 MODM 分析见表 6-18。

2013 年早春烟表现为 FL88f＞闽烟 35＞翠碧一号＞C2，春烟表现为云烟 87＞闽烟 57＞闽烟 38＞F31-2＞FL25。

2014 年早春烟表现为翠碧一号＞FL88f＞C2＞闽烟 35，春烟表现为 F31-2＞闽烟 57＞闽烟 38＞云烟 87＞FL25。综合表现早春烟 FL88f 优于或与对照翠碧一号相当，春烟闽烟 57 优于或与对照翠碧一号相当，其次为 F31-2 和闽烟 38，两个品种（系）年际间差异较大。

表 6 - 18　2013—2014 年各品种（系）经济性状

单位：kg/hm²、元/hm²、%、元/kg

品种（系）	2013 年						2014 年					
	产量	产值	上等烟比例	中上等烟比例	均价	MODM值	产量	产值	上等烟比例	中上等烟比例	均价	MODM值
翠碧一号	1 372.5	25 011.0	20.2	76.9	18.2	0.312 1	2 284.5	48 673.5	40.6	92.8	21.3	0.527 7
C2	1 551.0	24 904.5	15.8	73.1	16.1	0.280 6	2 157.0	44 107.5	40.0	83.8	20.5	0.461 7
闽烟 35	1 266.0	25 354.5	32.1	96.8	20.0	0.432 8	1 806.0	32 062.5	21.3	85.8	17.8	0.311 1
FL88f	2 230.5	44 379.0	30.3	91.5	19.9	0.590 0	2 151.0	44 311.5	43.3	87.0	20.6	0.482 2
云烟 87	2 233.5	45 558.0	44.4	86.2	20.4	0.691 3	1 806.0	40 564.5	50.3	92.5	22.5	0.491 3
闽烟 57	2 076.0	41 049.0	28.1	91.7	19.8	0.538 9	2 389.5	48 682.5	33.9	97.7	20.4	0.520 5
闽烟 38	1 923.0	35 494.5	25.0	84.7	18.5	0.445 7	1 378.5	33 105.0	59.2	98.8	24.0	0.502 7
FL25	2 109.0	34 017.0	15.9	72.2	16.1	0.372 2	1 798.5	38 712.0	44.5	90.1	21.5	0.444 5
F31 - 2	2 052.0	36 550.5	24.1	78.3	17.8	0.439 0	2 137.5	48 283.5	53.2	94.1	22.6	0.577 2

（四）外观质量

C3F 烟叶外观质量的 MODM 分析见表 6 - 19。

2013 年早春烟表现为翠碧一号＞FL88f、闽烟 35＞C2，春烟表现为 F31 - 2＞FL25＞云烟 87、闽烟 57、闽烟 38。

2014 年早春烟闽烟 35＞翠碧一号、C2、FL88f，春烟表现为云烟 87、闽烟 57、闽烟 38、F31 - 2＞FL25。早春烟闽烟 35 和 FL88f 与对照翠碧一号表现相当，春烟 F31 - 2 优于或与对照云烟 87 相当，闽烟 57 和闽烟 38 与对照云烟 87 相当。

（五）内在质量

中部叶烟碱含量一般 2.5% 左右为宜，淀粉含量＜5% 为宜，糖碱比一般 9～13 分为宜。C3F 烟叶化学成分和感官评吸结果见表 6 - 20 和表 6 - 21。

2013 年早春烟评吸得分表现为 FL88f＞C2＞翠碧一号＞闽烟 35，其中 FL88f 糖碱比和烟碱含量较为适宜，闽烟 35 糖碱比偏高、烟碱含量偏低；春烟闽烟 38＞闽烟 57＞F31 - 2＞FL25＞云烟 87，其中闽烟 38 糖碱比和烟碱含量较为适宜，云烟 87 糖碱比偏低、烟碱含量偏高。

表6-19　2013—2014年各品种（系）原烟外观质量

品种（系）	2013年							2014年						
	颜色	成熟度	叶片结构	身份	油分	色度	综合	颜色	成熟度	叶片结构	身份	油分	色度	综合
翠碧一号	橘黄	成熟	疏松	中等	有	中+	较高一	柠檬黄	成熟	疏松	中	有	中	一般
C2	橘黄	成熟	疏松	中等一	有	中	一般	柠檬黄	成熟	疏松	中	有	中	一般
闽烟35	橘黄	成熟	疏松	中等一	有	中	一般+	橘黄	成熟	疏松	中	有	中	一般+
FL88f	橘黄	成熟	疏松	中等	有	中+	一般+	橘黄	成熟	疏松	稍薄	有	中	一般
云烟87	橘黄	成熟	疏松	中等	有	中	一般	橘黄	成熟	疏松	中	有	中	一般
闽烟57	橘黄	成熟	疏松	中等	有	中一	一般	橘黄	成熟	疏松	中	有	中	一般
闽烟38	橘黄	成熟	疏松	中等	有	中	一般	橘黄	成熟	疏松	中	有	中	一般
FL25	橘黄	成熟	疏松	中等一	有	中+	一般+	橘黄	成熟	疏松	稍薄	有	中	一般一
F31-2	橘黄	成熟	疏松	中等	有	中	较高	橘黄	成熟	疏松	中	有	中	一般

表 6 - 20　2013 年各品种（系）内在质量

单位：％

品种（系）	还原糖	总糖	烟碱	总氮	K_2O	Cl^-	淀粉	挥发碱	糖碱比	得分100	质量档次
翠碧一号	30.9	32.4	1.53	1.52	2.63	0.1	7.12	0.13	20.2	74.1	中等＋
C2	19.4	19.9	2.84	2.1	2.56	0.12	5.07	0.28	6.8	74.4	中等＋
闽烟 35	33.6	34.5	1.24	1.45	2.77	0.17	7.06	0.12	27.1	71.0	中等
FL88f	30.0	31.0	2.19	1.73	2.87	0.13	5.41	0.20	13.7	75.0	较好一
云烟 87	11.9	12.3	3.32	2.36	3.58	0.17	4.26	0.31	3.6	68.6	中等一
闽烟 57	27.1	27.6	1.64	1.74	3.26	0.18	4.29	0.16	16.5	72.5	中等
闽烟 38	33.1	33.6	2.22	1.54	2.42	0.22	6.55	0.20	14.9	73.4	中等＋
FL25	20.4	22.3	3.52	2.25	3.54	0.21	1.92	0.34	5.8	70.0	中等
F31 - 2	25.7	27.6	3.02	2.08	3.46	0.16	3.21	0.28	8.5	71.8	中等

表 6 - 21　2014 年各品种（系）内在质量

单位：％

品种（系）	还原糖	总糖	烟碱	总氮	K_2O	Cl^-	淀粉	挥发碱	糖碱比	得分100	质量档次
翠碧一号	26.8	30.2	2.37	1.68	2.85	0.08	7.84	0.27	11.3	74.8	中等＋
C2	28.6	34.8	2.03	1.40	3.14	0.15	9.60	0.18	14.1	76.5	较好一
闽烟 35	28.4	36.1	1.93	1.66	3.30	0.1	4.59	0.24	14.7	76.2	较好一
FL88f	22.5	25.2	3.18	2.14	4.54	0.14	1.56	0.35	7.10	71.9	中等
云烟 87	29.6	33.6	2.87	1.82	3.00	0.13	5.77	0.30	10.3	76.4	较好一
闽烟 57	24.3	26.3	2.16	1.89	4.14	0.13	3.16	0.27	11.3	75.3	较好一
闽烟 38	26.1	32.5	2.62	1.92	3.82	0.35	2.14	0.31	10.0	73.3	中等＋
FL25	27.1	31.2	2.81	1.98	3.41	0.20	3.48	0.32	9.6	74.5	中等＋
F31 - 2	31.2	39.1	1.33	1.41	3.75	0.12	7.13	0.16	23.5	72.7	中等

2014 年早春烟评吸得分表现为 C2＞闽烟 35＞翠碧一号＞FL88f，其中 C2、闽烟 35 和翠碧一号糖碱比和烟碱含量较为适宜，FL88f 糖碱比偏低、烟碱含量偏高；春烟评吸得分表现为云烟 87＞闽烟 57＞FL25＞闽烟 38＞F31 - 2，其中云烟 87、闽烟 57、FL25、闽烟 38 糖碱比和烟碱含量较为适宜，F31 - 2 糖碱比偏高、烟碱含量偏低。早春烟 C2 两年均优于对照翠碧一号，春烟闽烟 57 优

于或与对照云烟 87 相当。总体永定点同一品种（系）年际间内在质量波动较大。

（六）农艺性状、经济性状、评吸得分综合评价

将感官评吸得分标准化转化为 MODM 值，结合农艺性状和经济性状的 MODM 值进一步进行综合评价，各指标均为望大型。

基于两年数据熵权的 MODM 分析结果见图 6-3。综合得分表现为 FL31-2＞云烟 87＞FL88f＞闽烟 57＞翠碧一号＞C2＞闽烟 38＞闽烟 35＞FL25。可见早春烟综合表现 FL88f 最好，较对照翠碧一号提高 17.4%；春烟综合表现 F31-2 最好，优于对照云烟 87。结合烟碱含量和留叶数表现，生产上应注意控制氮肥用量和留叶数的协同。

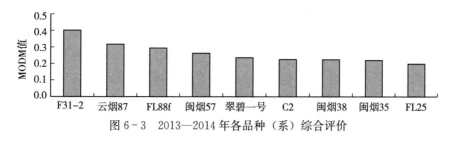

图 6-3 2013—2014 年各品种（系）综合评价

第二节 龙岩烤烟新品种（系）综合评价

目前，品种综合性状评价研究较多。孙计平等（2011，2012）、查宏波等（2012）应用 AMMI（Additive main effects and multiple locative interaction，加性主效应和乘积交互作用）模型分析了烤烟品种的稳定性和适应性，张征锋等（2015）利用 AMMI 模型分析了杂交水稻配合力，Rodrigues 等（2016）近年来对 AMMI 模型进行深入研究，提出了稳健 AMMI 模型的概念。陈志厚等（2013）、赵杰宏等（2013）、吴春等（2014）探讨了 GGE（Genotype main effect plus genotype × environment interaction）双标图在烤烟品种区域试验中的应用评价效果，许乃银等（2014）利用 GGE 双标图分析了棉花品质生态区划分方面的作用，Dehghani M R 等（2017）利用 GGE 双标图分析了伊朗牛尾草的稳定性，Dehghani H 等（2017）利用 GGE 双标图对甜瓜产量及其相关指标进行了评价，Roostaei M 等（2014）采用包括 AMMI 和 GGE 在内的 4 种方法评价了冬小麦品种的产量和稳定性，并分析了不同方法的相关性，汪洲涛等（2016）应用 AMMI 和 HA-GGE 双标图分析了甘蔗品种产量稳定性和

试点代表性，Kumar V 等（2016）、Kendal E 等（2016）、Hejazi 等（2016）均采用 AMMI 和 GGE 双标图分别对大麦、黑小麦和向日葵的不同基因型进行了评价分析，Lubadde 等（2017）采用方差分析和 GGE 双标图分析了基因型与环境互作效应对于改良珍珠粟产量和锈病抗性的影响。以上研究主要采用方差分析法、AMMI 模型和 GGE 双标图三种分析方法中一种方法或两种方法的对比应用，然而，三种方法各有优势和不足。方差分析法主要应用于品种丰产性方面的多重比较，而对于互作效应分析不足，AMMI 模型在品种的稳定性、GE 交互效应和品种相似性分析方面优势较大，而 GGE 双标图在品种的丰产性、适应性、环境评价方面表现突出（陈奕辰，2014）。目前，烤烟品种性状主要关注经济性状和品质性状两大方面多项指标，采用多目标决策（Multiple objective decision making，MODM）方法对多指标的综合评价效果较好（杨保安等，2008）。龙岩烟区已储备一批特点明显的自选或自育品种（系），如翠碧一号、FL88f、闽烟 35、C2 等清香型风格较为典型，F31-2、闽烟 38、闽烟 57 和 FL25 抗病性较强，大田表现较好。此外，品种的适应性受基因型和环境的双重影响（孙计平等，2012）。本研究基于前述 3 个试验点 9 个品种（系）（同第一节）的经济、品质性状和贡献率分析，联用方差分析、AMMI 模型和 GGE 双标图 3 种方法对不同品种（系）进行评价，以期更准确、全面地评价新品种（系），从而筛选出适宜龙岩烟区的后备新品种（系）。同时，针对产区与烟农最关心的烤烟新品种（系）的相对经济收益问题，分析了生态、品种及其互作对经济性状的贡献率，为龙岩烟区提供后备新品种（系）评价及其适宜区域布局建议。

一、经济性状综合分析

（一）基于方差分析的经济性状比较

如表 6-22 所示，FL88f 经济性状在三个试验点均为最优，长汀和上杭经济性状品种（系）间差异均达到显著水平，且上杭点 FL88f 显著优于云烟 87。多点方差分析结果表明，各品种（系）的基因型效应（$F=17.041\,4$，$P=0.000\,1$）、基因型与环境互作效应（$F=3.255\,5$，$P=0.004\,5$）极显著，环境效应（$F=2.942$，$P=0.072\,0$）不显著。基因型与环境互作效应平方和贡献率为 26.8%，基因型变异平方和贡献率为 70.2%，环境变异平方和贡献率为 3.0%。因此，经济性状主要受基因型效应影响，其次受基因型与环境互作效应影响，且两效应影响均达显著水平。多重比较结果表明，FL88f 的经济性状显著优于云烟 87；F31-2 与云烟 87 相比，差异不显著；其他品种（系）均显著差于云烟 87。

表 6-22　品种（系）经济性状 MODM 值及均值多重比较

品种（系）	试验点			品种（系）均值
	长汀	上杭	永定	
翠碧一号	0.170 3±0.002 4cd	0.108 8±0.019 9e	0.161 1±0.027 8	0.146 7±0.033 2d
C2	0.196 2±0.007 1bc	0.128 4±0.026 0de	0.209 1±0.001 6	0.177 9±0.043 4c
闽烟 35	0.178 1±0.004 1cd	0.156 2±0.028 0cd	0.207 3±0.028 6	0.180 5±0.025 7c
FL88f	0.247 7±0.018 7a	0.278 3±0.023 6a	0.240 8±0.003 2	0.255 6±0.019 9a
云烟 87	0.219 0±0.009 4ab	0.209 3±0.009 7b	0.220 2±0.007 2	0.216 1±0.006 0b
闽烟 57	0.168 7±0.002 0cd	0.147 7±0.008 4de	0.179 8±0.033 7	0.165 4±0.016 3cd
闽烟 38	0.182 2±0.008 2cd	0.194 5±0.012 9bc	0.169 1±0.001 7	0.181 9±0.012 7c
FL25	0.161 1±0.004 0d	0.210 7±0.007 6b	0.179 4±0.035 2	0.183 7±0.025 1c
F31-2	0.217 8±0.032 2ab	0.204 9±0.029 2b	0.203±0.034 6	0.208 5±0.008 0b
试验点均值	0.193 5±0.029 1	0.182 1±0.052 0	0.196 6±0.026	—

注：同列不同小写字母表示 $P<0.05$ 差异水平显著，多重比较采用 LSD 法，下同。

（二）基于 AMMI 模型的经济性状分析

由表 6-23 可知，经济性状互作主成分分解为 2 个主成分，PCA1 得分（$F=4.811\ 3$，$P=0.000\ 7$）达极显著水平，PCA2 得分（$F=0.660\ 4$，$P=0.702\ 9$）不显著，分别解释了 G×E 平方和的 90.2%、9.6%，合计解释了 99.8%的互作平方和。不同品种（系）的经济性状在各试验点的平均表现不同，结果表现与表 6-21 中一致；稳定性方面，云烟 87 最稳定，其他品种（系）稳定性从强到弱依次为闽烟 57、F31-2、闽烟 38、闽烟 35、FL88f、翠碧一号、FL25、C2；FL88f 的经济性状优于云烟 87，稳定性次于云烟 87，F31-2 经济性状和稳定性均稍次于云烟 87。环境鉴别力从高到低依次为上杭、永定、长汀。

表 6-23　各品种（系）经济性状和参试地点在互作主成分上的得分及稳定性参数

变量		经济性状平均	互作主成分		稳定性参数（Di）
			离差	PCA1	PCA2	
品种（系）	翠碧一号	0.146 7	−0.044 0	−0.115 6	0.067 9	0.134 0
	C2	0.177 9	−0.012 8	−0.166 6	−0.015 1	0.167 3

（续）

变量		经济性状平均	互作主成分			稳定性参数（D_i）
			离差	PCA1	PCA2	
品种（系）	闽烟 35	0.180 5	−0.010 2	−0.068 4	−0.096 5	0.118 3
	FL88f	0.255 6	0.064 9	0.128 2	0.022 3	0.130 1
	云烟 87	0.216 1	0.025 4	0.007 6	0.006 9	0.010 3
	闽烟 57	0.165 4	−0.025 3	−0.037 9	−0.026 7	0.046 4
	闽烟 38	0.181 9	−0.008 8	0.088 7	0.053 3	0.103 5
	FL25	0.183 8	−0.007 0	0.140 4	−0.082 5	0.162 8
	F31 - 2	0.208 6	0.017 8	0.023 7	0.070 3	0.074 2
环境	长汀	0.193 5	0.002 7	−0.105 3	0.128 0	0.165 7
	上杭	0.182 1	−0.008 6	0.246 6	−0.011 9	0.246 9
	永定	0.196 6	0.005 9	−0.141 3	−0.116 1	0.182 9

（三）基于 GGE 双标图法的经济性状分析

由图 6 - 4A 可见，GGE 双标图中多边形被划分成 4 个扇区，长汀、上杭和永定 3 个试验点全部分布在同一个扇区，位于该扇区的有 3 个品种（系），分别为 FL88f、云烟 87 和 F31 - 2。其中，FL88f 位于多边形顶角，表明该品系在所有试验点的适应性均表现最佳，云烟 87 和 F31 - 2 也具有较强的适应性。

由图 6 - 4B 可见，经济性状第一主成分和第二主成分分别解释了 G＋G×E 的 83.09％和 14.30％，双标图拟合度是 97.40％，拟合效果较好。在丰产性方面，优于全试验平均水平的品种（系）有 FL88f、云烟 87 和 F31 - 2，其中 FL88f 最靠近箭头指向，丰产性表现最好，对照品种云烟 87 位居第二，F31 - 2 稍次于云烟 87，其他品种（系）经济性状相对较差，这与表 6 - 22、表 6 - 23 各品种（系）经济性状的排序基本一致。结合品种（系）与平均环境轴之间的垂线距离可知，FL88f、云烟 87 和 F31 - 2 丰产性和稳定性均较好，其中，FL88f 表现突出；闽烟 35 丰产性中等，稳定性较好；闽烟 57 和翠碧一号丰产性较差，稳定性较好；FL25、闽烟 38 和 C2 丰产性中等，稳定性相对较差。

图 6 - 4C 中，由各试验点的环境线段长度可知，各试验点环境的鉴别力差异较小；对比各试验点环境线段和平均环境轴的夹角可知，各试验点环境代表

性强弱顺序为长汀＞永定＞上杭；同时，由与原点线段间的夹角可知，长汀和永定品种（系）的适应性相近。

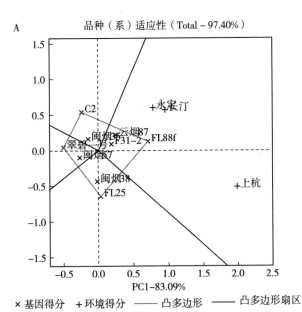

A　品种（系）适应性（Total－97.40%）

× 基因得分　　＋ 环境得分　　—— 凸多边形　　—— 凸多边形扇区

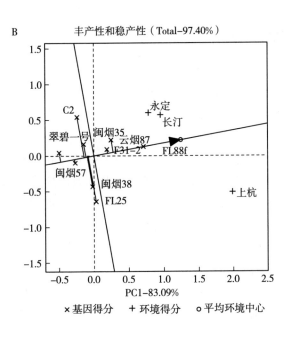

B　丰产性和稳产性（Total－97.40%）

× 基因得分　　＋ 环境得分　　○ 平均环境中心

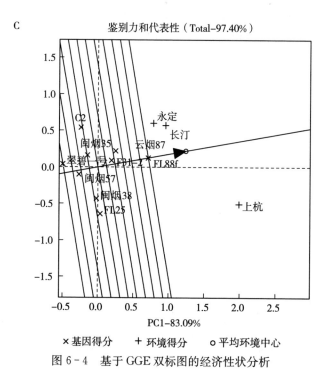

图 6-4 基于 GGE 双标图的经济性状分析

二、品质性状综合分析

（一）基于方差分析的品质性状比较

如表 6-24 所示，3 个试验点品质性状的品种（系）间差异均达到显著水平，长汀 C2、上杭闽烟 35、永定 C2 和闽烟 35 的品质性状显著优于云烟 87。多点方差分析结果表明，各品种（系）的基因型效应（$F=34.249\ 4$，$P=0$）达极显著水平，环境效应（$F=0.046\ 2$，$P=0.955$）和基因型与环境互作效应（$F=2.064\ 6$，$P=0.052\ 6$）均不显著，但互作效应接近 5％ 显著水平。基因型与环境互作效应平方和贡献率为 9.1％，基因型变异平方和贡献率为 90.9％，环境变异平方和贡献率为 0。由此可知，品质性状主要受基因型效应的影响，且基因型效应约是基因型与环境互作效应的 9 倍。多重比较结果表明，永定 C2 和闽烟 35 的品质性状显著优于云烟 87，翠碧一号、FL88f 和闽烟 57 的品质性状与云烟 87 相比，差异不显著，闽烟 38、FL25 和 F31-2 的品质性状显著差于云烟 87。

表6-24 品种（系）品质性状MODM值及均值多重比较

品种（系）	试验点			品种（系）均值
	长汀	上杭	永定	
翠碧一号	0.106 6±0.001 5cde	0.110 1±0.003 1b	0.110 4±0.001 6abc	0.109 0±0.002 1b
C2	0.114 7±0.001 2a	0.111 4±0.000 9ab	0.114 5±0.000 2a	0.113 5±0.001 8a
闽烟35	0.111 7±0.000 0ab	0.114 5±0.000 2a	0.113 8±0.000 4ab	0.113 3±0.001 5a
FL88f	0.110 5±0.000 4abc	0.109 6±0.001 2b	0.109 7±0.001 1bcd	0.109 9±0.000 5b
云烟87	0.108 2±0.002 1bcd	0.108 5±0.002 9b	0.107 7±0.001 0cd	0.108 1±0.000 4b
闽烟57	0.110 2±0.001 3abc	0.110 6±0.000 2ab	0.107 5±0.004 7cd	0.109 5±0.001 7b
闽烟38	0.101 1±0.003 0f	0.101 6±0.002 0c	0.105 9±0.001 3de	0.102 9±0.002 6c
FL25	0.102 5±0.001 0ef	0.103 6±0.002 0c	0.098 5±0.001 8f	0.101 5±0.002 7c
F31-2	0.103 7±0.004 3def	0.100 5±0.000 2c	0.102 8±0.000 8e	0.102 3±0.001 6c
试验点均值	0.107 7±0.004 6	0.107 8±0.004 8	0.107 9±0.005 1	—

（二）基于AMMI模型的品质性状分析

由表6-25可知，品质性状互作主成分分解为2个主成分，PCA1得分（$F=2.307\ 4$，$P=0.045\ 0$）达显著水平，PCA2得分（$F=1.691\ 4$，$P=0.153\ 4$）不显著，分别解释了G×E平方和的66.7%、33.3%，合计解释了100%的互作平方和。不同品种（系）品质性状在各试验点的平均表现不同，结果表现与表6-24中一致；云烟87品质性状稳定性最好，FL88f稍弱，其他品种（系）稳定性从强到弱依次为闽烟35、闽烟57、F31-2、C2、翠碧一号、闽烟38、FL25。环境鉴别力从高到低依次为永定、上杭、长汀，但差异较小。

表6-25 各品种（系）品质性状和参试地点在互作主成分上的得分及稳定性参数

变量		品质性状平均	互作主成分			稳定性参数（Di）
			离差	PCA1	PCA2	
品种（系）	翠碧一号	0.109 0	0.001 2	0.018 5	0.036 6	0.041 0
	C2	0.113 5	0.005 8	0.016 3	−0.034 6	0.038 2
	闽烟35	0.113 3	0.005 6	0.004 4	0.028 4	0.028 7
	FL88f	0.109 9	0.002 1	−0.003 7	−0.011 1	0.011 7
	云烟87	0.108 1	0.000 3	−0.008 0	0.001 1	0.008 0
	闽烟57	0.109 5	0.001 7	−0.031 6	0.000 9	0.031 6

（续）

变量		品质性状 平均	互作主成分			稳定性参数（Di）
			离差	PCA1	PCA2	
品种（系）	闽烟 38	0.102 9	−0.004 9	0.045 6	0.006 4	0.046 0
	FL25	0.101 5	−0.006 3	−0.048 5	0.006 0	0.048 9
	F31−2	0.102 3	−0.005 5	0.007 1	−0.033 6	0.034 4
环境	长汀	0.107 7	−0.000 1	−0.028 7	−0.049 9	0.057 6
	上杭	0.107 8	0.000 0	−0.035 4	0.046 5	0.058 5
	永定	0.107 9	0.000 1	0.064 1	0.003 4	0.064 2

（三）基于 GGE 双标图法的品质性状分析

如图 6−5A 所示，GGE 双标图中多边形被划分成 5 个扇区，长汀、上杭和永定 3 个试验点全部分布在同一个扇区，该扇区内有闽烟 35、FL88f、翠碧一号和 C2 共 4 个品种（系），其中 C2 和闽烟 35 位于多边形顶角，C2 适应性在所有试验点均表现最佳，闽烟 35 稍次，FL88f 和翠碧一号适应性相近，亦较好。

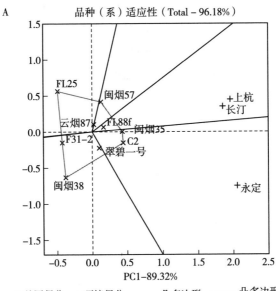

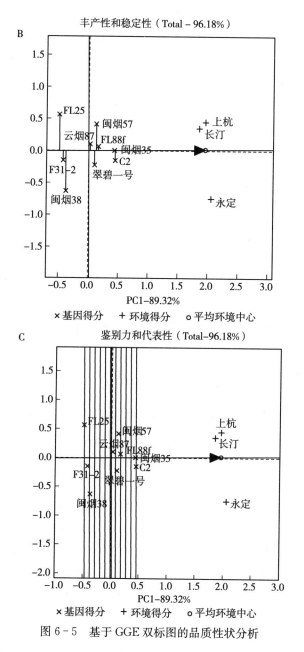

图 6-5　基于 GGE 双标图的品质性状分析

如图 6-5B 所示，品质性状第一主成分和第二主成分分别解释了 G＋G×E 的 89.32％和 6.86％，双标图拟合度是 96.18％，拟合效果极好。在丰产性方面，优于全试验平均且高于云烟 87 的品种（系）依次为闽烟 35、C2、翠碧一号和FL88f，这与表 6 - 24、表 6 - 25 各品种（系）品质性状的排序相符。C2、闽烟 35、FL88f、翠碧一号、云烟 87 品质和稳定性均较好；F31 - 2 品质较差，稳定性较好，闽烟 38 和 FL25 品质和稳定性相对较差。

如图 6 - 5C 所示，长汀、上杭和永定 3 个试验点的环境线段长度相近，表明各试验点环境鉴别力差异较小；由各试验点环境线段和平均环境轴的夹角可知，长汀试验点的环境代表性较强；同时，由与原点线段间的夹角可知，长汀和上杭品种（系）的适应性相近。

三、经济性状贡献率分析

九个品种（系）经济性状统计见表 6 - 26。

如表 6 - 27 所示，龙岩早春烟单位产值的贡献率表现为品种（系）＞生态，均价的贡献率表现为生态＞品种（系）。单位产值表现为长汀＞上杭＞永定，FL88f＞闽烟 35＞C2＞CB - 1；均价表现为长汀＞上杭＞永定，FL88f＞CB - 1＞闽烟 35＞C2。龙岩春烟单位产值和均价的贡献率中均为生态＞品种（系），说明生态对春烟经济性状的影响大于品种（系）的影响，几个龙岩春烟品种（系）生态适应性差异较小。单位产值表现为上杭＞长汀＞永定，F31 - 2＞云烟 87＞FL25＞闽烟 38＞闽烟 57；均价表现为长汀＞上杭＞永定，闽烟 38＞F31 - 2＞云烟 87＞FL25＞闽烟 57。

如表 6 - 28 所示，早春烟的区域和品种（系）间方差分析表明，仅区域间均价差异极显著，表现为长汀＞上杭＞永定，说明几个龙岩早春烟品种（系）生态适应性差异较大，烟叶等级质量表现为武夷山脉区域＞玳瑁山区域＞博平岭区域。春烟的区域和品种（系）间方差分析表明，仅区域间均价差异极显著，表现为长汀＞上杭＞永定，说明烟叶等级质量表现为武夷山脉区域＞玳瑁山区域＞博平岭区域。

品种（系）的稳定性须和丰产性、适应性相结合才有意义，评价烤烟品种（系）亦须综合考虑经济性状和品质性状。综合本节所述，FL88f 的经济性状综合表现较好，丰产性突出，稳定性较好，适应性广泛；品质性状综合表现亦较好，稍优于云烟 87，品质稳定，适应性较好，因此，FL88f 可以作为龙岩烟区的后备品系，建议审定后推广应用。单位产值和均价仅区域间存在显著或极显著差异，说明在龙岩烟区烤烟生产首要的是要关注种植区域布局，其次是要关注品种的布局。结合产区品种（系）表现，武夷山脉区域适宜种植早春烟品种（系）FL88f，玳瑁山区域适宜种植早春烟品种（系）FL88f 和春烟品种

表 6-26 九个品种（系）经济性状统计均值

品种（系）	单位产值（元/hm²）						均价（元/kg）					
	永定		上杭		长汀		永定		上杭		长汀	
	2013年	2014年	2013年	2014年	2013年	2014年	2013年	2014年	2013年	2014年	2013年	2014年
闽烟35	25 354.5	32 062.1	56 501.3	42 613.5	47 047.7	36 136.5	20.03	17.76	24.30	23.15	26.59	22.70
C2	24 904.5	44 107.2	22 660.2	39 033.6	44 984.4	42 946.5	16.06	20.45	24.60	23.30	26.28	23.20
FL88f	44 379.0	44 312.0	62 848.7	53 340.0	55 156.7	37 915.5	19.90	20.6	26.12	24.41	28.51	22.60
CB-1	25 011.0	48 674.1	15 373.5	35 718.9	47 175.6	32 634.0	18.23	21.31	22.68	23.30	26.60	23.10
闽烟38	35 494.5	33 105.3	49 009.2	45 570.9	43 212.3	33 025.5	18.46	24.01	25.24	22.9	25.61	20.80
闽烟57	41 049.0	48 682.5	37 455.0	38 822.7	30 415.7	36 291.0	19.78	20.37	16.22	22.07	24.02	22.20
F31-2	36 550.5	48 283.4	46 726.4	48 468.5	44 658.9	47 784.0	17.81	22.59	23.16	23.37	25.99	23.90
FL25	34 017.0	38 711.3	60 612.8	46 047.8	42 891.8	33 541.5	16.13	21.53	22.26	22.07	25.42	21.50
云烟87	45 558.0	40 564.2	41 629.5	47 653.4	44 102.1	50 142.0	20.40	22.46	19.84	23.57	25.46	24.10

表 6-27 生态、品种（系）对龙岩烤烟经济性状的贡献率

因素	早春烟				春烟			
	单位产值		均价		单位产值		均价	
	平方和SS	贡献率	平方和SS	贡献率	平方和SS	贡献率	平方和SS	贡献率
模型	10 775 547.24		174.49		4 927 808.80		115.13	
生态	896 775.16	8.32%	146.42	83.91%	998 865.53	20.27%	62.89	54.63%
品种（系）	3 754 640.63	34.84%	7.35	4.22%	929 682.29	18.87%	20.74	18.01%
生态×品种（系）	3 872 613.34	35.94%	3.82	2.19%	2 130 548.20	43.24%	22.56	19.60%

（系）F31-2，博平岭区域适宜种植春烟品种（系）云烟87，其次为F31-2，结果与第三章植烟生态适生性分区一致。

表6-28　均价区域间差异显著性检验（Duncan法）

	早春烟			春烟		
	永定	上杭	长汀	永定	上杭	长汀
显著性	cB	bA	aA	bB	bAB	aA

注：小写字母表示0.05显著水平比较，大写字母表示0.01显著水平比较，多重比较采用Duncan法。

第三节　闽烟312品种工业评价

根据全国烟草品种审定委员会要求和烤烟区域试验的实际工作安排，截至2017年5月，在筛选的FL88f和F31-2两个新品系中，实际完成了F31-2品系的农业评审和工业评审准备工作。受全国烟草品种审定委员会委托，取样由中国烟草总公司青州烟草研究所委托全国有关烤烟区域试验的示范点进行，对照品种为K326和云烟87。中国烟草总公司郑州烟草研究院承担2015年烟草新品种（系）生产试验烟叶样品的物理特性、化学成分检测评价工作，根据中烟叶生〔2016〕47号文"中国烟叶公司关于开展2015年全国品种试验烟叶样品外观及感官质量评价的通知"的要求，新品种（系）生产试验烟叶样品的外观质量由郑州烟草研究院组织有关烟叶分级委委员及分级高级技师进行评价，感官质量由上海烟草集团、云南、贵州、湖南、湖北、福建、安徽、江苏、河南中烟工业有限责任公司等9家工业企业进行分组暗评鉴定。

工业评价烟叶样品的示范点安排在湖南郴州、福建三明、安徽宣城、广东韶关和江西抚州。外观质量各指标权重见表6-29，化学成分各指标权重见表6-30，物理特性各指标权重见表6-31，感官质量各指标权重见表6-32，综合质量各项权重见表6-33，各单项指标分值采用指数和法计算，公式如下：

$$A = \sum B_i \times C_i \qquad (6-1)$$

式中，A是单项指标的量化分值，B_i是第i个档次的量化分值，C_i是第i

个档次烟叶所占比例。

表 6-29 外观质量各指标权重

指标	颜色	成熟度	叶片结构	身份	油分	色度
权重	0.10	0.30	0.15	0.15	0.20	0.10

表 6-30 烤烟化学成分各指标权重

指标	总植物碱	总氮	还原糖	钾	氮碱比值	糖碱比值	钾氯比值	两糖比值
权重	0.14	0.07	0.14	0.06	0.15	0.22	0.10	0.12

表 6-31 烤烟物理特性各指标权重

指标	平衡含水率	叶面密度	填充值	含梗率	单叶质量	拉力
权重	0.08	0.14	0.20	0.17	0.20	0.21

表 6-32 感官质量各指标权重

指标	香气质	香气量	杂气	刺激性	余味
权重	0.25	0.25	0.17	0.13	0.20

表 6-33 烤烟综合质量各项权重

项目	外观质量	物理特性	化学成分	感官质量
权重	0.06	0.06	0.22	0.66

一、感官质量

新品种（系）F31-2烤后烟叶样品由9家工业企业进行评价，结果见表6-34。

湖南郴州点：烟叶样品表现为浓香型，香型风格凸显程度较高，烟气浓度"中等"，劲头"中等"；香气质"中偏上"，香气量"尚足"，杂气"有"，刺激性"较小"，余味"较舒适"，工业可用性"较强"。9家工业企业中，8家建议推广种植（主、副对照分别为3家和6家）。烟叶样品的感官质量评价分值较主对照和副对照分别高8.6%和3.9%。新品种（系）F31-2在湖南郴州点的工业企业认可度较高，感官质量优于主对照K326和副对照云烟87。

福建三明点：烟叶样品表现为清香型，香型风格凸显程度较高，烟气浓度

"较浓"，劲头"中等"；香气质"中偏上"，香气量"尚足"，杂气"较轻"，刺激性"较小"，余味"较舒适"，工业可用性"较强"。9家工业企业中，6家建议推广种植（主、副对照分别为4家和3家）。烟叶样品的感官质量评价分值较主对照和副对照分别高2.9%和4.8%。新品种（系）F31-2在福建三明点的工业企业认可度较高，感官质量优于主对照K326和副对照云烟87。

安徽宣城点：烟叶样品表现为浓香型，香型风格凸显程度较高，烟气浓度"较浓"，劲头"中等"；香气质"中等"，香气量"有"，杂气和刺激性"有"，余味"尚舒适"，工业可用性"中等"。9家工业企业中，3家建议推广种植（主、副对照分别为5家和3家）。烟叶样品的感官质量评价分值较主对照低2.0%，较副对照高2.8%。新品种（系）F31-2在安徽宣城点的工业企业认可度相对较低，感官质量低于主对照K326，优于副对照云烟87。

广东韶关点：烟叶样品表现为浓香型，香型风格凸显程度较高，烟气浓度"较浓"，劲头"中等"；香气质"中偏上"，香气量"尚足"，杂气和刺激性"有"，余味"尚舒适"，工业可用性"较强"。9家工业企业中，6家建议推广种植（主、副对照均为4家）。烟叶样品的感官质量评价分值较主对照和副对照分别高4.5%和4.1%。新品种（系）F31-2在广东韶关点的工业企业认可度较高，感官质量优于主对照K326和副对照云烟87。

江西抚州点：烟叶样品表现为浓香型，香型风格凸显程度中等，烟气浓度"中等"，劲头"中等"；香气质"中等"，香气量"有"，杂气和刺激性"有"，余味"尚舒适"，工业可用性"中等"。9家工业企业中，2家建议推广种植（主、副对照分别为1家和2家）。烟叶样品的感官质量评价分值较主对照和副对照分别高2.5%和1.9%。江西抚州点新品种（系）F31-2和主、副对照品种的工业企业认可度均相对较低，新品种（系）F31-2的感官质量相对优于主对照K326和副对照云烟87。

综合5个示范点，烤烟新品种（系）F31-2在3个示范点（湖南郴州、福建三明、广东韶关）的工业企业认可度较高（超过半数企业建议推广种植），其他2个示范点较低。新品种（系）F31-2在各示范点的感官质量平均分值较主对照高3.3%，较副对照高3.5%。

二、外观质量

新品种（系）F31-2烟叶颜色多为金黄，个别属杂色范畴；烟叶成熟度多为"成熟"档次，个别"尚熟"；叶片结构多为"疏松"档次，少量"尚疏松"，个别"稍密"；烟叶身份以"中等"为主，少量"稍薄"和"稍厚"；烟叶油分多为"稍有""有"档次；烟叶色度多为"中"档次，少量"弱"。与主对照品种 K326 相比，湖南郴州点、安徽宣城点外观质量总分相对较高，福建三明点、江西抚州点相当，广东南雄点相对较低；与副对照品种云烟 87 相比，湖南郴州点、福建三明点外观质量总分相对较高，安徽宣城点相当，广东南雄点、江西抚州点相对较低。

综合 5 个示范点，新品种（系）F31-2 在 2 个示范点的外观质量分值高于主对照，2 个点与主对照相当，1 个点低于主对照；与副对照相比，2 个示范点的外观质量分值相对较高，1 个点相当，2 个点相对较低。新品种（系）F31-2 在各示范点的外观质量平均分值较主对照高 0.8%，较副对照高 0.1%。

三、物理特性

新品种（系）F31-2 在湖南郴州示范点的烟叶样品叶面密度、单叶质量、拉力适宜，吸湿性较好，填充值较高，含梗率较低。福建三明示范点的烟叶样品叶面密度偏低，拉力略小，单叶质量略低，吸湿性较好，填充值较高，含梗率较低。安徽宣城示范点的烟叶样品叶面密度适宜，拉力略大，单叶质量略小，吸湿性较好，填充值中等，含梗率较低。广东韶关示范点的烟叶样品叶面密度适宜，拉力略大，单叶质量较大，吸湿性较好，填充值较高，含梗率较低。江西抚州示范点的烟叶样品叶面密度略低，拉力和单叶质量适宜，吸湿性较好，填充值较高，含梗率中等。

综合 5 个示范点，新品种（系）F31-2 在 1 个示范点的物理特性分值高于主对照，2 个点与主对照相当，2 个点低于主对照；与副对照相比，2 个示范点物理特性分值相对较高，1 个点相当，2 个点相对较低。新品种（系）F31-2 在各示范点的物理特性平均分值较主对照低 1.7%，较副对照高 2.0%。

四、化学成分

新品种（系）F31-2 中部烟叶总植物碱含量在 1.92%～2.90%，平均 2.38%，总氮含量 1.49%～2.04%，平均 1.73%，还原糖含量 18.71%～28.20%，平均 22.71%，钾含量 2.39%～5.08%，平均 3.28%，淀粉含量 2.38%～6.82%，平均 4.64%。与主对照 K326、副对照云烟 87 相比，新品

种（系）F31-2钾含量、钾氯比值略高，其他化学成分指标与主副对照相当或介于两对照品种之间。

综合5个示范点，新品种（系）F31-2在1个示范点的化学成分协调性分值高于主对照，3个点与主对照相当，1个点低于主对照；与副对照相比，3个示范点化学成分协调性分值相对较高，2个点相当。新品种（系）F31-2在各示范点的化学成分协调性平均分值较主对照低2.9%，较副对照高6.2%。

五、综合质量

各示范点新品种（系）与对照品种的综合质量分值见表6-34。新品种（系）F31-2在2个示范点（湖南郴州、江西抚州）的综合质量分值高于主对照，2个示范点（福建三明、广东韶关）与主对照相当，1个示范点（安徽宣城）低于主对照；与副对照相比，4个示范点（湖南郴州、福建三明、安徽宣城、广东韶关）综合质量分值相对较高，1个示范点（江西抚州）相当。新品种（系）F31-2在各示范点的综合质量平均分值较主对照高1.1%，较副对照高3.9%。

经全国烟草品种审定委员会组织，2017年在杭州通过了F31-2的品种审定（审定编号：201704），中国烟草总公司2017年第1号公告公布，正式命名为闽烟312（图6-6）。

图6-6　闽烟312品种审定证书

表6-34　烤烟新品种（系）F31-2 烟叶样品质量评价结果（5个示范点）

质量指标	品种（系）	湖南郴州 分值	湖南郴州 相比对照	福建三明 分值	福建三明 相比对照	安徽宣城 分值	安徽宣城 相比对照	广东韶关 分值	广东韶关 相比对照	江西抚州 分值	江西抚州 相比对照	各示范点综合 分值	各示范点综合 相比对照
感官评吸分值	F31-2	73.5		69.8		66.1		67.5		65.2		68.4	
	主对照	67.6	主对照：+8.6%	67.8	主对照：+2.9%	67.4	主对照：-2.0%	64.6	主对照：+4.5%	63.6	主对照：+2.5%	66.2	主对照：+3.3%
	副对照	70.7	副对照：+3.9%	66.6	副对照：+4.8%	64.3	副对照：+2.8%	64.9	副对照：+4.1%	63.9	副对照：+1.9%	66.1	副对照：+3.5%
综合质量分值	F31-2	77.4		75.1		70.2		73.2		70.7		73.3	
	主对照	74.1	主对照：+4.5%	74.7	主对照：+0.4%	73.3	主对照：-4.2%	72.3	主对照：+1.4%	68.3	主对照：+3.6%	72.5	主对照：+1.1%
	副对照	73.3	副对照：+5.6%	71.7	副对照：+4.7%	67.2	副对照：+4.5%	70.7	副对照：+3.6%	69.9	副对照：+1.1%	70.6	副对照：+3.9%
工业企业是否推荐	F31-2	■是，8家企业 □否，1家企业		■是，6家企业 □否，3家企业		□是，3家企业 ■否，6家企业		■是，6家企业 □否，3家企业		□是，2家企业 ■否，7家企业		示范点计结果：■是，3个 □否，2个 总数计结果：■是，25个 □否，20个	
	主对照	□是，3家企业 ■否，6家企业		□是，4家企业 ■否，5家企业		■是，5家企业 □否，4家企业		□是，4家企业 ■否，5家企业		□是，1家企业 ■否，8家企业		示范点计结果：□是，1个 ■否，4个 总数计结果：□是，17个 ■否，28个	
	副对照	■是，6家企业 □否，3家企业		□是，3家企业 ■否，6家企业		□是，3家企业 ■否，5家企业		□是，4家企业 ■否，5家企业		□是，2家企业 ■否，7家企业		示范点计结果：□是，1个 ■否，4个 总数计结果：□是，18个 ■否，26个	

注：主对照品种为 K326，副对照品种为云烟 87。安徽宣城点副对照品种有 1 个工业企业评吸评样品被虫蛀，未进行感官评吸评。

六、闽烟312品种简介

闽烟312是福建省烟草农业科学研究所龙岩分所选育，以 MS FL－88 为母本、0601（Coker176×K358）为父本培育的烤烟品种，将外引品种与翠碧一号的优良性状和 Coker176 高抗 TMV 的抗性结合起来，2017 年通过全国烟草品种审定委员会审定通过。该品种植株筒形，打顶株高 105～115cm，茎围 9.5～10.5cm，节距 5.0～5.5cm，叶形长椭圆形，叶面稍皱，叶色绿，叶尖渐尖，茎叶角度中，主脉粗细中等。有效叶数 18～20 片，腰叶长宽 75.5cm×30.9cm（图 6-7）。大田生育期 120～130 d，田间生长整齐，生长势强，对 TMV 免疫，中抗青枯病和黑胫病，中感根结线虫病和 PVY，感赤星病和 CMV。烤后原烟颜色橘黄，油分变多，色度好，结构疏松，烟叶厚薄适中；总糖含量 29% 左右，还原糖含量 24% 左右，烟碱含量 2.4% 左右，总

图 6-7　闽烟 312 大田植株

氮含量 1.8% 左右。香气质较好，香气量足，浓度中等，劲头适中，余味舒适，风格特色较彰显。适宜在光照良好、肥力中等、排灌方便、耕作层疏松的田块种植；南部烟区 11 月下旬至 12 月上旬播种，翌年 1 月中下旬移栽；北部烟区 12 月上中旬播种，翌年 1 月下旬至 2 月上旬移栽。中等肥力田块每公顷施用纯氮 127.5kg 左右，氮磷钾比例为 1∶08∶2.5 为宜，每公顷种植 16 500 株左右，单株留叶 18～20 片。田间现蕾至 10% 中心花开放时打顶。成熟落黄一致，易烘烤，可适当延长变黄期时间，烘烤特性与云烟 87 相近，每公顷产量 2 100～2 400kg，上中等烟比例 95% 以上（详见企业标准 QB/LYYC YY.02.14—2019）。

第七章 龙岩烤烟优质特色品种（系）配套栽培技术

烟草感官质量和香气物质的组成与含量受遗传和环境的共同决定，品种遗传因素是基础，生态环境因素和栽培措施是基因表达的条件。然而，目前世界上主产烟国家的烟草育种基本是在美国早期育成品种的基础上发展起来的，由于烟草育种使用的主体亲本日益集中，导致育成品种的遗传背景狭窄（刘建丰等，2007）。第五章分析表明，栽培调制技术对经济性状、特征香气成分和感官质量的影响贡献率分别为 51.70％、42.89％和 22.20％。此外，龙岩烟区区域间生态差异有限。这些生产实际情况进一步放大了栽培措施对烤烟优质特色的可调控影响效应。栽培技术包含移栽期优化、养分运筹、个体发育质量控制、成熟采收等多方面，本章针对前述筛选出的闽烟 312 和 FL88f 优质特色品种（系），根据龙岩烟区实际，进行适宜移栽期技术、养分运筹模式、个体发育质量控制和适宜成熟采收技术等关键技术参数研究，配套闽烟 312 和 FL88f 优质特色栽培技术，为龙岩优质特色烟叶开发和烟区可持续发展提供理论依据和技术支撑。

第一节 闽烟 312 优质特色烟叶配套栽培技术

一、闽烟 312 适宜移栽期技术研究

龙岩烟区独特的生态条件生长出优质清香型龙岩烤烟，合理的气候资源配置对龙岩烤烟优质特色的彰显具有重要意义，而移栽期调整是烤烟优质特色形成的重要气候资源优化配置措施。前述研究阐明了龙岩烟区避开 6 月中旬常年降水峰值的重要性，探索了适度提早移栽有利于龙岩烤烟优质特色的彰显。为了明确已筛选的龙岩烤烟新品种（系）在区内不同植烟县的气候资源优化配置，采取田间调查、记载和烤后烟叶检测相结合的方法，开展了针对性的不同移栽期对比试验，为龙岩优质特色烟叶开发提供配套的适宜

移栽期技术。结合龙岩烟区西北部和东南部温度条件差异较大的实际，试验分别安排在龙岩西北部的连城县罗坊乡岗头村和东南部的漳平市双洋镇城内村。

（一）连城点

选择地势平坦、排灌方便、土质良好、土壤肥力中等且前茬为水稻的烟田。试验地土壤 pH 5.17，有机质 16.7g/kg，碱解氮 48.74mg/kg，有效磷 47.72mg/kg，速效钾 70.86mg/kg。试验设 3 个处理，每个处理各种植 1.33hm²，不设重复。各处理株行距为 0.5m×1.2m，湿润育苗，每公顷施纯氮 127.5kg，$m(N):m(P_2O_5):m(K_2O)=1:0.8:2.8$，其他栽培管理措施按龙岩市烤烟生产工作方案进行。

1. 不同处理对生育期的影响

如表 7-1 所示，随着移栽期推迟，大田生育期缩短，其中移栽至团棵期的时间明显缩短，团棵至现蕾期时间延长，成熟期时间相对更集中。大田生育期 L1 与 L2 较为一致；L2 与 CK 顶叶成熟期较为一致，均在 6 月中旬完成采收。

表 7-1　各处理生育期情况

单位：日/月

处理	移栽期	团棵期	现蕾期	脚叶成熟期	腰叶成熟期	顶叶成熟期	大田生育期(d)
L1	13/1	15/3	10/4	19/4	22/5	10/6	149
L2	23/1	13/3	14/4	30/4	28/5	19/6	148
CK	2/2	12/3	20/4	4/5	30/5	19/6	138

2. 不同处理对农艺性状的影响

如表 7-2 所示，不同处理株高、茎围、节距、叶数差距较小。叶片开面程度以对照移栽期的烟叶开片最佳；下二棚和腰叶的叶宽随着移栽期提前而变窄，与提早移栽的低温胁迫对叶片长宽极性发育的影响有关；顶叶 CK 的叶宽较宽，提前移栽的处理宽度差异不大。总的看来，移栽期的变化对于中下部叶的宽度影响较大。

表7-2 各处理农艺性状

单位：cm

处理	株高	茎围	节距	叶数	下二棚		腰叶		上二棚	
					长	宽	长	宽	长	宽
L1	88.1	9.6	3.4	18.4	63.9	29.5	68.7	21.0	53.7	14.8
L2	91.3	9.5	3.5	18.4	63.4	32.3	67.5	22.9	51.9	14.9
CK	86.9	9.6	3.4	17.8	66.1	34.3	69.3	32.4	56.0	17.3

3. 不同处理对经济性状的影响

如表7-3所示，L1处理产量虽然稍低，但上等烟比例、均价和产值均为最高，CK的上等烟比例、均价、产量、产值均为最低。

表7-3 各处理经济性状

处理	产量（kg/hm²）	产值（元/hm²）	上等烟比例（%）	均价（元/kg）
L1	2 446.4	68 143.5	78.86	27.86
L2	2 563.1	66 387.3	58.68	25.90
CK	2 436.6	53 287.1	36.24	21.87

综上所述，提前移栽对于农艺性状影响较小，主要是中下部烟叶的宽度变窄；提前移栽改善了经济性状表现，以L1（1月13日移栽）表现最佳。

（二）漳平点

选择地势平坦、排灌方便、土质良好、土壤肥力中等且前茬为水稻的烟田。试验地土壤pH 5.43，有机质23.24g/kg，碱解氮149.11mg/kg，有效磷41.75mg/kg，速效钾126.67mg/kg。试验设3个处理，每个处理各种植1.33hm²，不设重复。各处理株行距为0.5m×1.2m，湿润育苗，每公顷施纯氮127.5kg，$m(N):m(P_2O_5):m(K_2O)=1:0.8:2.8$，其他栽培管理措施按龙岩市烤烟生产工作方案进行。

1. 不同处理对生育期的影响

如表7-4所示，随着移栽期推迟，大田生育期缩短，其中移栽至团棵期的时间明显缩短，团棵至现蕾期时间延长，成熟期时间相对更集中。各处理顶叶成熟期较为一致，Z1和Z2较CK大田生育期分别延长了23d和11d。

表7-4　各处理生育期情况

单位：日/月

处理	移栽期	团棵期	现蕾期	脚叶成熟期	腰叶成熟期	顶叶成熟期	大田生育期(d)
Z1	21/1	15/3	12/4	29/4	25/5	22/6	153
Z2	2/2	12/3	20/4	11/5	30/5	22/6	141
CK	12/2	12/3	26/4	15/5	2/6	23/6	130

2. 不同处理对农艺性状的影响

如表7-5所示，不同处理株高和节距差距较小。茎围和有效叶数表现为 Z1>Z2>CK；下二棚叶面积 Z1>Z2>CK，腰叶叶面积 Z1>CK>Z2，上二棚叶面积 CK>Z1>Z2，叶片开面程度下二棚和上二棚烟叶随移栽期变化表现相反，株型随移栽期提前更趋于"塔形"。

表7-5　各处理农艺性状

处理	株高(cm)	茎围(cm)	节距(cm)	叶数	叶面积 (cm^2)		
					下二棚	腰叶	上二棚
Z1	108.45	11.52	5.00	21.00	1 510.62	1 231.29	571.79
Z2	110.83	10.27	5.02	20.33	1 411.30	1 122.02	561.77
CK	109.07	9.99	5.01	19.00	1 279.32	1 204.47	598.91

3. 不同处理对经济性状的影响

如表7-6所示，随移栽期的提前，单位产量、单位产值和均价均趋于增加，上等烟比例和 Z1 和 Z2 差异较小，均高于 CK，经济性状表现以 Z1 最好。

表7-6　各处理经济性状

处理	产量（kg/hm²）	产值（元/hm²）	上等烟比例（%）	均价（元/kg）
Z1	3 728.4	94 139.4	52.20	25.22
Z2	3 536.0	87 989.7	52.84	24.92
CK	3 095.1	73 736.3	50.26	23.82

综上所述，随移栽期的提前，生育期提前，大田生育期延长，农艺性状变好，经济性状提高，以 Z1（1 月 21 日移栽）表现最佳。

二、闽烟312养分运筹模式研究

营养元素是植物维持正常新陈代谢完成生命周期所需的化学元素。烤烟生长所必需的 16 种营养元素中，除碳、氢和氧外，均需要根据土壤养分含量状况和供肥能力通过合理养分运筹进行调节，其中氮素是影响烤烟产量和品质最重要的元素，钾素供应是获得优质烟叶的重要条件（陈江华等，2008）。结合龙岩烟区土壤普遍缺镁的客观实际，以前述已筛选的龙岩烤烟新品种（系），采取田间调查、记载和烤后烟叶检测相结合的方法，开展针对性的主要养分运筹模式研究，为龙岩优质特色烟叶开发提供最优施肥技术。试验安排在永定区湖雷乡莲塘村，土壤质地为砂壤土，光照充足，肥力中等，前作水稻。土壤肥力情况：有机质 3.86%、有效磷 30.2mg/kg、速效钾 156mg/kg、水解氮 208mg/kg。选择氮、钾、镁肥料施用量三个因素，采用 312 - D 最优饱和设计（表 7 - 7），各处理按当地基肥追肥比例施用，磷肥全部基施，按当地生产施肥方法。1 月 22 日移栽，3 次重复，每小区 150 株（其中 25 株供鲜烟叶定叶位采样），各小区采收烟叶挂牌烘烤。

表 7 - 7　312 - D 最优饱和设计试验处理

处理	施氮量（kg/hm²）	施钾量（kg/hm²）	施镁量（kg·hm²）
Y1	0 (127.5)	0 (382.5)	2 (247.5)
Y2	0 (127.5)	0 (382.5)	-2 (127.5)
Y3	-1.414 (116.9)	-1.414 (350.69)	1 (217.5)
Y4	1.414 (138.1)	-1.414 (350.69)	1 (217.5)
Y5	-1.414 (116.9)	1.414 (414.32)	1 (217.5)
Y6	1.414 (138.1)	1.414 (414.32)	1 (217.5)
Y7	2 (142.5)	0 (382.5)	-1 (157.5)
Y8	-2 (112.5)	0 (382.5)	-1 (157.5)
Y9	0 (127.5)	2 (427.5)	-1 (157.5)
Y10	0 (127.5)	-2 (337.5)	-1 (157.5)
Y11	0 (127.5)	0 (382.5)	0 (187.5)
Y12	-2 (112.5)	-2 (337.5)	-2 (127.5)

注：P_2O_5 按 102kg/hm² 固定，N 梯度 7.5kg/hm²，K_2O 梯度 22.5kg/hm²，氢氧化镁梯度 30kg/hm²，硝态氮：铵态氮＝4：6。烟草专用肥为龙岩鑫叶农资有限责任公司生产的氮：磷：钾＝10：9：21配比肥，磷酸一铵为龙岩鑫叶农资有限责任公司生产的氮：磷：钾＝9：49：0配比肥，其他为化学肥料。

（一）病害发生情况

由表7-8可以看出，各处理黑胫病未见发生，青枯病、花叶病零星发生，马铃薯Y病发病率稍高，亦在5%以下，因此，试验处理发病率极低，对于试验无影响。

表7-8　各处理病害发病率调查

单位：%

处理	花叶病	青枯病	马铃薯Y病	黑胫病
Y1	0.00	0.00	5.00	0.00
Y2	0.00	0.42	2.92	0.00
Y3	0.42	0.00	2.92	0.00
Y4	0.42	0.83	1.25	0.00
Y5	0.00	0.00	2.92	0.00
Y6	0.00	0.83	0.42	0.00
Y7	0.00	0.42	1.67	0.00
Y8	0.00	0.83	3.33	0.00
Y9	0.00	0.00	3.33	0.00
Y10	0.00	0.42	0.83	0.00
Y11	0.00	0.00	1.67	0.00
Y12	0.00	0.00	2.08	0.00

（二）中部叶植物学性状变化

由图7-1可以看出，在本试验条件下，团棵期至打顶前1d第10叶位叶长、叶宽、叶面积迅速增加，打顶至采收前，叶面积变化幅度较小；随着生长发育进程的推进，干鲜比各处理在旺长期最低，而后增大，Y5、Y6、Y12在打顶后10d又有所降低，之后再上升，呈W形发展，而其他处理呈"√"形发展；鲜重、干重从团棵期至打顶前1d增长较为迅速，大部分处理自打顶前1d至采收前鲜重有所降低，而干重有所提高。综上所述，试验处理对后期叶片定型及干鲜重有较大影响。

（三）农艺性状的变化

由表7-9可以看出，各处理自下而上叶长、叶宽减小，烟株呈塔形，留叶数较多。方差分析结果表明，茎围、叶数、下部叶长处理间无显著差异，其他指标处理间存在显著差异。多目标决策值表明，各处理MODM值在0.800~0.870，差异较小，以Y2最高，其次是Y7、Y10，Y11最低，因此，农艺性状表现相对较好的是Y2，相对较差的是Y11。

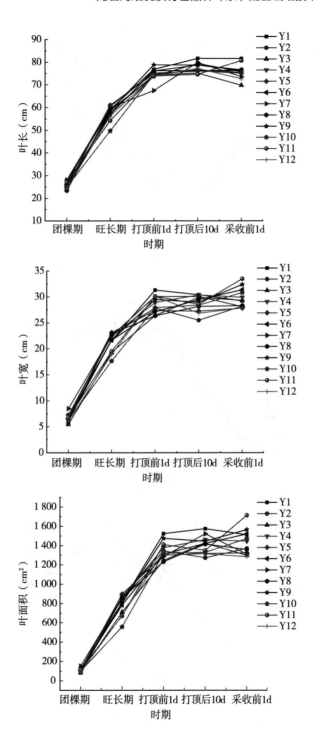

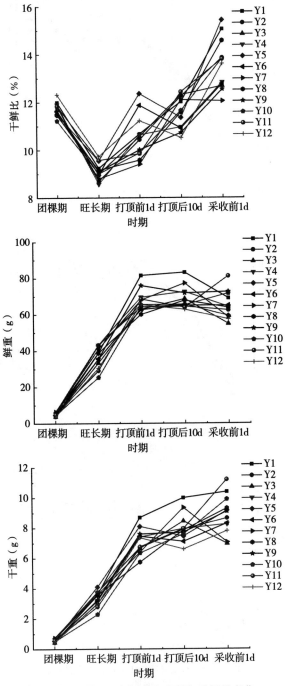

图 7-1　第 10 叶位叶片叶形和重量的变化

表7-9　各处理农艺性状

单位：cm

处理	株高	茎围	节距	叶数	下部叶		中部叶		上部叶		MODM值
					叶长	叶宽	叶长	叶宽	叶长	叶宽	
Y1	94.7±11.9b	10.5±0.4	4.2±0.5c	22.5±1.5	76.5±3.5	32.2±1.4abc	73.8±2.7bc	28.8±1.4ab	71.0±2.9abc	25.2±1.5a	0.833
Y2	106.3±9.4a	10.8±0.3	4.8±0.4a	22.3±1.4	79.0±2.4	33.5±2.5a	76.6±1.5ab	28.4±1.5ab	71.3±1.3ab	25.3±1.3a	0.863
Y3	99.1±4.2ab	10.4±0.1	4.5±0.1ab	22.1±0.5	78.0±1.8	31.9±0.9abc	75.3±2.3ab	27.4±0.6ab	68.2±0.3bcd	23.3±0.8abc	0.828
Y4	100.2±6.6ab	10.4±0.3	4.5±0.2ab	22.5±1.7	77.3±1.8	31.6±1.4abc	76.5±0.7ab	27.7±1.9ab	70.5±0.9abc	24.6±1.1abc	0.838
Y5	96.8±6.0ab	10.5±0.4	4.4±0.3ab	22.3±2.0	75.5±2.6	31.0±1.3bc	73.7±4.1bc	27.5±2.2ab	68.8±0.4abcd	24.5±0.9abc	0.823
Y6	98.6±6.8ab	10.5±0.4	4.5±0.3ab	22.1±1.6	75.3±3.5	29.9±1.3cd	72.8±3.2bc	28.3±1.7ab	69.8±1.3abc	24.8±0.3ab	0.827
Y7	99.8±4.1ab	10.8±0.6	4.5±0.1ab	22.4±1.5	78.0±1.6	32.3±1.0abc	78.5±3.3a	28.9±0.8a	72.6±3.0a	25.0±1.6a	0.853
Y8	103.3±4.7ab	10.6±0.1	4.7±0.1ab	21.9±1.4	78.3±5.1	32.2±1.4abc	76.3±2.8ab	28.0±0.9ab	69.9±1.6abc	23.5±0.6abc	0.843
Y9	97.7±6.7ab	10.6±0.4	4.4±0.2ab	22.4±1.2	75.7±3.3	32.4±2.2ab	73.7±2.4bc	26.8±0.6ab	67.2±2.7cd	23.2±1.8abc	0.821
Y10	102.5±7.6ab	10.8±0.3	4.7±0.2ab	21.7±1.1	78.4±1.9	32.9±0.7ab	75.5±1.5ab	27.8±1.7ab	70.8±2.0abc	24.4±0.9abc	0.848
Y11	96.8±4.5ab	10.6±0.5	4.3±0.3bc	22.6±1.6	74.7±2.6	30.3±1.3c	72.3±2.5c	27.4±2.6ab	65.7±4.0d	22.5±2.4c	0.809
Y12	97.7±3.1ab	10.6±0.2	4.4±0.4ab	22.4±1.9	75.7±0.6	32.4±1.2ab	73.4±1.6bc	26.3±0.9b	65.1±3.1d	22.7±0.9bc	0.815

注：同列不同小写字母表示$P<0.05$水平差异显著，下同。

（四）经济性状变化

由表 7-10 可以看出，各处理产量均未超过本产区适宜产量上限。产值、上等烟比例、上中等烟比例和均价均以 Y1 处理最高，说明增施镁肥量有利于烟叶等级和产值的提高。方差分析结果表明，处理间统计量 $P=0.073\,5$，而单项指标处理间均存在显著差异，说明处理间总的经济性状差异不显著，但各处理对经济性状各项指标的影响差异显著。

表 7-10　各处理经济性状

处理	产量 （kg/hm²）	产值 （元/hm²）	上等烟比例 （%）	上中等烟比例 （%）	均价 （元/kg）
Y1	2 577.0±207.0a	62 989.5±6 819.0a	60.8±6.0a	98.0±0.8a	24.4±0.8a
Y2	2 632.5±184.5a	617.5.5±4 153.5a	56.5±5.3a	95.4±1.0bc	23.4±0.1abc
Y3	2 374.5±60.0ab	55 195.5±1 417.5ab	52.8±8.8abc	96.2±0.5abc	23.2±0.7abcd
Y4	2 653.5±121.5a	62 595.0±3 462.0a	51.6±1.8abc	96.7±1.8abc	23.6±0.3abc
Y5	2 302.5±79.5b	51 727.5±3 045.0b	45.6±2.9bcd	95.9±2.0abc	22.5±0.6cd
Y6	2 418.0±318.0ab	57 688.5±8 724.0ab	56.3±2.0a	97.7±1.6ab	23.8±0.5ab
Y7	2 530.5±75.0ab	56 358.0±3 631.5ab	40.6±3.9d	97.1±2.1abc	22.3±0.8cd
Y8	2 461.5±199.5ab	57 651.0±3 163.5ab	52.9±9.6ab	95.3±2.4c	23.5±1.5abc
Y9	2 280.0±322.5b	52 555.0±8 716.5b	46.9±8.6bcd	96.8±0.4abc	23.0±1.0bcd
Y10	2 640.0±124.5a	60 300.0±2 731.5ab	43.5±3.5cd	96.3±0.6abc	22.8±0.6bcd
Y11	2 437.5±64.5ab	55 362.0±2 478.0ab	46.7±2.4bcd	97.6±0.5abc	22.7±0.5bcd
Y12	2 482.5±220.5ab	55 002.0±6 094.5a	43.5±3.8cd	96.4±0.7abc	22.1±0.6d

（五）外观质量变化

由表 7-11 可以看出，各处理烟叶成熟、颜色橘黄、油分有、身份稍薄、叶片结构疏松、光泽中等，处理间差异较小，其中 Y3 颜色稍淡、Y6 身份稍薄、Y7 油分稍少。

表 7-11　各处理原烟外观评价

处理	成熟度	颜色	油分	身份	叶片结构	光泽
Y1	成熟	橘黄	有	稍薄	疏松	中
Y2	成熟	橘黄	有	稍薄	疏松	中
Y3	成熟	橘黄一	有	稍薄	疏松	中
Y4	成熟	橘黄	有	稍薄	疏松	中

（续）

处理	成熟度	颜色	油分	身份	叶片结构	光泽
Y5	成熟	橘黄	有	稍薄	疏松	中
Y6	成熟	橘黄	有	稍薄＋	疏松	中
Y7	成熟	橘黄	有一	稍薄	疏松	中
Y8	成熟	橘黄	有	稍薄	疏松	中
Y9	成熟	橘黄	有	稍薄	疏松	中
Y10	成熟	橘黄	有	稍薄	疏松	中
Y11	成熟	橘黄	有	稍薄	疏松	中
Y12	成熟	橘黄	有	稍薄	疏松	中

（六）内在化学成分变化

各处理烟叶化学成分见表 7-12。

表 7-12　各处理烟叶化学成分

单位：%

处理	部位	还原糖	总糖	烟碱	总氮	K_2O	淀粉
Y1	中部叶	27.1±3.8ab	29.4±4.2	1.40±0.13ab	1.39±0.10c	4.12±0.49	5.90±0.44f
Y2	中部叶	27.2±1.8ab	28.7±1.2	1.60±0.31ab	1.49±0.04ab	4.13±0.48	7.10±1.23ef
Y3	中部叶	28.3±2.5a	30.4±2.4	1.25±0.16b	1.44±0.01bc	4.06±0.07	7.73±0.81de
Y4	中部叶	23.1±3.1b	24.9±3.3	1.64±0.24ab	1.66±0.11a	4.33±0.53	8.63±0.70bcd
Y5	中部叶	27.0±2.8ab	28.6±3.0	1.23±0.16b	1.49±0.12ab	4.20±0.34	8.53±0.91cd
Y6	中部叶	27.5±2.8ab	29.5±2.7	1.38±0.32ab	1.52±0.13ab	4.12±0.16	8.33±0.15cde
Y7	中部叶	24.1±4.5ab	26.3±5.4	1.72±0.41a	1.58±0.23ab	4.08±0.13	7.87±1.33de
Y8	中部叶	27.2±2.9ab	29.1±3.1	1.28±0.12ab	1.40±0.13bc	4.21±0.32	10.00±0.20ab
Y9	中部叶	26.6±4.3ab	28.4±4.7	1.34±0.34ab	1.42±0.18bc	4.21±0.48	8.90±0.72abcd
Y10	中部叶	25.2±1.2ab	26.6±1.0	1.41±0.30ab	1.45±0.07ab	4.50±0.36	10.27±1.25a
Y11	中部叶	25.9±3.3ab	27.8±3.4	1.56±0.32ab	1.61±0.14ab	4.35±0.33	9.30±0.95abc
Y12	中部叶	28.4±2.1a	29.9±2.7	1.39±0.24ab	1.41±0.13bc	4.29±0.18	10.00±0.26ab
Y1	上部叶	27.3±0.6a	28.7±0.6a	2.04±0.21b	1.53±0.05bc	2.67±0.03bc	11.93±0.95a
Y2	上部叶	27.2±1.2a	28.0±0.9a	2.17±0.12b	1.55±0.05bc	2.77±0.15ab	10.27±1.12ab
Y3	上部叶	28.0±1.9a	28.7±2.0a	2.03±0.15b	1.50±0.13bc	2.74±0.07ab	10.97±1.24a
Y4	上部叶	26.6±0.4a	28.0±0.7a	2.23±0.13b	1.52±0.07bc	2.60±0.10bc	10.07±0.40ab

（续）

处理	部位	还原糖	总糖	烟碱	总氮	K₂O	淀粉
Y5	上部叶	26.9±1.6a	27.9±1.6a	1.91±0.20b	1.45±0.09bc	2.67±0.12bc	7.30±1.93cd
Y6	上部叶	26.1±1.3a	27.0±1.4a	2.06±0.05b	1.50±0.13bc	2.56±0.07bc	10.53±0.42a
Y7	上部叶	22.6±2.7b	23.7±2.8b	2.73±0.35a	1.90±0.14a	2.89±0.22a	9.63±1.93abc
Y8	上部叶	26.2±2.3a	27.3±2.8a	2.07±0.31b	1.66±0.19b	2.68±0.13abc	9.70±0.36abc
Y9	上部叶	27.1±3.1a	28.5±3.2a	2.04±0.49b	1.58±0.33bc	2.72±0.14abc	7.80±1.21bcd
Y10	上部叶	26.8±2.4a	27.9±2.5a	2.14±0.16b	1.58±0.11bc	2.64±0.13bc	6.40±0.35d
Y11	上部叶	28.0±0.6a	28.9±0.7a	1.82±0.06b	1.37±0.06c	2.47±0.06c	6.40±0.92d
Y12	上部叶	27.7±1.5a	28.8±1.4a	2.01±0.15b	1.50±0.06bc	2.67±0.20bc	7.53±3.44bcd

由表 7-12 可以看出，还原糖和总糖含量较高，中部和上部烟叶还原糖含量平均 26.5％和 26.7％，总糖含量平均 28.3％和 27.8％；烟碱含量较低，总氮含量适宜，中部和上部烟叶烟碱含量平均 1.4％和 2.1％，总氮含量平均为1.5％和 1.6％；钾含量均较高；淀粉含量均偏高，超过 5％。方差分析结果表明，中部烟叶的还原糖、烟碱、总氮和淀粉含量处理间差异显著，总糖和 K₂O 含量处理间无显著差异；上部烟叶各项指标处理间均差异显著。上部烟叶的 Y7 处理烟碱、总氮、K₂O 含量最高，还原糖和总糖含量最低，Y11 处理表现与 Y7 处理相反，可见上部烟叶碳氮代谢产物变化规律性较强，受田间微生态的扰动较小。

（七）感官质量变化

由表 7-13 可以看出，中部烟叶劲头"适中"，浓度"中等"，香型 Y3、Y5、Y10、Y11 为中偏清，其他处理为中间香；质量档次"中等"～"较好－"，Y5 为"较好－"，Y1、Y3、Y6、Y10、Y11 为"中等＋"，其他处理为"中等"。香型和质量档次结合分析，中偏清香型的处理质量档次"中等＋"～"较好－"，评吸得分均在 74 分以上，以 Y5 处理表现最好。上部烟叶劲头"适中"，浓度"中等"，香型 Y2～Y6、Y8 为清偏中，Y1、Y7、Y10 为中偏清，其余处理为中间香；质量档次"中等＋"～"较好－"，Y2～Y5、Y8、Y10 为"较好－"，其他处理为"中等＋"。香型和质量档次结合分析，香型清或偏清的处理质量档次较高。从中上部烟叶评吸质量综合来看，Y5 表现较好，其中上部烟叶质量档次均处于"较好－"水平，清香特色也较为突出，其中上部叶评吸质量优于中部叶。

表 7 - 13　各处理原烟感官评吸质量

处理	部位	香型	劲头	浓度	香气质 15	香气量 20	余味 25	杂气 18	刺激性 12	燃烧性 5	灰色 5	得分 100	质量档次
Y1	中部叶	中间	适中	中等	11.00	16.00	18.90	12.90	8.60	3.00	2.90	73.3	中等+
Y2	中部叶	中间	适中	中等	11.00	15.80	18.90	12.80	8.40	3.00	2.90	72.8	中等
Y3	中部叶	中偏清	适中	中等	11.20	15.90	19.50	13.30	8.70	3.00	2.90	74.5	中等+
Y4	中部叶	中间	适中	中等	10.90	15.70	19.00	12.80	8.60	3.00	2.90	72.9	中等+
Y5	中部叶	中偏清	适中	中等	11.50	16.00	19.60	13.20	8.80	3.00	2.90	75.0	较好−
Y6	中部叶	中间	适中	中等	11.10	15.90	19.10	12.90	8.90	3.00	2.90	73.8	中等+
Y7	中部叶	中间	适中	中等+	10.70	15.70	18.30	12.50	8.50	3.00	2.90	71.6	中等
Y8	中部叶	中间	适中	中等	10.90	15.90	18.70	12.70	8.70	3.00	2.90	72.8	中等
Y9	中部叶	中间	适中	中等	10.80	15.60	18.60	12.50	8.60	3.00	2.90	72.0	中等
Y10	中部叶	中偏清	适中	中等	11.20	16.10	19.00	13.10	8.80	3.00	2.90	74.1	中等+
Y11	中部叶	中偏清	适中	中等	11.30	16.20	19.30	13.10	8.80	3.00	2.90	74.6	中等+
Y12	中部叶	中间	适中+	中等	10.90	15.70	18.70	12.70	8.50	3.00	2.90	72.4	中等
Y1	上部叶	中偏清	适中	中等	11.25	15.88	19.00	13.13	8.88	3.00	3.00	74.1	中等+
Y2	上部叶	清偏中	适中	中等	11.75	16.38	20.00	13.75	9.00	3.00	3.00	76.9	较好−
Y3	上部叶	清偏中	适中	中等	11.50	16.13	19.38	13.38	8.88	3.00	3.00	75.3	较好−
Y4	上部叶	清偏中	适中	中等	11.50	16.38	19.50	13.38	9.00	3.00	3.00	75.8	较好−
Y5	上部叶	清偏中	适中	中等	11.63	16.38	19.50	13.75	9.00	3.00	3.00	76.3	较好−
Y6	上部叶	清偏中	适中	中等	11.25	16.13	19.25	13.25	8.88	3.00	3.00	74.8	中等+
Y7	上部叶	中偏清	适中	中等	11.63	16.00	19.00	12.88	8.75	3.00	3.00	73.8	中等+
Y8	上部叶	清偏中	适中	中等	11.63	16.25	19.50	13.38	8.75	3.00	3.00	75.8	较好−
Y9	上部叶	中间	适中+	中等	11.00	15.88	18.88	13.00	8.75	3.00	3.00	73.5	中等+
Y10	上部叶	中偏清	适中	中等	11.63	16.25	19.38	13.50	9.00	3.00	3.00	75.8	较好−
Y11	上部叶	中间	适中	中等	11.38	16.00	19.25	13.38	8.88	3.00	3.00	74.9	中等+
Y12	上部叶	中间	适中	中等	11.13	15.88	18.75	12.88	8.75	3.00	3.00	73.4	中等+

（八）基于品质最优的烟株特征分析

烟叶质量通常以中部叶作为整株表现的代表。如表 7-14 所示，中部叶烟叶质量评吸得分与试验处理因素的标准回归分析表明，模型未达显著，但结果具有参考意义。中部叶的回归模型中，施氮量贡献率为 31.6%，施钾量贡献率为 19.2%，施镁量贡献率为 49.3%；最优稳定点为模型最大值，最优评吸得分 75.0 分。拟合的处理为：施氮量为 121.5kg/hm²，施钾量为 412.5kg/hm²，施镁量为 225.0kg/hm²。将中部叶评吸最优值 75.0 分对应的氮、钾、镁用量代入上部叶评吸得分回归模型，拟合的上部叶评吸得分为 75.7 分，质量档次处于"较好一"。中部叶烟叶质量评吸得分与农艺性状、经济性状和化学成分回归分析表明，最优评吸得分 75.0 分拟合的农艺性状指标为：株高 100.0cm、茎围 10.6cm、节距 4.5cm、叶数 22.2、下部叶长 77.1cm、下部叶宽 31.5cm、中部叶长 75.3cm、中部叶宽 27.5cm、上部叶长 69.1cm、上部叶宽 23.9cm；经济性状为：产量 2 467.5kg/hm²、产值 57 304.5 元/hm²、上等烟比例 50.7%、中上等烟比例 96.7%、均价 23.3 元/kg；中部叶化学成分含量为：还原糖 25.61%、总糖 27.85%、烟碱 1.47%、总氮 1.53%、钾 4.28%；上部叶化学成分含量为：还原糖含量为 25.30%、总糖含量为 26.26%、烟碱含量为 2.27%、总氮含量为 1.64%、钾含量为 2.68%。

表 7-14　基于感官质量的响应面回归模型

指标	回归模型
处理	中部叶评吸得分 $=74.697-0.390\times N-0.131\times K_2O+0.427\times Mg-0.346\times N\times N+0.034\times N\times K_2O-0.134\times K_2O\times K_2O-0.114\times N\times Mg+0.370\times K_2O\times Mg-0.416\times Mg\times Mg$ $(R^2=0.891\ 1,\ P=0.404\ 9)$ 上部叶评吸得分 $=-122.623+23.722\times N+8.267\times K_2O-0.566\times Mg-0.631\times N\times N-0.535\times N\times K_2O-0.087\times K_2O\times K_2O+0.010\times N\times Mg+0.045\times K_2O\times Mg-0.029\times Mg\times Mg$ $(R^2=0.463\ 0,\ P=0.968\ 7)$
农艺性状	中部叶评吸得分 $=1\ 326.036-26.912\times$株高$+8.382\times$茎围$+3.667\times$节距$+0.952\times$叶数$+2.870\times$下部叶长$-3.568\times$下部叶宽$-0.536\times$中部叶长$-4.456\times$中部叶宽$+1.019\times$上部叶长$-0.301\times$上部叶宽$+0.130\times$株高$\times$株高 $(R^2=1)$
经济性状	中部叶评吸得分 $=-2\ 930.085-1.822\times$产量$-0.100\times$产值$+4\ 208\ 166.000\times$上等烟比例$+4\ 208\ 166.000\times$中等烟比例$-4\ 208\ 166.000\times$上中等烟比例$+20.640\times$均价$+0.003\times$产量$\times$产量$+0.001\times$产量$\times$上等烟比例 $(R^2=1)$

（续）

指标	回归模型
化学成分	中部叶评吸得分＝－283.386＋28.423×还原糖－8.175×总糖＋77.240×烟碱＋24.013×总氮＋2.404×K_2O＋0.050×淀粉＋11.926×还原糖×还原糖－23.915×还原糖×总糖＋11.690×总糖×总糖＋11.916×还原糖×烟碱－14.242×总糖×烟碱（R^2＝1，注：中部叶化学成分） 中部叶评吸得分＝1 924.689－2 439.919×还原糖＋2 252.492×总糖－255.122×烟碱－53.353×总氮－48.967×K_2O＋0.213×淀粉＋28.328×还原糖×还原糖＋5.169×还原糖×总糖－29.914×总糖×总糖＋358.952×还原糖×烟碱－335.982×总糖×烟碱（R^2＝1，注：上部叶化学成分）

三、闽烟312个体发育质量控制技术研究

烟株个体发育质量控制是协调生态、养分供应与烟株商品器官品质形成的基础，因而是烤烟优质特色进一步彰显的关键。结合已筛选的龙岩烤烟新品种（系），采取田间调查、记载和烤后烟叶检测相结合的方法，系统研究龙岩烤烟质量特色形成的农学参数及产、质量响应，构建彰显龙岩烤烟优质特色的个体发育质量控制技术。试验安排在永定区湖雷乡莲塘村，土壤质地为砂壤土，光照充足，肥力中等，前作水稻。土壤肥力情况：有机质3.86%、有效磷30.2mg/kg、速效钾156mg/kg、水解氮208mg/kg。选择施氮量、硝态氮铵态氮比例（硝铵比）、基肥追肥比例（基追比）和留叶数四个因素，采用U_8（8^5）均匀设计（表7-15），1月21日移栽，3次重复，每小区150株（其中25株供鲜烟叶定叶位采样），每处理共450株，各小区采收烟叶挂牌烘烤。

表7-15　均匀设计试验处理

处理	施氮量 （kg/hm^2）	硝铵比 （NO_3^--N∶NH_4^+-N）	基追比	留叶数
T1	1（67.5）	2（2.5∶7.5）	4（6∶4）	4（19）
T2	2（82.5）	4（4.5∶5.5）	8（10∶0）	3（18）
T3	3（97.5）	6（6.5∶3.5）	3（5∶5）	2（17）
T4	4（112.5）	8（8.5∶1.5）	7（9∶1）	1（16）
T5	5（127.5）	1（1.5∶8.5）	2（4∶6）	4（19）
T6	6（142.5）	3（3.5∶6.5）	6（8∶2）	3（18）

（续）

处理	施氮量 (kg/hm²)	硝铵比 (NO₃⁻-N：NH₄⁺-N)	基追比	留叶数
T7	7 (157.5)	5 (5.5：4.5)	1 (3：7)	2 (17)
T8	8 (172.5)	7 (7.5：2.5)	5 (7：3)	1 (16)

注：使用肥料：龙岩鑫叶农资有限责任公司烟草专用肥（氮：磷：钾＝10：9：21，含硝态氮）和硝酸磷肥（硝态氮：铵态氮：P₂O₅＝11.7：14.3：11）、硫酸铵（铵态氮21%）、硝酸钾（硝态氮13.50%，K₂O为46%）、硫酸钾（K₂O为50%）、钙镁磷肥（P₂O₅为12%）。（P₂O₅为102kg/hm²、K₂O为382.5kg/hm²，用量固定，同常规生产用量）

（一）病害发生情况

如表7-16所示，各处理花叶病和黑胫病未见发生，青枯病零星发生，发病率极低，对于试验无影响。

表7-16　各处理病害调查

单位：%

处理	调查株数	花叶病		青枯病		黑胫病	
		发病株数	发病率	发病株数	发病率	发病株数	发病率
T1	270	0	0	1	0.37	0	0
T2	270	0	0	1	0.37	0	0
T3	270	0	0	2	0.74	0	0
T4	270	0	0	0	0.00	0	0
T5	270	0	0	0	0.00	0	0
T6	270	0	0	1	0.37	0	0
T7	270	0	0	0	0.00	0	0
T8	270	0	0	2	0.74	0	0

（二）中部叶植物学性状变化

如图7-2所示，在本试验条件下，团棵期至采收前1d此段时间内，随着生长发育进程的推进，中部叶自下而上第10片叶叶长处理T1、T6、T7、T8在打顶后10d达到最大值，而其他处理在成熟采收前1d达到最大值；叶宽处理T1、T2在打顶前1d达到最大值，其他处理在成熟采收前1d达到最大值；叶面积处理T1在打顶前1d达到最大值，T6在打顶后10d达到最大值，而其他处理在成熟采收前1d达到最大值；鲜重处理T1、T6、T7、T8在打顶后10d达到最大值，其他处理在成熟采收前1d达到最大值；干重处理T1在打顶后10d达到最大值，其他处理在成熟采收前1d达到最大值；干鲜比各处理在旺长期最低，而后增大，T4、T5、T7 在打顶后 10d 又有所降低，之后再上升，呈 W 形发展，而其他处理呈"√"形发展。综上所述，施氮量、氮肥形态、基追比和留叶数四个因素互作对于叶片前中期生长发育进程没有影响，但对后期叶片定型及干鲜重有较大影响。

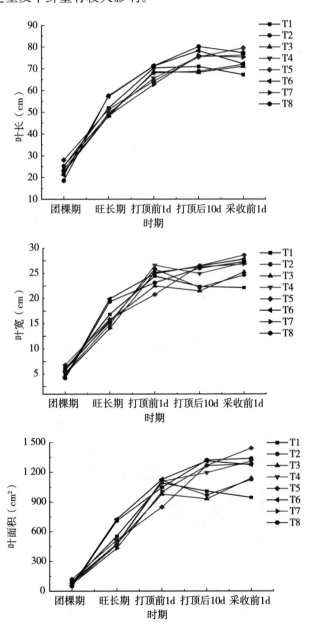

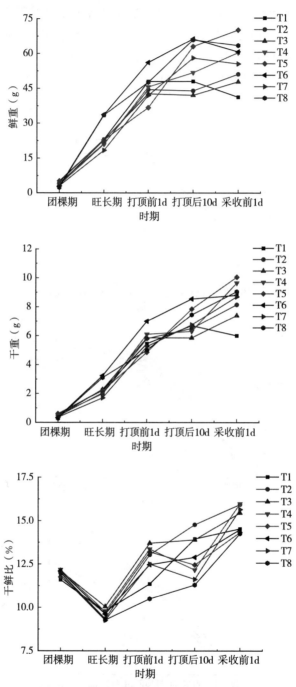

图 7-2　第 10 叶位叶片叶形和重量的变化

（三）农艺性状的变化

各处理农艺性状见表 7 - 17。

表 7 - 17　各处理农艺性状

单位：cm

处理	株高	茎围	节距	下部叶长	下部叶宽	中部叶长	中部叶宽	上部叶长	上部叶宽
T1	80.7± 2.1ab	9.5± 0.3b	4.2± 0.1b	69.3± 4.6	27.5± 2.4	66.2± 2.5c	23.8± 1.1b	62.6± 0.4c	21.7± 0.5b
T2	79.0± 2.6ab	9.9± 0.6ab	4.4± 0.1b	71.4± 4.6	28.5± 2.4	71.1± 3.4ab	26.6± 1.0a	69.1± 2.4ab	24.8± 2.4a
T3	77.7± 3.2ab	9.9± 0.6ab	4.6± 0.2ab	70.0± 4.2	28.0± 0.6	70.1± 3.7bc	27.3± 0.5a	67.9± 1.5ab	24.2± 1.2a
T4	79.2± 5.0ab	10.0± 0.3ab	5.0± 0.3a	73.5± 2.4	30.0± 2.7	73.3± 1.6ab	27.9± 0.8a	67.0± 2.5b	24.3± 1.9a
T5	85.1± 3.5a	9.9± 0.1ab	4.5± 0.2b	73.5± 1.6	30.2± 1.0	71.9± 0.9ab	27.7± 2.0a	68.8± 1.8ab	24.6± 1.0a
T6	82.3± 8.4ab	10.3± 0.1a	4.6± 0.5ab	73.5± 1.6	30.0± 1.5	74.8± 2.0a	27.8± 0.9a	70.6± 3.2ab	24.9± 0.9a
T7	76.8± 4.2b	9.9± 0.3ab	4.5± 0.2b	73.0± 4.2	28.5± 2.7	74.0± 2.7a	28.3± 0.8a	70.6± 2.2ab	24.9± 1.1a
T8	78.7± 3.6ab	10.1± 0.4ab	4.9± 0.2a	73.5± 1.2	29.8± 2.0	73.8± 3.2a	27.5± 0.6a	71.8± 3.6a	25.1± 0.8a

注：同列不同小写字母表示 $P<0.05$ 水平差异显著，下同。

由表 7 - 17 可以看出，茎围、节距、不同部位的叶长和叶宽均以 T1 处理最小，上部叶的长与宽均以 T8 处理最大。相对低施氮量的前四个处理，随着施氮量、硝态氮比例提高和留叶数减少，株高先下降后上升，茎围变粗，节距变长，中部叶面积增大；相对高施氮量的后四个处理，随着施氮量、硝态氮比例提高和留叶数减少，株高先下降后上升，上部叶面积增大；相同留叶数条件下，高施氮量处理中上部叶面积大于低施氮量处理。方差分析表明，下部叶长、下部叶宽处理间无显著差异，其他农艺性状处理间存在显著差异，其中上部叶的叶长和叶宽处理间最大差异在 T1 和 T8 之间。

（四）经济性状变化

如表 7 - 18 所示，各处理产量均未超过本产区产量上限。T4 处理的单位产值、上等烟比例、上中等烟比例和均价均为最高，T2 处理的单位产量和产值均最低，T5 处理的上等烟比例和均价均最低。相对低施氮量的四个处理与相对高施氮量的四个处理在相同留叶数水平上综合比较，虽然产值、产量较低，但上等烟比例和均价较高，上中等烟比例稍高。方差分析结果表明，单位产量和产值处理间无显著差异，等级结构和均价处理间存在显著差异，其中上等烟比例和均价处理间最大差异在 T4 和 T5 之间。

表 7-18　各处理经济性状

处理	产量 （kg/hm²）	产值 （元/hm²）	上等烟比例 （%）	上中等烟比例 （%）	均价 （元/kg）
T1	2 052.0±252.0	47 751.0±9 072.0	56.4±10.4ab	95.6±0.9ab	23.1±1.7ab
T2	2 049.0±243.0	46 902.0±6 652.5	52.3±4.7ab	94.2±1.2ab	22.9±0.5b
T3	2 058.0±103.5	47 773.5±2 770.5	54.1±13.4ab	95.7±1.5ab	23.2±1.2ab
T4	2 182.5±228.0	54 714.0±5 772.0	64.1±5.6a	97.6±1.0a	25.1±0.4a
T5	2 350.5±114.0	50 935.5±5 067.0	39.1±7.4b	94.9±3.3ab	21.6±1.1b
T6	2 323.5±294.0	52 900.5±8 785.5	49.2±13.1ab	92.2±4.0b	22.7±1.4b
T7	2 244.0±102.0	50 454.0±5 878.5	42.4±15.8b	96.1±3.1ab	22.4±1.6b
T8	2 328.0±261.0	54 306.0±7 615.5	47.6±10.5ab	96.6±3.1a	23.3±1.2ab

（五）外观质量变化

如表 7-19 所示，各处理烟叶成熟、油分有、叶片结构疏松；颜色以橘黄为主，仅 T1 为柠檬黄；光泽以中为主，仅 T8 为强；身份以稍薄为主，T4 为稍薄＋，T8 中等。总的来说，各处理外观质量差异较小，T8 在光泽和身份方面表现较好。

表 7-19　各处理原烟外观评价

处理	成熟度	颜色	油分	身份	叶片结构	光泽
T1	成熟	柠檬黄	有	稍薄	疏松	中
T2	成熟	橘黄	有	稍薄	疏松	中
T3	成熟	橘黄	有	稍薄	疏松	中
T4	成熟	橘黄	有	稍薄＋	疏松	中
T5	成熟	橘黄	有	稍薄	疏松	中
T6	成熟	橘黄	有	稍薄	疏松	中
T7	成熟	橘黄	有	稍薄	疏松	中
T8	成熟	橘黄	有	中等	疏松	强

（六）内在化学成分变化

如表 7-20 所示，钾含量较高；淀粉含量普遍偏高（＞5％），中部叶平均含量 7.1％，上部叶平均含量 10.5％，可能与淀粉调制降解不充分有关；其他指标均未超出优质烟相应指标的适宜区间上限。中部和上部叶中还原糖和总糖含量均以 T8 处理最低，烟碱、总氮含量以 T7 处理最高、T1 处理最低，淀粉含量以 T1 处理最高。总糖和还原糖含量在中部和上部叶中均表现为随施氮量增加而下降趋势，而烟碱和总氮含量表现为随施氮量增加而增加趋势。方差分析表明，仅上部叶钾含量处理间无显著差异，其他指标处理间均有显著差异，最大差异主要表现在 T1、T2 处理与 T7、T8 处理之间。

表 7-20 各处理烟叶化学成分

单位：%

处理	部位	还原糖	总糖	烟碱	总氮	K_2O	淀粉
T1	中部叶	29.8±1.6a	31.2±1.9ab	1.19±0.41c	1.20±0.10c	2.80±1.56b	9.20±3.24a
T2	中部叶	29.8±1.2a	32.0±1.5a	1.39±0.26c	1.24±0.11c	3.73±0.29ab	8.30±1.11ab
T3	中部叶	27.5±1.5a	30.5±1.3ab	1.64±0.47bc	1.39±0.14bc	4.10±0.31a	7.10±1.73abc
T4	中部叶	24.6±2.5b	28.4±3.7a	1.70±0.46bc	1.45±0.28bc	4.10±0.20a	5.53±0.67c
T5	中部叶	25.0±2.2ab	27.0±2.1a	2.01±0.20ab	1.57±0.03ab	4.54±0.33a	5.07±0.55c
T6	中部叶	24.7±0.7b	26.3±1.2bc	2.25±0.20ab	1.66±0.09ab	4.12±0.18a	6.93±1.70abc
T7	中部叶	22.9±3.6b	24.0±3.6c	2.35±0.32a	1.86±0.29a	4.44±0.20a	5.90±0.66bc
T8	中部叶	22.3±5.8b	23.7±6.2c	2.14±0.38ab	1.79±0.21a	4.38±0.39a	8.80±0.75a
T1	上部叶	30.2±1.8a	31.1±2.0a	1.41±0.55d	1.29±0.13c	3.18±0.60	13.97±1.62a
T2	上部叶	28.4±1.7a	29.6±1.9a	1.93±0.44cd	1.30±0.16c	2.75±0.02	12.73±2.21ab
T3	上部叶	27.2±2.3a	27.9±2.4a	2.23±0.37c	1.47±0.14c	2.85±0.02	9.63±0.70d
T4	上部叶	26.0±2.5ab	26.8±2.5ab	2.29±0.51bc	1.49±0.22bc	2.86±0.07	10.10±1.05cd
T5	上部叶	26.4±1.1ab	27.2±1.0ab	2.50±0.17abc	1.59±0.02abc	2.95±0.16	12.07±1.81abc
T6	上部叶	22.4±3.0bc	23.2±3.1bc	3.06±0.32ab	1.77±0.10ab	3.07±0.25	10.40±0.70bcd
T7	上部叶	22.6±2.1bc	23.4±2.3bc	3.07±0.32a	1.78±0.17a	3.18±0.28	8.30±1.41d
T8	上部叶	20.7±4.0c	21.3±4.2c	2.99±0.63ab	1.78±0.25a	3.07±0.13	6.73±0.45e

（七）感官质量变化

各处理原烟感官评吸质量见表 7-21。

表7-21　各处理原烟感官评吸质量

处理	部位	香型	劲头	浓度	香气质 15	香气量 20	余味 25	杂气 18	刺激性 12	燃烧性 5	灰色 5	得分 100	质量档次
T1	中部叶	中偏清	适中	中等	11.4	16.2	19.7	13.1	8.9	3	2.9	75.2	较好一
T2	中部叶	中偏清	适中	中等	11.1	16.0	19.3	13.0	8.7	3	2.9	74.0	中等+
T3	中部叶	清偏中	适中	中等	11.3	16.1	19.7	13.1	8.9	3	2.9	75.0	较好一
T4	中部叶	清偏中	适中	中等	11.6	16.2	20.2	13.5	8.9	3	2.9	76.3	较好一
T5	中部叶	清偏中	适中	中等	11.5	16.2	19.6	13.3	8.9	3	2.9	75.4	较好一
T6	中部叶	中间	适中	中等	11.0	16.1	18.9	13.0	8.6	3	2.9	73.5	中等+
T7	中部叶	中间	适中+	中等+	10.7	15.9	18.7	12.5	8.5	3	2.9	72.2	中等
T8	中部叶	中偏清	适中	中等	11.3	16.1	19.5	13.2	8.7	3	2.9	74.7	中等+
T1	上部叶	中偏清	适中	中等+	10.9	16.0	18.9	12.8	8.4	3	2.9	72.9	中等
T2	上部叶	清偏中	适中+	中等+	11.1	16.1	19.0	13.0	8.6	3	2.9	73.7	中等+
T3	上部叶	清偏中	适中+	中等+	11.4	16.3	19.6	13.3	8.7	3	2.9	75.2	较好一
T4	上部叶	清偏中	适中+	中等+	11.4	16.2	19.3	13.0	8.7	3	2.9	74.5	中等+
T5	上部叶	中偏清	适中	中等+	11.0	16.1	19.2	12.9	8.5	3	2.9	73.6	中等+
T6	上部叶	中等	适中+	中等+	10.6	15.9	18.5	12.5	8.3	3	2.9	71.7	中等
T7	上部叶	中间	适中+	中等+	10.5	15.8	18.4	12.1	8.3	3	2.9	71.0	中等
T8	上部叶	中偏清	适中+	中等+	11.0	16.0	18.8	12.6	8.5	3	2.9	72.8	中等

由表 7-21 可以看出，中部叶各处理烟叶劲头"适中"，浓度"中等"，仅有 T7 劲头"适中＋"，浓度"中等＋"；质量档次"中等"～"较好－"，T1、T3、T4、T5 为"较好－"，T2、T6、T8 为"中等＋"，T7 为"中等"。上部叶各处理烟叶劲头"适中＋"，浓度"中等＋"，仅 T1 劲头"适中"；质量档次"中等"～"较好－"，T3 为"较好－"，T2、T4、T5 为"中等＋"，其他处理为"中等"。从质量档次来看，中、上部叶均处于"较好－"的处理仅有 T3。因此，在所有试验处理中，以 T3 处理综合质量表现较好，此时施氮量 97.5kg/hm^2，硝铵比为 6.5∶3.5，基追比为 5∶5，留叶数为 17 片。

（八）基于品质最优的烟株特征分析

烟叶质量通常以中部叶作为整株表现的代表。如表 7-22 所示，中部叶烟叶质量评吸得分与试验处理因素的标准回归分析表明，模型未达显著，但结果具有参考意义。中部叶的回归模型中，施氮量贡献率为 64％，硝铵比贡献率为 32％，基追比贡献率为 4％，留叶数贡献率为 0；最优稳定点是鞍点，最优评吸得分 77.8 分。拟合的处理为：施氮量为 126kg/hm^2，硝铵比为 6.3∶3.7，基追比为 6.7∶3.3，留叶 17.5 片。将中部叶评吸最优值 77.8 分对应的施氮量、硝铵比、基追比和留叶数代入上部叶评吸得分回归模型拟合的上部叶评吸得分为 74.9 分，质量档次处于"中等＋"。中部叶烟叶质量评吸得分与农艺性状、经济性状和化学成分回归分析表明，最优评吸得分 77.8 分拟合的农艺性状指标为：株高 80.9cm、茎围 9.9cm、节距 4.6cm、叶数 17.5、下部叶长 71.4cm、下部叶宽 29.0cm、中部叶长 70.9cm、中部叶宽 26.0cm、上部叶长 67.2cm、上部叶宽 23.4cm；经济性状为：产量 2 073kg/hm^2、产值 51 844.5 元/hm^2、上等烟比例 51.8％、中上等烟比例 95.1％、均价 23.6 元/kg；中部叶化学成分含量为：还原糖 26.0％、总糖 27.0％、烟碱 1.69％、总氮 1.47％、钾 3.73％；上部叶化学成分含量为：还原糖含量为 25.5％、总糖含量为 26.1％、烟碱含量为 2.25％、总氮含量为 1.53％、钾含量为 2.97％。

表 7-22 基于感官质量的响应面回归模型

指标	回归模型
处理	中部叶评吸得分＝64.362＋7.431×施氮量－57.750×硝铵比－5.306×基追比－0.739×施氮量×施氮量＋7.389×施氮量×硝铵比＋0.708×施氮量×基追比（R^2＝0.960 3，P＝0.363 9） 上部叶评吸得分＝68.310＋3.354×施氮量－17.556×硝铵比－5.111×基追比－0.338×施氮量×施氮量＋2.556×施氮量×硝铵比＋0.583×施氮量×基追比（R^2＝0.748 4，P＝0.794 6）

(续)

指标	回归模型
农艺 性状	中部叶评吸得分＝1 623.496＋12.906×株高－447.019×茎围－4.902×节距＋0.985×下部叶长－4.746×下部叶宽－0.265×株高×株高＋4.373×株高×茎围（$R^2＝1$）
经济 性状	中部叶评吸得分＝566.829－11.238×产量＋0.166×产值＋0.012×上等烟比例＋0.244×上中等烟比例＋1.018×均价＋0.051×产量×产量－0.001×产量×产值
化学 成分	中部叶评吸得分＝22.386＋8.295×还原糖－1.145×总糖－5.317×烟碱－13.025×总氮＋1.669×K_2O＋0.279×淀粉－0.162×还原糖×还原糖（$R^2＝1$，注：中部叶化学成分） 中部叶评吸得分＝33.379＋2.251×还原糖＋2.667×总糖－21.211×烟碱＋49.714×总氮－12.577×K_2O＋0.074×淀粉－0.114×还原糖×还原糖（$R^2＝1$，注：上部叶化学成分）

四、闽烟312适宜成熟采收技术研究

成熟度是烟叶质量第一要素，分为田间成熟度和烘烤成熟度，前者是烟叶碳氮代谢产物和香气成分前体物协调转化的重要状态，因而鲜烟采收成熟度与烤后烟的外观质量、内在质量及感官质量密切相关。为了更好地彰显筛选出的龙岩烤烟新品种（系）烟叶的质量特色，采取田间调查、记载和烤后烟叶检测相结合的方法，系统研究不同成熟度烟叶对烤后烟叶质量特色的影响，丰富龙岩烟叶优质特色彰显技术。试验安排在永定区湖雷乡莲塘村，土壤质地为砂壤土，光照充足，肥力中等，前作水稻。土壤肥力情况：有机质含量 3.22%、水解氮含量 171mg/kg、有效磷含量 32.9mg/kg、速效钾含量 99mg/kg。选择烟株生长均匀一致的烟田，按照烟叶部位和采收成熟度两个因素，采用随机区组设计（表 7-23），每个处理 3 次重复，每小区 120 株（其中 20 株供鲜烟叶定叶位采样），各小区采收烟叶挂牌烘烤。

表 7-23   试验处理

处理	描述
MC1	中部烟叶提前 7d 采收
MC2	中部烟叶正常采收，对照
MC3	中部烟叶推迟 7d 采收
UC1	上部烟叶提前 7d 采收
UC2	上部烟叶正常采收，对照
UC3	上部烟叶推迟 7d 采收

（一）田间调查

如表 7 - 24 所示，各处理前田间烟株生长期一致。如表 7 - 25 和表 7 - 26 所示，各处理病害发生轻微，处理前田间烟株素质一致。

表 7 - 24 各处理生育期调查

单位：日/月

处理	播种期	移栽期	团棵期	现蕾期	中部烟叶采收时间	上部烟叶采收时间
MC1	22/11	21/1	27/2	25/3	6/5	/
MC2	22/11	21/1	27/2	25/3	14/5	/
MC3	22/11	21/1	27/2	25/3	22/5	/
UC1	22/11	21/1	27/2	25/3	/	14/5
UC2	22/11	21/1	27/2	25/3	/	22/5
UC3	22/11	21/1	27/2	25/3	/	29/5

表 7 - 25 各处理病害发生情况调查

单位：株、%

处理	PVY（4 月 19 日）		青枯病（5 月 19 日）	
	发病株数	发病率	发病株数	发病率
MC1	3.00	3.33	0.00	0.00
MC2	1.00	1.13	0.67	0.76
MC3	2.67	2.84	1.00	1.06
UC1	3.33	3.58	0.00	0.00
UC2	1.33	1.45	0.00	0.00
UC3	0.67	0.74	1.00	1.11

表 7 - 26 农艺性状调查

株高 (cm)	茎围 (cm)	节距 (cm)	有效叶数 (片)	最大叶长 (cm)	最大叶宽 (cm)
98.1	10.4	4.6	21.2	80.9	33.5

（二）叶片发育情况及化学指标变化

中部烟叶采集了自下而上第 10 叶位叶片，上部烟叶采集了自下而上第 14 叶位叶片。如表 7 - 27 所示，中部叶采收当日，MC3 处理的叶长、叶宽、干鲜重、干鲜比均较 MC2（对照）变小或降低，MC1 处理较 MC2（对照）处理叶长变长、干鲜重增加、干鲜比下降。上部叶采收当日，UC3 处理的叶长宽、干鲜重和干鲜比均较 UC2（对照）降低，UC1 处理较 UC2（对照）处理叶长变长，叶宽变窄、鲜重变化不大，干重、干鲜比降低。总体上，中部烟叶提前采收叶片干物质损耗较少，叶长较长；上部烟叶提前采收叶片干物质积累仍未达到峰值，叶宽较窄。

表 7 - 27　鲜烟叶叶片发育情况

处理	鲜重（g）	干重（g）	干鲜比（%）	叶长（cm）	叶宽（cm）
MC1	121.1	16.3	13.46	76.8	27.15
MC2	102.5	14.8	14.44	72.35	27.35
MC3	99.6	12.9	12.95	69.4	27.7
UC1	135.5	21.3	15.72	75.05	27.15
UC2	135.6	23.3	17.18	74.5	28.45
UC3	96.8	15.8	16.32	70.55	25.45

如表 7 - 28 所示，两组处理均表现出随采收推迟烟叶全氮含量先下降随后稳定，烟碱含量均表现为先降后升，淀粉降解形成还原糖的转化比例均以推迟采收（MC3、UC3）最高；类胡萝卜素含量随采收推迟逐渐下降，表明推迟采收使类胡萝卜素向香气物质的转化较充分。相关分析表明，仅全氮含量和类胡萝卜素含量显著相关（$R^2 = 0.937\,7$，$P = 0.005\,7$），与叶绿体中类胡萝卜素主要分布在天线色素和光合反应中心复合体的光合膜上有关。

表 7 - 28　鲜叶片发育过程中理化指标变化

处理	全氮（g/kg）	烟碱（%）	还原糖（%）	淀粉（%）	类胡萝卜素（mg/100g）
MC1	16.8	0.60	5.7	49.0	68.7
MC2	12.0	0.35	6.5	38.7	32.9
MC3	12.1	0.75	13.7	22.5	31.5
UC1	15.3	0.89	6.9	32.9	61.0
UC2	10.2	0.45	7.0	46.8	34.0
UC3	10.2	0.64	4.8	20.8	12.3

（三）外观质量变化

如表 7 - 29 所示，各处理烟叶成熟度与试验处理相对应。中部叶处理身份稍薄、叶片疏松、光泽中等，提前采收，油分稍差；上部叶处理油分有、身份稍厚、叶片结构尚疏松，提前或推迟采收光泽稍差。

表 7-29　各处理烤后烟外观质量评价

处理	成熟度	颜色	油分	身份	叶片结构	光泽
MC1	欠熟	橘黄	有一	稍薄	疏松	中
MC2	成熟	橘黄一	有	稍薄	疏松	中
MC3	过熟	橘黄	有	稍薄	疏松	中
UC1	欠熟	橘黄一	有	稍厚	尚疏松	中一
UC2	成熟	橘黄	有	稍厚	尚疏松	中
UC3	过熟	橘黄	有	稍厚	尚疏松	中一

（四）烤后烟叶化学成分变化

如表 7-30 所示，淀粉含量普遍偏高，其他指标含量均在适宜区间。与对照比较，中部烟叶 MC1 处理糖含量明显提高、烟碱含量明显降低，总氮、钾和淀粉含量稍低；MC3 与 MC2 处理间差异较小，糖、烟碱和总氮含量稍有提升，钾和淀粉含量稍有下降。与对照比较，上部烟叶 UC1 处理糖、烟碱和淀粉含量有所下降，总氮和钾含量稍有上升；UC3 处理糖、总氮和淀粉含量稍有上升，烟碱和钾含量稍有下降。方差分析表明，中部烟叶 MC1 处理还原糖和总糖含量显著较高，各项指标在 MC2 和 MC3 之间无显著差异；上部烟叶 UC2 和 UC3 处理淀粉含量显著偏高。

表 7-30　各处理烟叶化学成分指标

单位：%

处理	还原糖	总糖	烟碱	总氮	K₂O	淀粉
MC1	23.8±6.3a	27.1±7.8a	1.85±0.53b	1.67±0.32c	3.74±0.47ab	6.30±0.72c
MC2	17.9±0.8b	19.5±1.0b	2.44±0.09b	1.81±0.18bc	3.93±0.06a	6.80±0.40bc
MC3	18.1±1.1b	20.0±1.0b	2.50±0.06b	1.90±0.03abc	3.87±0.17a	6.57±0.12bc
UC1	16.1±2.4b	16.6±2.3b	3.12±0.27a	2.16±0.07a	3.25±0.02bc	5.60±0.95c
UC2	16.6±1.7b	17.4±1.7b	3.22±0.26a	2.02±0.14ab	3.09±0.34c	8.03±1.58ab
UC3	18.5±3.1ab	19.5±3.3b	3.08±0.27a	2.17±0.17a	3.04±0.30c	9.07±0.31a

注：同列不同小写字母表示 $P<0.05$ 水平差异显著，下同。

（五）感官质量变化

如表 7-31 所示，中部叶劲头"适中"，浓度"中等＋"，上部劲头"适中＋"，浓度"中等＋"，质量档次 MC2、MC3、UC2 为"中等＋"，其他处理为"中等"。中部叶随着采收时间推迟，评吸质量提高；MC1 处理烟叶质量下降较大，质量档次由"中等＋"降至"中等"。上部叶评吸质量与对照比较，提前采收（UC1）或推迟采收（UC3）烟叶质量档次均有所下降。

表 7-31 各处理烟叶感官评吸质量

处理	香型	劲头	浓度	香气质 15	香气量 20	余味 25	杂气 18	刺激性 12	燃烧性 5	灰色 5	得分 100	质量档次
MC1	中间	适中	中等＋	10.50	15.63	18.50	12.50	8.38	3.00	3.00	71.5	中等
MC2	中间	适中	中等＋	10.88	15.75	18.75	12.88	8.75	3.00	3.00	73.0	中等＋
MC3	中偏清	适中	中等＋	11.13	16.13	19.00	12.88	8.75	3.00	3.00	73.9	中等＋
UC1	中间	适中＋	中等＋	10.75	15.88	18.75	12.63	8.63	3.00	3.00	72.6	中等
UC2	中间	适中＋	中等＋	11.00	16.25	19.00	12.75	8.63	3.00	3.00	73.6	中等＋
UC3	中间	适中＋	中等＋	10.63	15.75	18.50	12.50	8.50	3.00	3.00	71.9	中等

综上所述，与目前烟叶采收对照比较，闽烟 312 中部叶宜适当推迟采收，上部叶宜保持当前正常采收。

第二节　FL88f 优质特色烟叶配套栽培技术

一、FL88f 适宜移栽期技术研究

结合龙岩烟区西北部和东南部温度条件差异较大的实际，试验分别安排在龙岩西北部的长汀县濯田镇东山村和东南部的上杭庐丰畲族乡下坊村。

（一）长汀点

选择地势平坦、排灌方便、土质良好、土壤肥力中等且前茬为水稻的烟田。试验地土壤 pH6.06，有机质 14.70g/kg，碱解氮 121.29mg/kg，有效磷 29.00mg/kg，速效钾 176.67mg/kg。试验设 3 个处理，每个处理各种植 1.33hm²，不设重复。各处理株行距为 0.5m×1.2 m，湿润育苗，施纯氮 112.5kg/hm²，$m(N) : m(P_2O_5) : m(K_2O) = 1 : 0.8 : 2.8$，其他栽培管理措施按龙岩市烤烟生产工作方案进行。

1. 不同处理对生育期的影响

如表 7-32 所示，随着移栽期推迟，大田生育期缩短，其中处理间移栽至团棵期的时间基本相同，现蕾期 C1 和 C2 分别较 CK 提前了 7d 和 4d，顶叶成熟期 C1 和 C2 分别较 CK 提前了 5d 和 2d。

表 7-32　各处理生育期情况

单位：日/月

处理	移栽期	团棵期	现蕾期	脚叶成熟期	腰叶成熟期	顶叶成熟期	大田生育期（d）
C1	15/1	26/2	5/4	6/5	27/5	11/6	147
C2	24/1	5/3	8/4	10/5	31/5	14/6	141
CK	3/2	15/3	12/4	14/5	3/6	16/6	133

2. 不同处理对农艺性状的影响

如表 7-33 所示，株高表现 C1＞C2＞CK，其中 C1 处理株高明显较高；有效叶数 C1＞CK＞C2，其中 C1 处理较 C2 和 CK 分别多 2.3 片和 1.4 片；茎围 C2＞C1＞CK，腰叶和上二棚烟叶叶长、叶宽均以 C2 处理较大；其他指标处理间差异不大。总的看来，C1 和 C2 处理表现较好，株高较高，茎围较粗，叶片较大，优于 CK 处理。

表 7-33　各处理农艺性状

处理	株高（cm）	茎围（cm）	节距（cm）	有效叶数	腰叶（cm）		上二棚（cm）	
					长	宽	长	宽
C1	122.9	10.4	6.5	18.6	69.8	35.3	53.5	19.2
C2	114.0	10.6	6.5	16.3	71.5	36.2	59.1	20.5
CK	113.4	9.9	6.8	17.2	69.0	33.9	56.9	19.8

3. 不同处理对经济性状的影响

如表 7-34 所示，上等烟比例差异较大，C2 处理最高，CK 处理明显偏低。其他指标处理间差异较小。

表 7-34　各处理经济性状

处理	产量（kg/hm²）	产值（元/hm²）	上等烟比例（%）	均价（元/kg）
C1	2 193.6	47 826	50.98	21.80
C2	2 158.8	47 260	52.26	21.93
CK	2 143.2	44 559	42.31	20.76

综上所述，随移栽期提前，生育期提前，大田生育期延长；农艺性状和经济性状以 C1 和 C2 处理表现较好，其中 C1 处理优于 C2 处理；因此，FL88f 在长汀以 C1（1 月 15 日移栽）表现最佳。

（二）上杭点

选择地势平坦、排灌方便、土质良好、土壤肥力中等且前茬为水稻的烟田。试验地土壤 pH 4.76，有机质 35.93g/kg，碱解氮 129.39mg/kg，有效磷 99.25mg/kg，速效钾 126.67mg/kg。试验设 3 个处理，每个处理各种植 1.33hm^2，不设重复。各处理株行距为 0.5m×1.2m，湿润育苗，施纯氮 112.5kg/hm^2，m（N）：m（P_2O_5）：m（K_2O）＝1：0.8：2.8，其他栽培管理措施按龙岩市烤烟生产工作方案进行。

1. 不同处理对生育期的影响

如表 7 - 35 所示，与 CK 比较，仅 S1 处理大田生育期延长；移栽至脚叶成熟期各处理时长基本一致，差异主要在脚叶成熟期之后。

表 7 - 35　各处理生育期情况

单位：日/月

处理	移栽期	团棵期	现蕾期	脚叶成熟期	腰叶成熟期	顶叶成熟期	大田生育期（d）
S1	14/1	27/2	8/4	30/4	11/5	22/5	128
S2	24/1	5/3	17/4	8/5	20/5	29/5	125
CK	3/2	17/3	27/4	17/5	28/5	8/6	125

2. 不同处理对农艺性状的影响

如表 7 - 36 所示，不同处理节距和叶面积差距较小。株高和茎围表现为 CK＞S1＞S2，其中 CK 处理明显较高或较粗；有效叶数 S1＞CK＞S2，其中 S2 处理较 CK 减少 1 片。腰叶和上二棚叶面积随移栽期提前而变小，可见随移栽期提前株型更趋于"塔形"。

表 7 - 36　各处理农艺性状

处理	株高（cm）	茎围（cm）	节距（cm）	有效叶数（片）	下二棚叶面积（cm^2）	腰叶面积（cm^2）	上二棚叶面积（cm^2）
S1	129.20	9.83	6.16	22.13	2 301.30	2 601.62	1 333.43
S2	119.87	9.47	6.08	20.80	2 462.49	2 805.00	1 400.34
CK	139.83	10.63	6.73	21.80	2 231.27	2 919.69	1 440.21

3. 不同处理对经济性状的影响

如表 7-37 所示，随移栽期的提前，各项指标值均先增后降，S1 和 S2 处理明显优于 CK，经济性状表现以 S2 最好。

表 7-37　各处理经济性状

处理	产量（kg/hm²）	产值（元/hm²）	上等烟比例（%）	均价（元/kg）
S1	2 137.2	41 028	30.08	19.20
S2	2 196.0	43 400	37.15	19.77
CK	1 673.6	28 364	20.79	16.95

综上所述，随移栽期的提前，生育期提前，大田生育期延长，农艺性状变好，经济性状提高，以 S2（1 月 24 日移栽）表现最佳。

二、FL88f 养分运筹模式研究

试验安排在长汀县濯田镇东山村，土壤质地为砂壤土，光照充足，肥力中等，前作水稻。土壤肥力情况：pH5.5，有机质 34.7g/kg，碱解氮 145mg/kg，有效磷 13.5mg/kg，速效钾 121mg/kg。选择氮、钾、镁肥料施用量三个因素，采用 312－D 最优饱和设计（表 7-38），各处理按当地基肥追肥比例施用，磷肥全部基施。1 月 22 日移栽，3 次重复，每小区 150 株（其中 25 株供鲜烟叶定叶位采样），各小区采收烟叶挂牌烘烤。

表 7-38　312—D 最优饱和设计试验处理

处理	施氮量（kg/hm²）	施钾量（kg/hm²）	施镁量（kg/hm²）
Y1	0（112.5）	0（337.5）	2（247.5）
Y2	0（112.5）	0（337.5）	−2（127.5）
Y3	−1.414（101.895）	−1.414（305.685）	1（217.5）
Y4	1.414（123.105）	−1.414（305.685）	1（217.5）
Y5	−1.414（101.895）	1.414（369.315）	1（217.5）
Y6	1.414（123.105）	1.414（369.315）	1（217.5）
Y7	2（127.5）	0（337.5）	−1（157.5）
Y8	−2（97.5）	0（337.5）	−1（157.5）
Y9	0（112.5）	2（382.5）	−1（157.5）
Y10	0（112.5）	−2（292.5）	−1（157.5）

（续）

处理	施氮量（kg/hm²）	施钾量（kg/hm²）	施镁量（kg/hm²）
Y11	0（112.5）	0（337.5）	0（187.5）
Y12	−2（97.5）	−2（292.5）	−2（127.5）

注：P_2O_5 按 72kg/hm² 固定，N 梯度 7.5kg/hm²，K_2O 梯度 22.5kg/hm²，氢氧化镁梯度 30kg/hm²，硝态氮∶铵态氮＝4∶6。烟草专用肥为龙岩鑫叶农资有限责任公司生产的氮∶磷∶钾＝10∶9∶21 配比肥，磷酸一铵为龙岩鑫叶农资有限责任公司生产的氮∶磷∶钾＝9∶49∶0 配比肥，其他为化学肥料。

（一）病害发生情况

如表 7-39 所示，各处理青枯病、马铃薯 Y 病和黑胫病未见发生，花叶病发病率在 9%～17%，病害发生情况均较轻，对试验影响不大。

表 7-39　各处理病害发病率调查

单位：%

处理	花叶病	青枯病	马铃薯 Y 病	黑胫病
Y1	11.37	0.00	0.00	0.00
Y2	9.69	0.00	0.00	0.00
Y3	13.60	0.00	0.00	0.00
Y4	11.76	0.00	0.00	0.00
Y5	16.46	0.00	0.00	0.00
Y6	11.27	0.00	0.00	0.00
Y7	11.78	0.00	0.00	0.00
Y8	13.06	0.00	0.00	0.00
Y9	12.97	0.00	0.00	0.00
Y10	10.84	0.00	0.00	0.00
Y11	12.99	0.00	0.00	0.00
Y12	13.44	0.00	0.00	0.00

（二）中部叶植物学性状变化

如图 7-3 所示，在本试验条件下，团棵期至打顶前 1 d 第 10 叶位叶长、叶宽、叶面积迅速增加，打顶至采收前，叶面积变化幅度较小；随着生长发育进程的推进，鲜重、干重和干鲜比在团棵期至打顶前 1d 快速增加，随后处理间差异变大。综上所述，试验处理对后期叶片定型及干鲜重有较大影响。

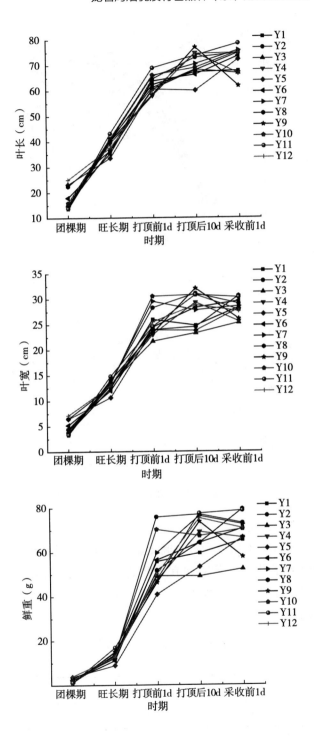

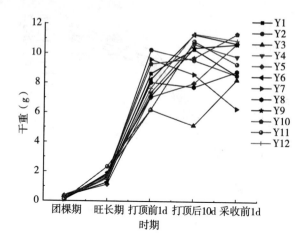

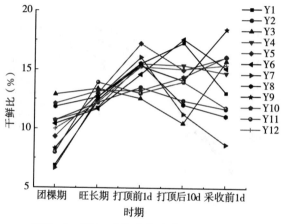

图 7-3　第 10 叶位叶片叶形和重量的变化

（三）农艺性状的变化

如表 7-40 所示，有效叶数处理间无显著差异，其他指标组合间均存在显著差异；各处理组合中，除节距和有效叶数外的其他指标值均以 Y3 处理最小。多目标决策值表明，各处理 MODM 值在 0.5 左右，表明整体上各处理的农艺性状表现差异较小。

表 7-40　各处理农艺性状

单位：cm

处理	株高	茎围	节距	有效叶数	腰叶长	腰叶宽	MODM 值
Y1	102.8±1.9abc	10.3±0.2ab	5.2±0.1bc	16.1±1.1	76.5±1.6a	33.6±2.3abc	0.502

（续）

处理	株高	茎围	节距	有效叶数	腰叶长	腰叶宽	MODM 值
Y2	104.2±3.4abc	10.5±0.1ab	5.4±0.3ab	16.2±0.2	75.3±2.3ab	32.8±1.7abc	0.504
Y3	94.6±1.4d	9.3±1.2b	5.0±0.5bcd	16.7±1.2	71.5±1.1c	29.1±1.2d	0.469
Y4	106.5±1.5a	10.6±0.3a	5.7±0.1a	16.1±0.7	76.1±2.0a	33.5±0.6abc	0.514
Y5	101.8±4.3abc	10.0±0.2ab	5.3±0.3abc	16.8±1.3	74.1±2.6abc	33.9±1.6ab	0.501
Y6	101.3±1.7abc	11.0±1.8a	4.9±0.2cd	17.1±0.8	76.2±0.6a	32.9±1.8abc	0.498
Y7	103.3±3.3abc	10.4±0.7ab	5.3±0.3abc	17.6±1.3	75.8±0.3ab	34.2±1.1a	0.513
Y8	99.0±0.5cd	10.4±0.4ab	5.2±0.1bc	16.7±1.8	73.3±0.1abc	33.3±2.6abc	0.497
Y9	102.0±1.5ab	10.5±0.5ab	5.3±0.4abc	16.9±0.7	76.1±1.7a	32.2±0.2abc	0.504
Y10	100.5±3.9bc	10.4±0.5ab	5.3±0.2abc	17.1±1.6	75.3±3.5ab	31.3±0.4bcd	0.500
Y11	105.1±8.5ab	11.2±0.3a	5.2±0.3bc	17.0±1.2	74.6±0.8abc	32.8±3.2abc	0.512
Y12	102.8±2.2abc	10.4±0.1ab	4.7±0.2d	16.3±0.6	72.7±2.9bc	30.8±0.9cd	0.485

注：同列不同小写字母表示 $P<0.05$ 水平差异显著，下同。

（四）经济性状变化

如表 7-41 所示，各处理产量均未超过本产区适宜产量上限。各项经济性状指标处理间均存在显著差异，与对照 Y11 处理相比，单位产量、单位产值、上等烟比例、上中等烟比例和均价的最大变幅分别为 7.98％、10.26％、10.27％、1.67％ 和 3.35％，可见试验处理对上等烟比例和产值的影响较大，其最大变幅均超过 10％。

表 7-41　各处理经济性状

处理	产量 （kg/hm²）	产值 （元/hm²）	上等烟比例 （％）	上中等烟比例 （％）	均价 （元/kg）
Y1	2 347.5±109.5bcd	57 100.5±3 528.0abcd	46.3±5.2a	95.5±1.5abc	24.3±0.5abcd
Y2	2 328.0±94.5bcd	55 945.5±2 437.5bcd	42.8±2.7b	94.6±1.0b	24.0±0.1abcd
Y3	2 253.0±96.0d	53 214.0±2 661.0cd	47.1±3.2a	94.1±0.9c	23.6±0.4d
Y4	2 458.5±117.0ab	59 779.5±3 790.5ab	48.7±2.6a	96.6±1.2a	24.3±0.4abcd
Y5	2 298.0±108.0cd	55 633.5±3 588.0bcd	48.2±4.1a	95.6±1.0abc	24.2±0.6abcd
Y6	2 424.0±45abc	59 809.5±2 445.0ab	48.6±3.4a	96.4±1.3ab	24.7±0.6a
Y7	2 517.0±48.0a	61 384.5±2 619.0a	44.8±3.2a	96.4±1.7ab	24.4±0.7abc
Y8	2 277.0±88.5cd	54 612.0±2 341.5cd	46.3±3.3a	96.2±0.4ab	24.0±0.4abcd

（续）

处理	产量 （kg/hm²）	产值 （元/hm²）	上等烟比例 （%）	上中等烟比例 （%）	均价 （元/kg）
Y9	2 343.0±85.5bcd	57 312.0±1 671.0abc	46.8±4.8a	96.8±1.2a	24.5±0.5ab
Y10	2 292.0±88.5cd	54 771.0±2 068.5cd	44.7±3.4a	96.1±0.4ab	23.9±0.3bcd
Y11	2 331.0±49.5bcd	55 671.0±1 510.5bcd	47.7±1.4a	95.7±0.1ab	23.9±0.1bcd
Y12	2 223.0±91.5d	52 683.0±3 007.5d	46.8±3.0a	94.9±1.9abc	23.7±0.4cd

（五）外观质量变化

如表 7-42 所示，各处理烟叶成熟、颜色橘黄－～橘黄、油分有－～有、身份中等、叶片结构疏松、光泽强－～强，外观质量差异较小，其中 Y3 和 Y8 颜色稍欠，Y12 颜色稍欠、油分稍差。

表 7-42　各处理原烟外观评价

处理	成熟度	颜色	油分	身份	叶片结构	光泽
Y1	成熟	橘黄	有	中等	疏松	强
Y2	成熟	橘黄	有	中等	疏松	强
Y3	成熟	橘黄－	有	中等	疏松	强
Y4	成熟	橘黄	有	中等	疏松	强
Y5	成熟	橘黄	有	中等	疏松	强
Y6	成熟	橘黄	有	中等	疏松	强
Y7	成熟	橘黄	有	中等	疏松	强
Y8	成熟	橘黄－	有	中等	疏松	强
Y9	成熟	橘黄	有	中等	疏松	强
Y10	成熟	橘黄	有	中等	疏松	强
Y11	成熟	橘黄	有	中等	疏松	强
Y12	成熟	橘黄－	有－	中等	疏松	强－

（六）内在化学成分变化

如表 7-43 所示，淀粉含量均偏高（＞5%），还原糖和总糖含量较高，中部和上部烟叶还原糖含量平均 30% 和 28.3%，总糖含量平均 33% 和 30.2%；烟碱和总氮含量适宜，中部和上部烟叶烟碱含量平均为 2.2% 和 2.7%，总氮含量平均为 1.4%；钾含量均较高。方差分析结果表明，中部烟叶的烟碱和总氮含量均以 Y5 处理最高，还原糖和总糖含量均以 Y5 处理最低。上部烟叶的还原糖和总糖含量均以 Y5 处理最高、Y4 处理最低，烟碱含量处理间表现相反。方差分析结果表明，各项指标处理间均存在显著差异，与对照 Y11 处理相比，中部叶 K_2O、烟碱和淀粉含量的最大变幅较大，最大变幅分别为 23.59%、16.74% 和 14.68%，上部叶还原糖、总糖、烟碱、总氮、K_2O 和淀粉的最大变幅均超过 10%，分别为 11.11%、11.22%、19.19%、10.42%、15.72 和 59.17%，可见试验处理对上部叶的影响大于中部叶，对 K_2O、烟碱和淀粉的影响大于其他化学成分指标。

表 7-43　各处理烟叶化学成分

单位：%

处理	部位	还原糖	总糖	烟碱	总氮	K_2O	淀粉
Y1	中部叶	31.0±1.7ab	33.8±1.5a	2.19±0.19bc	1.33±0.04bc	3.70±0.16b	8.33±1.08bc
Y2	中部叶	30.7±1.7abc	34.0±1.9a	2.32±0.14abc	1.37±0.04abc	3.69±0.27b	9.13±0.81abc
Y3	中部叶	31.2±1.6a	33.8±1.0a	2.24±0.16bc	1.36±0.07abc	3.72±0.34b	9.80±0.60ab
Y4	中部叶	29.3±0.7bc	32.6±1.5ab	2.29±0.17abc	1.37±0.02abc	3.83±0.31ab	8.97±0.87abc
Y5	中部叶	28.9±0.7c	30.8±0.5b	2.65±0.14a	1.44±0.04a	2.98±0.14c	10.07±1.80a
Y6	中部叶	29.6±0.9abc	33.2±1.8a	1.97±0.28c	1.33±0.05bc	3.84±0.08ab	9.67±0.21ab
Y7	中部叶	29.3±0.2bc	32.6±0.3ab	2.42±0.12ab	1.34±0.09abc	3.64±0.03b	9.53±0.12abc
Y8	中部叶	30.8±0.1ab	33.8±0.5a	1.99±0.21c	1.28±0.01c	3.84±0.07ab	9.57±0.67ab
Y9	中部叶	29.5±0.9abc	32.6±1.1ab	2.16±0.19bc	1.31±0.02bc	3.93±0.10ab	9.13±1.20abc
Y10	中部叶	30.0±0.8abc	32.7±0.4ab	2.44±0.19ab	1.33±0.06bc	3.60±0.11b	10.47±0.78a
Y11	中部叶	30.1±1.3abc	33.3±1.4a	2.27±0.32abc	1.41±0.09ab	3.90±0.23ab	9.13±0.85abc
Y12	中部叶	29.6±1.3abc	33.0±1.7a	2.02±0.48c	1.35±0.12abc	4.14±0.23a	7.93±1.29c
Y1	上部叶	28.3±0.4b	30.2±0.7b	2.80±0.18abcd	1.43±0.05ab	3.02±0.11bc	10.73±1.31abc
Y2	上部叶	27.8±0.5b	29.3±0.5b	2.91±0.12ab	1.47±0.03ab	2.97±0.09bcd	11.4±0.52ab
Y3	上部叶	28.6±0.6b	30.4±1.0b	2.62±0.1cd	1.38±0.08d	2.78±0.18d	10.67±0.87abc
Y4	上部叶	26.6±1.1b	28.6±1.1b	3.00±0.16a	1.47±0.04ab	3.02±0.16bc	9.80±2.15bc
Y5	上部叶	31.0±0.8a	33.7±0.7a	2.19±0.12e	1.30±0.02c	3.46±0.19a	8.73±1.65bcd
Y6	上部叶	27.5±0.4b	29.2±0.6b	2.88±0.19abc	1.46±0.11ab	3.00±0.16bcd	8.03±4.31cd
Y7	上部叶	28.3±0.3b	29.8±0.9b	2.72±0.11bcd	1.50±0.06a	3.19±0.06b	8.10±1.15cd
Y8	上部叶	28.3±2.3b	29.9±2.7b	2.59±0.26d	1.46±0.10ab	2.91±0.05cd	10.27±1.29abc
Y9	上部叶	28.8±0.7b	30.7±0.7b	2.74±0.19abcd	1.47±0.03ab	2.91±0.13cd	8.43±1.84bcd
Y10	上部叶	28.7±0.9b	30.6±1.3b	2.69±0.16bcd	1.45±0.03ab	2.94±0.08cd	6.00±0.82d

（续）

处理	部位	还原糖	总糖	烟碱	总氮	K₂O	淀粉
Y11	上部叶	27.9±0.7b	30.3±0.4b	2.71±0.19bcd	1.44±0.03ab	2.99±0.21bcd	8.23±1.79bcd
Y12	上部叶	28.0±1.7b	29.3±1.9b	2.63±0.13cd	1.29±0.14c	3.00±0.03bcd	13.1±2.17a

注：同列同部位不同小写字母表示 $P<0.05$ 水平差异显著，下同。

（七）感官质量变化

如表 7-44 所示，中部烟叶劲头"适中"，浓度"中等""中等＋"，香型 Y2、Y5、Y9、Y12 为中间香，Y1、Y3、Y4、Y6、Y10、Y11 为中偏清，Y7、Y8 为清偏中；质量档次"中等＋"～"较好－"，Y3、Y7、Y8、Y11 为"较好－"，其他处理为"中等＋"。上部烟叶劲头"适中""适中＋"，浓度"中等""中等＋"，香型 Y1、Y3、Y6、Y8、Y9 为清偏中，Y2、Y4、Y5、Y7、Y12 为中偏清，Y10、Y11 为中间香；质量档次"中等＋"～"较好－"，Y1、Y3、Y6、Y8、Y9、Y12 为"较好－"，其他处理为"中等＋"。两个部位烟叶香型均为清偏中的处理，其质量档次均为"较好－"，感官质量较好，其中 Y8 处理在两个部位烟叶中均表现为清偏中，较好地彰显清香型特色。

（八）基于品质最优的烟株特征分析

烟叶质量通常以中部叶作为整株表现的代表。如表 7-45 所示，中部叶烟叶质量评吸得分与试验处理因素的标准回归分析表明，模型未达显著，但结果具有参考意义。中部叶的回归模型中，施氮量贡献率为 31.2%，施钾量贡献率 46.6%，施镁量贡献率 22.2%；最优稳定点为模型鞍点，最优评吸得分 76.5 分。拟合的处理为：施氮量为 99.0kg/hm²，施钾量为 319.5kg/hm²，施镁量为 192.0kg/hm²。将中部叶评吸最优值 76.5 分对应的氮、钾、镁用量代入上部叶评吸得分回归模型拟合的上部叶评吸得分为 75.2 分，质量档次处于"较好－"；中部叶烟叶质量评吸得分与农艺性状、经济性状和化学成分回归分析表明，最优评吸得分 76.5 分拟合的农艺性状指标为：株高 99.2cm、茎围 10.4cm、节距 5.2cm、叶数 16.9、腰叶长 74.1cm、腰叶宽 31.7cm；经济性状为：产量 2 365.5kg/hm²、产值 57 193.5 元/hm²、上等烟比例 45.7%、中上等烟比例 95.5%、均价 24.1 元/kg；中部叶化学成分含量为：还原糖 29.92%、总糖 32.58%、烟碱 2.32%、总氮 1.36%、钾 3.55%；上部叶化学成分含量为：还原糖 28.79%、总糖 31.12%、烟碱 2.59%、总氮 1.39%、钾 3.12%。

表7-44　各处理原烟烟评吸质量

处理	部位	香型	劲头	浓度	香气质 15	香气量 20	余味 25	杂气 18	刺激性 12	燃烧性 5	灰色 5	得分 100	质量档次
Y1	中部叶	中偏清	适中	中等	11.50	15.90	19.60	13.30	8.70	3.00	2.90	74.9	中等+
Y2	中部叶	中间	适中	中等	11.30	15.90	18.60	12.70	8.60	3.00	2.90	73.0	中等+
Y3	中部叶	中偏清	适中	中等	11.50	16.20	19.80	13.40	8.80	3.00	2.90	75.6	较好-
Y4	中部叶	中偏清	适中	中等	11.30	16.00	19.00	12.90	8.70	3.00	2.90	73.8	中等+
Y5	中部叶	中间	适中	中等	11.20	15.90	18.90	12.90	8.50	3.00	2.90	73.3	中等+
Y6	中部叶	中偏清	适中	中等	11.40	16.00	19.30	13.10	8.70	3.00	2.90	74.4	中等+
Y7	中部叶	清偏中	适中	中等	11.60	16.10	19.90	13.50	8.80	3.00	2.90	75.8	较好-
Y8	中部叶	清偏中	适中	中等	11.60	16.20	19.70	13.40	8.80	3.00	2.90	75.6	较好-
Y9	中部叶	中间	适中	中等	11.00	15.92	19.00	12.75	8.67	3.00	2.92	73.3	中等+
Y10	中部叶	中偏清	适中	中等+	11.33	16.00	19.25	12.92	8.67	3.00	2.92	74.1	中等+
Y11	中部叶	中偏清	适中	中等+	11.58	16.17	19.83	13.33	8.83	3.00	2.92	75.7	较好-
Y12	中部叶	中间	适中	中等+	11.42	16.08	19.42	13.25	8.83	3.00	2.92	74.9	中等+
Y1	上部叶	清偏中	适中+	中等	11.58	16.25	19.25	13.25	8.75	3.00	2.92	75.0	较好-
Y2	上部叶	中偏清	适中	中等	11.25	16.08	18.75	12.67	8.67	3.00	2.92	73.3	中等+
Y3	上部叶	清偏中	适中	中等	11.58	16.25	19.50	13.33	8.92	3.00	2.92	75.5	较好-
Y4	上部叶	中偏清	适中	中等	11.25	16.08	18.92	13.00	8.67	3.00	2.92	73.8	中等+
Y5	上部叶	中偏清	适中	中等	11.25	16.08	19.75	13.33	8.67	3.00	2.92	73.9	中等+
Y6	上部叶	清偏中	适中	中等+	11.58	16.33	19.25	13.00	8.92	3.00	2.92	75.8	较好-
Y7	上部叶	清偏中	适中	中等+	11.33	16.08	19.50	13.00	8.83	3.00	2.92	74.4	中等+
Y8	上部叶	清偏中	适中	中等	11.58	16.17	19.50	13.33	8.92	3.00	2.92	75.4	较好-
Y9	上部叶	清偏中	适中	中等+	11.42	16.17	19.50	13.33	8.83	3.00	2.92	75.2	中等+
Y10	上部叶	中间	适中+	中等+	11.25	16.08	18.92	13.00	8.75	3.00	2.92	73.9	中等+
Y11	上部叶	中间	适中+	中等+	11.08	16.00	18.83	12.67	8.67	3.00	2.92	73.2	中等+
Y12	上部叶	中偏清	适中	中等+	11.58	16.25	19.50	13.25	8.92	3.00	2.92	75.4	较好-

表 7－45　基于感官质量的响应面回归模型

指标	回归模型
处理	中部叶评吸得分＝75.447－0.058×N－0.271×K$_2$O＋0.110×Mg＋0.112×N×N＋0.405×N×K$_2$O－0.388×K$_2$O×K$_2$O－0.045×N×Mg－0.008×K$_2$O×Mg－0.364×Mg×Mg（R^2＝0.819，P＝0.592 8） 上部叶评吸得分＝73.710－0.065×N＋0.240×K$_2$O＋0.257×Mg＋0.257×N×N＋0.365×N×K$_2$O＋0.170×K$_2$O×K$_2$O＋0.058×N×Mg＋0.212×K$_2$O×Mg＋0.089×Mg×Mg（R^2＝0.830 7，P＝0.566）
农艺性状	中部叶评吸得分＝1 734.383－61.404×株高＋114.380×茎围＋288.822×节距＋1.645×叶数＋0.920×腰叶长＋0.114×腰叶宽＋0.872×株高×株高－7.528×株高×茎围＋20.713×茎围×茎围－7.175×株高×节距＋42.269×茎围×节距（R^2＝1）
经济性状	中部叶评吸得分＝－5 086.188＋212.380×产量－4.644×产值－21.676×上等烟比例＋7.486×上中等烟比例－120.107×均价－2.372×产量×产量＋0.122×产量×产值－0.001×产值×产值＋1.055×产量×上等烟比例－0.056×产值×上等烟比例＋0.720×上等烟比例×上等烟比例（R^2＝1）
化学成分	中部叶评吸得分＝－7 959.658＋700.704×还原糖－164.057×总糖＋173.549×烟碱－26.982×总氮＋8.446×K$_2$O－0.721×淀粉＋35.695×还原糖×还原糖－81.254×还原糖×总糖＋37.411×总糖×总糖－69.577×还原糖×烟碱＋58.169×总糖×烟碱（R^2＝1，注：中部叶化学成分） 中部叶评吸得分＝11 431.000－813.682×还原糖＋154.156×总糖－1 531.887×烟碱－6.003×总氮＋5.713×K$_2$O＋0.376×淀粉－12.264×还原糖×还原糖＋39.925×还原糖×总糖－18.898×总糖×总糖＋110.015×还原糖×烟碱－53.096×总糖×烟碱（R^2＝1，注：上部叶化学成分）

三、FL88f 个体发育质量控制技术研究

试验安排在长汀县濯田镇东山村，土壤质地为砂壤土，光照充足，肥力中等，前作水稻。土壤肥力情况：有机质 2.48％、有效磷 34.9mg/kg、速效钾 174mg/kg、水解氮 158mg/kg。选择施氮量、硝态氮铵态氮比例（硝铵比）、基肥追肥比例（基追比）和留叶数四个因素，采用 U$_8$（8^5）均匀设计（表 7－46），1 月 22 日移栽，3 次重复，每小区 150 株（其中 25 株供鲜烟叶定叶位采样），每处理共 450 株，各小区采收烟叶挂牌烘烤。

表 7－46　均匀设计试验处理

处理	施氮量 （kg/hm^2）	硝铵比 （NO$_3^-$－N：NH$_4^+$－N）	基追比	留叶数
T1	1（67.5）	2（2.5：7.5）	4（6：4）	4（19）

（续）

处理	施氮量 （kg/hm²）	硝铵比 （NO₃⁻-N∶NH₄⁺-N）	基追比	留叶数
T2	2（82.5）	4（4.5∶5.5）	8（10∶0）	3（18）
T3	3（97.5）	6（6.5∶3.5）	3（5∶5）	2（17）
T4	4（112.5）	8（8.5∶1.5）	7（9∶1）	1（16）
T5	5（127.5）	1（1.5∶8.5）	2（4∶6）	4（19）
T6	6（142.5）	3（3.5∶6.5）	6（8∶2）	3（18）
T7	7（157.5）	5（5.5∶4.5）	1（3∶7）	2（17）
T8	8（172.5）	7（7.5∶2.5）	5（7∶3）	1（16）

注：使用肥料：龙岩鑫叶农资有限责任公司烟草专用肥（氮∶磷∶钾＝10∶9∶21，含硝态氮）和硝酸磷肥（硝态氮∶铵态氮∶P₂O₅＝11.7∶14.3∶11）、硫酸铵（铵态氮21%）、硝酸钾（硝态氮13.50%，K₂O为46%）、硫酸钾（K₂O为50%）、钙镁磷肥（P₂O₅为12%）。[P₂O₅（102kg/hm²）、K₂O（382.5kg/hm²）用量固定，同常规生产用量]。

（一）病害发生情况

如表7-47所示，田间仅有花叶病发生，各处理花叶病发病率在10%左右，病情指数均低于10，对于试验影响较小。

表7-47　各处理花叶病调查

处理	发病率（%）	病情指数
T1	11.97	8.87
T2	11.20	9.05
T3	10.10	8.92
T4	9.30	8.79
T5	10.39	8.72
T6	10.26	8.83
T7	9.56	7.78
T8	9.82	8.38

（二）中部叶植物学性状变化

中部叶（第10叶位）叶形和重量的变化见图7-4。

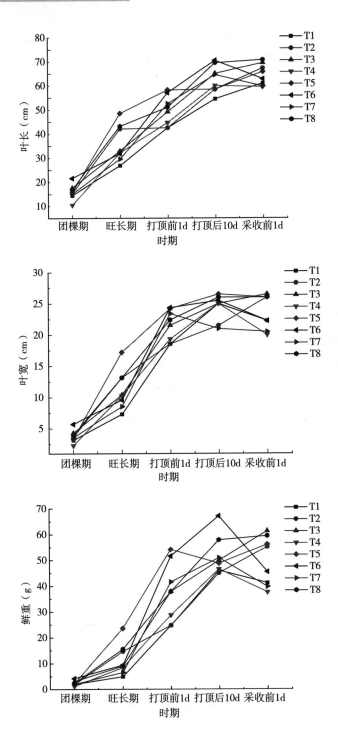

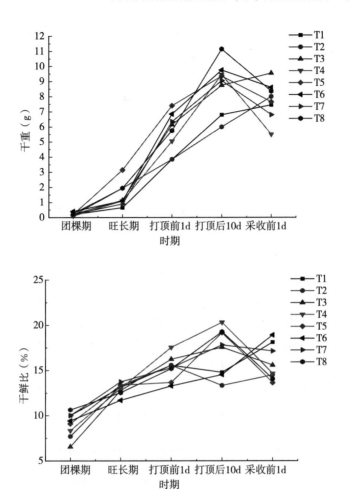

图 7-4　第 10 叶位叶片叶形和重量的变化

如图 7-4 所示，在本试验条件下，叶长团棵期时 T6 较长，T4 较短；之后随着生长发育进程的推进，各处理叶长不断增加，T4、T6、T7 在打顶后 10d 达到最大值，而后减少，其他处理在成熟采收前 1d 达到最大值。叶宽各处理团棵期差异不大，之后不断变宽，T7 在打顶前 1d 达到最宽，T1、T4、T6 在打顶后 10d 达到最大值，其他处理在成熟采收前 1d 达到最大值。鲜重和干重团棵期差异不大，之后不断增加，鲜重 T1、T4、T6、T7 在打顶后 10d 达到最大值，其他处理在成熟采收前 1d 达到最大值；而干重 T1、T2、T3 在成熟采收前 1d 达到最大值，其他处理在打顶后 10d 达到最大值；干鲜比各处理在团棵期已有差异，但之后均随着生长发育进程的推进而提高，T2 在打顶前 1d 达到最大值，T1、T6 在成熟采收前 1d 达到最大值，其他处理均在打顶后 10d 达到最大值。综上所述，施氮量、氮肥形态、基追比和留叶数四个因素互作对于生长发育总体进程没有影响，但对后期叶片定型及干鲜重有较大影响。

（三）农艺性状的变化

如表 7-48 所示，T5 处理的株高、茎围、有效叶数和腰叶长均为最大，T1 处理的茎围、节距和腰叶宽均为最小。相对低施氮量的前四个处理，随着施氮量提高和留叶数减少，株高有下降趋势，节距有变长趋势，说明对于株高、节距的影响，有效叶数起主要作用；而茎围、腰叶长宽则没有明显变化趋势，可能是由于氮肥硝铵比和基追比的干扰影响。相对高施氮量的后四个处理中，T6 施氮量和留叶数处于中等水平，但株高、节距、腰叶长宽均表现较差，可能由于硝铵比较小、基追比较大所导致；除了 T6，其余 3 个处理随着施氮量提高和留叶数减少，株高有下降趋势、节距有变长趋势、腰叶长有变小趋势、茎围、腰叶宽没有明显变化趋势。同时，总的看来，后四个处理株高、茎围、腰叶长宽优于前四个处理。方差分析表明，各指标值处理间均存在显著差异，可见试验处理对农艺性状有较大的影响。与各指标平均值比较，腰叶宽的最大变幅最大，其次是腰叶长，最大变幅分别为 15.06% 和 14.37%。

表 7-48　各处理农艺性状

单位：cm

处理	株高	茎围	节距	腰叶长	腰叶宽
T1	107.8±3.5ab	9.3±0.5b	5.7±0.2b	69.7±2.0ab	27.1±0.9c
T2	104.8±5.6b	9.5±0.5ab	5.8±0.3b	74.8±3.1a	30.2±1.2ab
T3	102.4±6.6b	9.6±0.6ab	6.0±0.4ab	66.1±6.5b	28.7±1.2bc
T4	102.4±11.0b	9.4±0.4b	6.4±0.7a	69.9±6.4ab	28.6±1.0bc
T5	117.2±3.4a	10.4±0.4a	6.2±0.2ab	76.5±0.6a	31.3±0.1a
T6	102.6±0.8b	10.4±0.9a	5.7±0.1b	71.8±2.2ab	30.2±2.0ab
T7	108.0±3.8ab	10.1±0.8ab	6.2±0.1ab	75.2±5.3a	31.6±1.6a
T8	103.9±3.3b	10.4±0.2a	6.5±0.2a	74.8±2.0a	31.3±1.3a

注：同列不同小写字母表示 P<0.05 水平差异显著，下同。

（四）经济性状变化

如表 7-49 所示，各处理产量均未超过本产区产量上限。各项指标值处理间排序均为 T7＞T8＞T5＞T4＞T6＞T1＞T3＞T2，最大差异均在 T7 和 T2 之间。方差分析结果表明，各项指标处理间均存在显著差异。

表 7-49　各处理经济性状

处理	产量 （kg/hm²）	产值 （元/hm²）	上等烟比例 （%）	上中等烟比例 （%）	均价 （元/kg）
T1	2 088.0±43.5de	48 865.5±1 194.0cd	47.8±0.8abc	94.8±1.2b	23.4±0.2c
T2	1 990.5±84.0e	44 932.5±5 970.0e	46.0±0.6c	92.9±0.2c	22.7±0.4d
T3	2 050.5±55.5e	48 259.5±4 438.5d	47.6±1.7bc	94.6±0.4b	23.3±0.2c
T4	2 236.5±91.5bc	54 471.0±3 039.0abcd	48.6±1.3abc	95.7±0.1ab	23.6±0.3bc
T5	2 337.0±76.5ab	54 619.5±5 577.0abc	49.0±0.3abc	96.2±1.5a	23.8±0.2abc
T6	2 184.0±34.5cd	51 162.0±2 551.5bcde	48.1±6.2abc	95.7±1.0ab	23.6±0.6bc
T7	2 434.5±58.5a	58 905.0±1 380.0a	52.1±2.2a	96.7±0.5a	24.2±0.2a
T8	2 341.5±49.5ab	56 398.5±462.0ab	51.2±1.8ab	96.4±0.1a	24.1±0.3ab

（五）外观质量变化

如表 7-50 所示，各处理烟叶表现为成熟、颜色橘黄一～橘黄、油分有、身份中等、叶片结构疏松、光泽强一～强，外观质量差异较小，但同时可以看出，施氮量较低的 T1、T2、T3 在颜色和光泽方面稍差。

表 7-50　各处理原烟外观评价

处理	成熟度	颜色	油分	身份	叶片结构	光泽
T1	成熟	橘黄一	有	中等	疏松	强
T2	成熟	橘黄一	有一	中等	疏松	强一
T3	成熟	橘黄一	有	中等	疏松	强一
T4	成熟	橘黄	有	中等	疏松	强
T5	成熟	橘黄	有	中等	疏松	强
T6	成熟	橘黄	有	中等	疏松	强
T7	成熟	橘黄	有	中等	疏松	强
T8	成熟	橘黄	有	中等	疏松	强

（六）内在化学成分变化

如表 7-51 所示，还原糖、总糖含量较高，烟碱含量较低，钾含量较高，淀粉含量普遍偏高（＞5%）。中部和上部叶中总糖含量均以 T3 处理最高，烟碱含量均以 T7 处理最高，总氮含量均以 T6 处理最高和 T3 处理最低。方差分析表明，中部和上部叶中钾含量处理间差异均不显著，其他指标值处理间均存在显著差异。

表 7-51　各处理烟叶化学成分

单位：%

处理	部位	还原糖	总糖	烟碱	总氮	K₂O	淀粉
T1	中部叶	32.6±1.9ab	36.9±1.0ab	1.12±0.25b	1.33±0.08ab	3.78±0.55	8.00±0.36a
T2	中部叶	32.6±1.1ab	37.4±1.4ab	1.48±0.16ab	1.30±0.02ab	3.50±0.24	8.57±0.42a
T3	中部叶	31.9±1.7ab	37.9±1.8a	1.13±0.01b	1.29±0.03b	3.76±0.36	7.93±0.29a
T4	中部叶	32.8±1.5a	37.1±2.2ab	1.50±0.32ab	1.34±0.06ab	3.48±0.24	7.50±1.75a
T5	中部叶	31.5±0.5ab	35.8±0.7abc	1.63±0.22a	1.37±0.09ab	3.81±0.22	5.50±0.17b
T6	中部叶	30.3±1.4b	34.1±2.2c	1.50±0.24ab	1.46±0.08a	3.90±0.13	5.07±1.43bc
T7	中部叶	31.1±0.4ab	34.7±0.6bc	1.79±0.25a	1.44±0.04ab	3.71±0.23	7.27±0.25a
T8	中部叶	30.5±1.5ab	34.8±2.0bc	1.70±0.39a	1.41±0.21ab	3.70±0.24	3.77±0.72c
T1	上部叶	31.7±1.2a	33.5±1.9a	2.14±0.28c	1.45±0.08bc	2.98±0.10	5.30±0.56bc
T2	上部叶	30.6±1.3abc	32.8±2.6ab	2.26±0.29bc	1.44±0.06bc	2.70±0.15	9.30±2.65a
T3	上部叶	31.5±1.6ab	34.4±2.2a	2.07±0.27c	1.38±0.04c	2.73±0.09	9.77±2.40a
T4	上部叶	30.1±0.6abc	32.1±0.7ab	2.30±0.08abc	1.49±0.10bc	2.84±0.17	10.37±1.37a
T5	上部叶	29.7±1.2abc	31.6±1.5ab	2.35±0.05abc	1.49±0.04bc	2.89±0.32	9.70±1.08a
T6	上部叶	29.6±0.8bc	30.6±0.8b	2.58±0.07ab	1.67±0.15a	2.90±0.13	3.97±1.21c
T7	上部叶	29.4±1.7c	30.6±1.7b	2.67±0.34a	1.55±0.09ab	2.83±0.26	6.07±1.17bc
T8	上部叶	31.2±0.8abc	34.1±1.8a	2.06±0.24c	1.39±0.05c	2.75±0.15	7.57±2.60ab

注：同列同部位不同小写字母表示 $P<0.05$ 水平差异显著，下同。

（七）感官质量变化

如表 7-52 所示，中部叶各处理烟叶以劲头"适中"，浓度"中等"为主，仅有 T8 为"中等＋"；质量档次"中等＋"～"较好－"，以"较好－"为主，仅有 T3 和 T8 为"中等＋"。上部叶各处理烟叶劲头"适中"～"适中＋"，以"适中"为主，其中 T7 和 T8 为"适中＋"；浓度"中等＋"；质量档次"中等"～"较好－"，T3 和 T6 为"较好－"，T7 为"中等"，其他处理为"中等＋"。从质量档次来看，中、上部叶均处于"较好－"的处理仅有 T6。因此，在所有试验处理中，以 T6 处理综合质量表现较好，此时施氮量 142.5kg/hm²，硝铵比为 3.5：6.5，基追比为 8：2，留叶 18 片。

表 7-52　各处理原烟感官评吸质量

处理	部位	香型	劲头	浓度	香气质 15	香气量 20	余味 25	杂气 18	刺激性 12	燃烧性 5	灰色 5	得分 100	质量档次
T1	中部叶	浓透清	适中	中等	11.4	16.1	19.7	13.2	8.9	3	3	75.3	较好-
T2	中部叶	浓透清	适中	中等	11.6	15.9	19.8	13.3	9	3	3	75.6	较好-
T3	中部叶	浓偏中	适中	中等	11.2	15.8	19.4	13	8.9	3	3	74.3	中等+
T4	中部叶	浓透清	适中	中等	11.6	16.2	20.1	13.5	9	3	3	76.4	较好-
T5	中部叶	浓偏中	适中	中等	11.4	16.2	19.7	13.2	8.5	3	3	75	较好-
T6	中部叶	浓透清	适中	中等	11.5	16.2	19.9	13.2	8.9	3	3	75.7	较好-
T7	中部叶	浓透清	适中	中等	11.6	16.2	20.1	13.4	9.1	3	3	76.4	较好-
T8	中部叶	浓透清	适中	中等+	11.2	16.1	19.3	13.1	8.6	3	3	74.3	中等+
T1	上部叶	浓偏中	适中	中等+	11.2	16.1	18.9	12.8	8.4	3	3	73.4	中等+
T2	上部叶	浓透清	适中	中等+	11.3	16.2	19.4	13.1	8.6	3	3	74.6	中等+
T3	上部叶	浓偏中	适中	中等+	11.5	16.3	19.5	13.3	8.6	3	3	75.2	较好-
T4	上部叶	浓偏中	适中	中等+	11.2	16.1	19.1	12.9	8.6	3	3	73.9	中等+
T5	上部叶	浓偏中	适中	中等+	11.3	16.3	19.1	13	8.7	3	3	74.4	中等+
T6	上部叶	浓透清	适中	中等+	11.5	16.4	19.5	13.1	8.7	3	3	75.2	较好-
T7	上部叶	浓偏中	适中+	中等+	10.9	15.9	18.7	12.6	8.4	3	3	72.5	中等
T8	上部叶	浓偏中	适中+	中等+	11.2	16	18.8	12.9	8.6	3	3	73.5	中等+

（八）基于品质最优的烟株特征分析

烟叶质量通常以中部叶作为整株表现的代表。如表 7-53 所示，中部叶烟叶质量评吸得分与试验处理因素的标准回归分析表明，模型未达显著，但结果具有参考意义。中部叶的回归模型中，施氮量贡献率为 53%，硝铵比贡献率 2%，基追比贡献率为 45%，留叶数贡献率为 0；最优稳定点是模型鞍点，最优评吸得分 75.9 分。拟合的处理为：施氮量为 113.25kg/hm²，硝铵比为 4.5：5.5，基追比为 7.7：2.3，留叶 17.5 片。将中部叶评吸最优值 75.9 分对应的施氮量、硝铵比、基追比和留叶数代入上部叶评吸得分回归模型拟合的上部叶评吸得分为 73.8 分，质量档次处于"中等+"；中部叶烟叶质量评吸得分与农艺性状、经济性状和化学成分回归分析表明，最优评吸得分 75.9 分，农艺性状指标为：株高 109.6cm、茎围 9.9cm、节距 6.1cm、叶数 17.5、最大腰叶长71.4cm、最大腰叶宽 29.3cm；经济性状为：产量 2 205kg/hm²、产值52 345.5 元/hm²、上等烟比例 48.7%、中上等烟比例 94.7%、均价 23.6 元/kg；中部叶化学成分含量为：还原糖 31.6%、总糖 36.5%、烟碱 1.5%、总氮1.39%、钾 3.71%；上部叶化学成分含量为：还原糖 30.6%、总糖 32.1%、烟碱 2.3%、总氮 1.53%、钾 2.83%。

表 7-53 基于感官质量的响应面回归模型

指标	回归模型
处理	中部叶评吸得分=64.971+2.388×施氮量-8.056×硝铵比+9.278×基追比-0.135×施氮量×施氮量+1.000×施氮量×硝铵比 1.083×施氮量×基追比 ($R^2=0.439$, $P=0.965\ 7$) 上部叶评吸得分=79.613-2.648×施氮量+27.917×硝铵比-7.806×基追比+0.228×施氮量×施氮量-3.611×施氮量×硝铵比+1.181×施氮量×基追比 ($R^2=0.853\ 2$, $P=0.651\ 1$)
农艺性状	中部叶评吸得分=1 623.496+12.906×株高-447.019×茎围-4.902×节距+0.985×下部叶长-4.746×下部叶宽-0.265×株高×株高+4.373×株高×茎围 ($R^2=1$)
经济性状	中部叶评吸得分=434.937+6.356×产量-0.545×产值-10.185×上等烟比例-6.260×上中等烟比例+50.817×均价-0.070×产量×产量+0.004×产量×产值 ($R^2=1$)
化学成分	中部叶评吸得分=817.175-55.255×还原糖+1.447×总糖+4.768×烟碱+29.397×总氮+5.309×K_2O+0.400×淀粉+0.883×还原糖×还原糖 ($R^2=1$, 注：中部叶化学成分) 中部叶评吸得分=-3 454.041+212.964×还原糖+4.573×总糖+32.145×烟碱-2.446×总氮+22.352×K_2O+0.228×淀粉-3.491×还原糖×还原糖 ($R^2=1$, 注：上部叶化学成分)

四、FL88f 适宜成熟采收技术研究

试验安排在长汀县濯田镇东山村，土壤质地为砂壤土，光照充足，肥力中等，前作水稻。土壤肥力情况：有机质含量 2.77%、水解氮含量 175mg/kg、有效磷含量 30.5mg/kg、速效钾含量 251mg/kg。选择烟株生长均匀一致的烟田，按照烟叶部位和采收成熟度两个因素，采用随机区组设计（表 7 - 54），每个处理 3 次重复，每小区 120 株（其中 20 株供鲜烟叶定叶位采样），各小区采收烟叶挂牌烘烤。

表 7 - 54 试验处理

处理	描述
MC1	中部烟叶提前 7d 采收
MC2	中部烟叶正常采收，对照
MC3	中部烟叶推迟 7d 采收
UC1	上部烟叶提前 7d 采收
UC2	上部烟叶正常采收，对照
UC3	上部烟叶推迟 7d 采收

（一）田间调查

如表 7 - 55 所示，各处理在处理前的田间烟株生长期一致。如表 7 - 56 所示，田间仅发生花叶病，其发病率均低于 10%，病情指数均低于 10，因此，病害发生情况均较轻，对于试验影响不大。如表 7 - 57 所示，处理前田间烟株素质一致。

表 7 - 55 各处理生育期调查

单位：日/月

处理	播种期	移栽期	团棵期	现蕾期	中部烟叶采收时间	上部烟叶采收时间
MC1	14/11	22/1	14/3	19/4	23/4	/
MC2	14/11	22/1	14/3	18/4	30/4	/
MC3	14/11	22/1	14/3	18/4	8/5	/
UC1	14/11	22/1	14/3	19/4	/	8/5
UC2	14/11	22/1	14/3	18/4	/	18/5
UC3	14/11	22/1	14/3	19/4	/	27/5

表 7 - 56　各处理花叶病发生情况调查

处理	发病率（%）	病情指数
MC1	5.9	5.36
MC2	7.71	6.36
MC3	8.68	7.64
UC1	5.37	5.06
UC2	6.03	5.81
UC3	6.88	6.72

表 7 - 57　农艺性状调查

单位：cm

处理	株高	茎围	节距	有效叶数	最大叶长	最大叶宽
MC1	110.6±4.3	10.4±0.2	6.0±0.3	18.6±0.2	76.6±3.5	34.6±1.5
MC2	109.8±5.2	10.1±0.9	5.8±0.2	18.9±1.0	77.4±4.0	32.6±4.8
MC3	105.1±6.1	10.1±0.4	5.9±0.3	17.9±0.7	75.0±1.3	34.7±3.0
UC1	111.5±2.5	10.1±0.3	5.8±0.3	19.2±0.8	76.4±0.7	32.8±0.9
UC2	110.5±4.1	10.3±0.9	5.8±0.7	19.0±0.7	76.7±5.3	34.2±3.5
UC3	110.8±3.5	10.1±0.3	6.0±0.1	18.7±0.3	78.7±5.9	34.7±5.0

注：同列不同小写字母表示 $P < 0.05$ 水平差异显著，无小写字母则表示 $P < 0.05$ 水平差异不显著，下同。

（二）鲜烟叶化学指标变化

中部烟叶采集了自下而上第 10 叶位叶片，上部烟叶采集了自下而上第 14 叶位叶片。

如表 7 - 58 所示，与 MC2（中部叶对照）比较，MC1 处理的各项指标值均低于对照，MC3 处理除干重比外的各项指标值均高于对照。与 UC2（上部叶对照）比较，UC1 处理的各项指标值均高于对照，UC3 处理除干鲜比外的各项指标均高于或等于对照。

表 7 - 58　鲜烟叶叶片发育情况

处理	鲜重（g）	干重（g）	干鲜比（%）	叶长（cm）	叶宽（cm）
MC1	63.25	8.45	13.35	71.40	26.70
MC2	68.90	12.25	17.78	72.65	29.20

（续）

处理	鲜重（g）	干重（g）	干鲜比（%）	叶长（cm）	叶宽（cm）
MC3	77.10	12.85	16.64	78.00	33.00
UC1	65.45	14.90	22.78	68.00	25.50
UC2	43.35	9.35	21.38	63.50	21.50
UC3	53.85	10.95	20.46	63.50	22.20

如表 7-59 所示，两组处理中各项指标值变化趋势一致，中部叶随采收推迟均表现先升后降，上部叶随采收推迟则均表现先降后升。MC 组相关分析表明，中部叶的全氮含量和类胡萝卜素含量显著正相关（$R^2 = 0.999\,8$，$P = 0.011\,5$），上部叶的还原糖含量和类胡萝卜素含量显著正相关（$R^2 = 0.999\,8$，$P = 0.010\,7$）。

表 7-59 鲜叶片发育过程中理化指标变化

处理	全氮（g/kg）	烟碱（%）	还原糖（%）	淀粉（%）	类胡萝卜素（mg/100g）
MC1	9.9	0.56	5.3	35.5	27.5
MC2	10.2	0.84	6.0	49.4	31.7
MC3	9.4	0.71	5.8	41.6	20.0
UC1	13.7	0.89	6.0	53.9	27.9
UC2	10.8	0.77	3.9	35.5	21.0
UC3	12.8	0.84	5.6	40.0	26.7

（三）外观质量变化

如表 7-60 所示，各处理烟叶成熟度与试验处理相对应。中部叶处理和上部叶处理均表现为：欠熟和过熟处理的油分表现"有—"、身份"中等—"、叶片结构"疏松—"，正常成熟采收处理的油分表现"有"、身份"中等"、叶片结构"疏松"。因此，原烟外观质量以正常成熟采收较好，提前或推迟采收均会造成外观质量下降，油分趋少、身份趋差、叶片结构趋紧密。

表 7-60 各处理烤后烟外观质量评价

处理	成熟度	颜色	油分	身份	叶片结构	光泽
MC1	欠熟	橘黄—	有—	中等—	疏松—	强

（续）

处理	成熟度	颜色	油分	身份	叶片结构	光泽
MC2	成熟	橘黄一	有	中等	疏松	强
MC3	过熟	橘黄一	有一	中等一	疏松一	强
UC1	欠熟	橘黄一	有一	中等一	疏松一	强
UC2	成熟	橘黄一	有	中等	疏松	强
UC3	过熟	橘黄一	有一	中等一	疏松一	强

（四）烤后烟叶化学成分变化

由表7-61可以看出，淀粉含量普遍偏高，烟碱含量偏低，上部叶总氮含量偏低，其他指标含量均在适宜区间。方差分析表明，中部叶、上部叶各项化学成分指标处理间无显著差异。

表7-61　各处理烟叶化学成分指标

单位：%

处理	还原糖	总糖	烟碱	总氮	K_2O	淀粉
MC1	33.4±2.1	36.3±1.6	1.81±0.04	1.45±0.03	3.90±0.49	10.13±0.87
MC2	34.0±1.2	37.1±1.0	1.70±0.20	1.33±0.05	4.01±0.13	10.77±0.67
MC3	32.9±1.4	35.7±2.7	1.85±0.12	1.43±0.23	3.84±0.30	10.00±0.72
UC1	32.4±1.1	35.0±1.3	2.44±0.31	1.42±0.08	3.13±0.26	11.80±1.45
UC2	32.2±0.8	34.2±0.9	2.30±0.13	1.44±0.09	3.02±0.05	10.57±0.74
UC3	30.5±1.0	31.5±0.7	2.37±0.02	1.28±0.16	2.99±0.23	12.00±0.98

（五）感官质量变化

如表7-62所示，中部叶推迟采收（MC3）和提前采收（MC1）处理烟叶评吸得分均高于正常采收（MC2）处理，质量档次提升至"较好一"，MC3处理优于MC1处理，且香型表现更接近清香型。上部叶评吸质量表现为提前采收处理（UC1）＞正常采收处理（UC2）＞推迟采收处理（UC3），质量档次UC1处于"较好一"，UC2和UC3处于"中等＋"。

表7-62　各处理烟叶感官评吸质量

处理	香型	劲头	浓度	香气质 15	香气量 20	余味 25	杂气 18	刺激性 12	燃烧性 5	灰色 5	得分 100	质量档次
MC1	中偏清	适中	中等	11.58	16.08	19.67	13.25	9.00	3.00	2.92	75.5	较好一

（续）

处理	香型	劲头	浓度	香气质 15	香气量 20	余味 25	杂气 18	刺激性 12	燃烧性 5	灰色 5	得分 100	质量档次
MC2	中间	适中	中等	11.25	16.08	19.25	12.75	8.92	3.00	2.92	74.2	中等＋
MC3	清偏中	适中	中等	11.67	16.25	19.92	13.58	9.00	3.00	2.92	76.3	较好－
UC1	清偏中	适中	中等＋	11.50	16.25	19.33	13.33	8.83	3.00	2.92	75.2	较好－
UC2	清偏中	适中	中等	11.42	16.08	19.08	13.17	8.75	3.00	2.92	74.4	中等＋
UC3	中偏清	适中＋	中等＋	11.08	16.00	18.83	12.75	8.67	3.00	2.92	73.3	中等＋

综上所述，与目前烟叶采收对照比较，FL88f 中部叶宜适当推迟采收，上部叶宜适当提前采收。

第八章 龙岩优质特色烟叶配套烘烤技术

烟叶烘烤调制是烤烟生产过程中的一个重要环节。在田间生长的优质鲜烟叶必须经过烘烤过程才能使其优良品质得到固定和体现，不同烤烟品种由于自身遗传因素和外界栽培因素的不同，其烘烤特性有很大的差异，研究不同品种的烟叶特点及其在烘烤过程中体现的质量规律可以加深对其烘烤特性的了解，有利于烟农针对不同的品种实施不同的烘烤工艺，以满足烟草工业对龙岩优质特色烟叶的原料需求。

根据烤烟烟叶烘烤过程中颜色和水分含量的变化规律，烟叶烘烤进程分为变黄期、定色期和干筋期三个工艺时段，其中变黄期可分为变黄阶段和凋萎阶段，定色期可分为干尖阶段和干片阶段，即"三段五步式"烘烤工艺。变黄期是烟叶褪绿变黄和烟叶水分排释的主要阶段，温度逐渐升到44～45 ℃，相对湿度逐渐降到70%左右；与蛋白质结合以复合体形态存在的叶绿素需要在大分子物质蛋白质降解后降解失绿，大分子物质淀粉逐渐降解，变黄前期0～36 h蛋白质快速降解、淀粉快速水解，但两者速度几乎相同，之后淀粉水解速度较蛋白质降解速度稍快些（王怀珠等，2004；王万能等，2017）；大分子物质降解所产生的多数香气物质和降解产生的美拉德反应底物均主要以相对湿度86%左右时较高，因而变黄期也是色素和大分子物质降解的关键时期，也是香气物质前体物形成的重要阶段。定色期是变黄烟叶颜色稳定和褐变阻断的主要阶段，温度逐渐升到54～55 ℃，相对湿度逐渐降到30%左右；由于脂氧合酶活性的升高和自由基的大量增加，细胞膜结构破坏和透性增加，质体中多酚氧化酶释放及其活性升高，需要较低的相对湿度减缓酶促棕色化反应；定色后期尤其是温度54～55 ℃是美拉德反应形成香气物质的关键阶段。干筋期是较粗部分主脉烤干的主要阶段，温度逐渐升到67～68 ℃，要求干筋温度控制在70℃以下，相对湿度逐渐降到15%左右，防止烟叶烤红。为了明确龙岩烤烟的采后生物学特性变化和配套的烘烤工艺，本章针对当地9个不同烤烟品种（系）研究了其成熟期及采后的色素和水分含量变化，针对前述筛选出的闽烟312和

FL88f优质特色品种（系）研究了变黄期、定色期和干筋期关键烘烤工艺参数，配套闽烟312和FL88f优质特色烘烤技术，为龙岩优质特色烟叶开发提供烘烤工艺理论依据和技术支撑。

第一节 不同烤烟品种（系）采后的色素和水分含量变化

烤房中的温湿度调节主要根据烟叶的失水和色素降解规律，调控烟叶中碳氮代谢产物向有利于品质形成的方向进行，体现出烟叶的最终质量，其原料即是成熟期采收的烟叶，烟叶成熟期色素和水分含量的变化是调整烘烤工艺的重要生物学基础（戴培刚等，2009）。为了探讨采后烟叶的代谢生理和烘烤生物学特性，以4个早春烟品种（闽烟35、C2、FL88f、CB-1）和5个春烟品种（闽烟38、闽烟57、闽烟312、FL25、云烟87）为材料，烟草种植安排在上杭庐丰乡中坊村，按当地正常成熟采收，采后选代表性中部和上部烟叶进行抽屉试验，即采后将代表性中部和上部鲜烟叶放在空气不流通无光源的环境中，让其自然褪色和失水，每24小时跟踪测定烟叶的色素和水分含量。

一、中部和上部成熟采收烟叶色素含量的变化

不同品种（系）中部叶采收时叶绿素a/b以云烟87＞闽烟35＞CB-1＞闽烟38＞C2＞闽烟57＞闽烟312＞FL88f＞FL25，最高与最低相差1.2倍（图8-1），可见不同品种（系）间烘烤中色素降解的潜在能力差异较大，FL25、FL88f变黄最慢，云烟87和闽烟35较易变黄。早春烟组中FL88f较难烤黄，其次是C2、CB-1，闽烟35相对较易变黄；春烟组中FL25较难褪绿，其次是闽烟312、闽烟57、闽烟38，云烟87最易烤黄。不同品种（系）

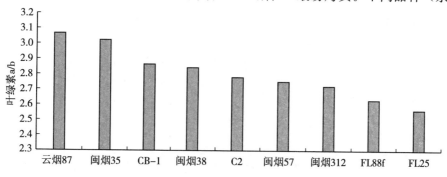

图8-1 采收时中部叶叶绿素a/b的变化

中部叶类胡萝卜素含量表现为 CB-1＞闽烟 312＞闽烟 35＞闽烟 38＞FL88f＞闽烟 57＞云烟 87＞FL25＞C2（图 8-2），可见 CB-1、闽烟 312 中部叶具有较好的提高香气质量的物质基础。

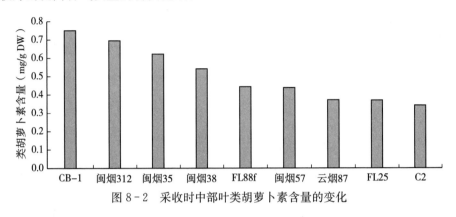

图 8-2　采收时中部叶类胡萝卜素含量的变化

不同品种（系）上部叶采收时叶绿素 a/b 表现为闽烟 38＞FL88f＞闽烟 35＞云烟 87＞CB-1＞FL25＞闽烟 57＞闽烟 312＞C2，最高与最低相差 1.78 倍（图 8-3），可见上部叶品种（系）间的这种差异较中部叶的差异更大，C2 变黄最慢，闽烟 38 变黄最快。早春烟组中 C2 较难变黄，其次是 CB-1，FL88f 和闽烟 35 相对较易变黄；春烟组中闽烟 312 较难褪绿，其次是闽烟 57、FL25，而闽烟 38、云烟 87 较易变黄。不同品种（系）上部叶类胡萝卜素含量表现为 FL25＞CB-1＞闽烟 35＞闽烟 312＞闽烟 38＞FL88f＞C2＞闽烟 57＞云烟 87（图 8-4），可见 FL25、CB-1 上部叶具有较好的提高香气质量的物质基础。

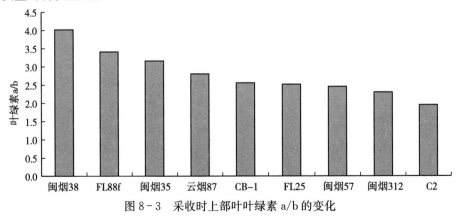

图 8-3　采收时上部叶叶绿素 a/b 的变化

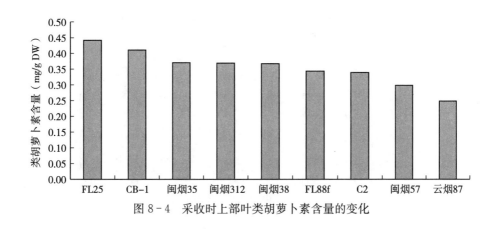

图 8-4　采收时上部叶类胡萝卜素含量的变化

二、中部和上部成熟采收烟叶水分含量的变化

不同品种（系）中部叶中，采收后总水分逐渐散失，但总水分含量并未出现明显的下降趋势，而是在 71.17%～85.27% 波动（图 8-5）。说明一方面龙岩空气较为湿润，水分散失较慢；另一方面干物质损耗也在同步进行。闽烟35、FL88f、闽烟 38：采后 48h 以干物质损耗为主，水分散失较少，48h 后水分散失加剧。C2、云烟 87：采后 24h 干物质损耗较大，24～48h 水分散失加剧。CB-1：采后 24h 干物质损耗较大，24～72h 水分散失加剧。闽烟 57、FL25：采后 24h 以水分散失为主，24～48h 以干物质损耗为主。闽烟 312：采后 24h 以水分散失为主，24～72h 以干物质损耗为主。按照 24h 内水分散失和干物质损耗可分成两类，闽烟 57、FL25、闽烟 312 为一类，采后 24h 内主要以水分散失为主；

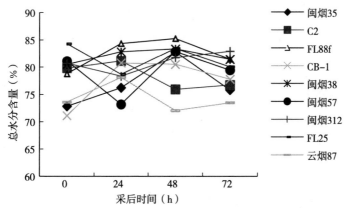

图 8-5　采后 72h 内中部叶总水分含量的变化

其他品种（系）为一类，采后 24h 内主要以干物质损耗为主（图 8-6）。

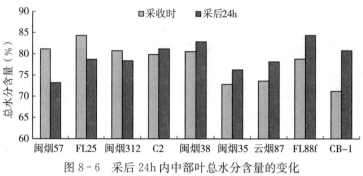

图 8-6　采后 24h 内中部叶总水分含量的变化

不同品种（系）中部叶成熟采收时自由水含量的变化表明（图 8-7），
FL25、闽烟 57、闽烟 312 自由水含量较高，烘烤中需要注意变黄期水分的保
持，以免失水烤青。束缚水含量的变化表明（图 8-8），C2、闽烟 35、闽烟
38、FL88f 束缚水含量较高，烘烤中需要注意变黄后期烤房内干湿差，以免烟
叶定色过深。

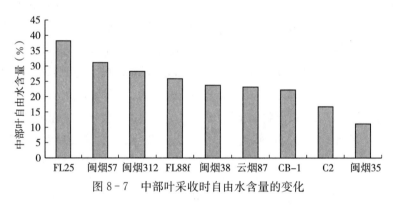

图 8-7　中部叶采收时自由水含量的变化

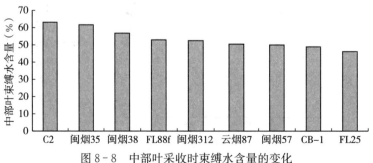

图 8-8　中部叶采收时束缚水含量的变化

上部叶采收后总水分逐渐散失，但总水分含量并未出现明显的下降趋势，而是在 65.57%～79.75% 波动（图 8-9），说明一方面龙岩空气较为湿润，水分散失较慢；另一方面干物质损耗也在同步进行。C2、CB-1、闽烟 35、闽烟 38、FL25：采后 48h 以干物质损耗为主，之后以水分散失为主。FL88f、云烟 87：采后持续以干物质损耗为主。闽烟 57：采后 24h 以干物质损耗为主，24～48h 以水分散失为主，48～72h 以干物质损耗为主。闽烟 312：采后 48h 内以水分散失为主，48～72h 以干物质损耗为主。按照 24h 内水分散失和干物质损耗可分成两类，闽烟 312 为一类，采后 24h 内主要以水分散失为主；其他品种（系）为一类，采后 24h 内主要以干物质损耗为主（图 8-10）。

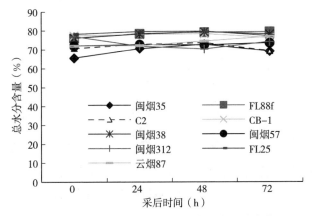

图 8-9　采后 72h 内上部叶总水分含量的变化

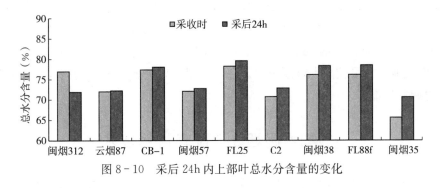

图 8-10　采后 24h 内上部叶总水分含量的变化

不同品种（系）上部叶成熟采收时自由水含量的变化表明（图 8-11），FL25、CB-1、闽烟 38 自由水含量较高，烘烤中需要注意变黄期水分的保持，以免失水烤青。束缚水含量的变化表明（图 8-12），FL88f、闽烟 35 束缚水含量较高，烘烤中需要注意变黄后期烤房内干湿差，以免烟叶定色过深。

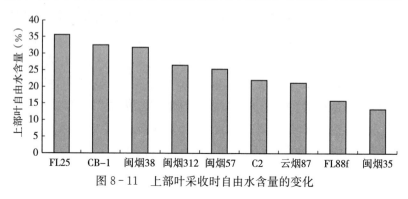

图 8-11 上部叶采收时自由水含量的变化

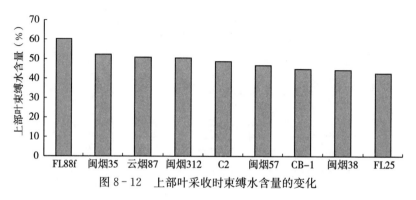

图 8-12 上部叶采收时束缚水含量的变化

综上所述，中部叶 FL25、CB-1、闽烟 57 品种（系）和上部叶 FL25、闽烟 38、CB-1、闽烟 57、C2、闽烟 312 品种（系）自由水含量较高或较低，而束缚水含量较低，易失水烤青或排湿晚而烤黑，排湿的调控尤为重要。中部叶 C2、闽烟 35、闽烟 38、FL88f、闽烟 312 品种（系）和上部叶 FL88f、闽烟 35 束缚水含量较高，难以脱水定色，升温快则烤青，升温慢则烤黑，升温的协调尤为重要。

第二节 闽烟 312 配套烘烤技术

为了明确闽烟 312 烘烤过程中的关键烘烤工艺，结合烟叶烘烤进程中变黄期、定色期和干筋期三个工艺时段，采用温湿度自控烤箱和烤房开展关键烘烤工艺参数梯度对比试验，为龙岩优质特色烟叶烘烤工艺提供理论依据和技术支撑。

一、闽烟312变黄期关键烘烤工艺参数研究

变黄期是烟叶褪绿变黄和烟叶水分排释的主要阶段。变黄阶段蛋白质快速降解、淀粉快速水解，凋萎阶段是进一步利用蛋白质降解和淀粉水解速度差异，为后续烘烤进程奠定物质和状态基础。因此，变黄期是色素和大分子物质降解的关键时期，也是香气物质形成的重要阶段，对烟叶优质特色的彰显具有重要作用。

（一）变黄阶段适宜变黄温度和变黄程度工艺参数研究

试验设计见表8-1。

表8-1　试验处理及操作要点

处理编号	变黄温度	变黄程度	烘烤操作要点
B1	36℃	6～7成	湿球34℃，该温度保温时间以烟叶达到变化
B2	36℃	7～8成	湿球34℃，该温度保温时间以烟叶达到变化
B3	36℃	8～9成	湿球34℃，该温度保温时间以烟叶达到变化
B4	38℃	6～7成	湿球36℃，该温度保温时间以烟叶达到变化
B5	38℃	7～8成	湿球36℃，该温度保温时间以烟叶达到变化
B6	38℃	8～9成	湿球36℃，该温度保温时间以烟叶达到变化
B7	40℃	6～7成	湿球37℃，该温度保温时间以烟叶达到变化
B8	40℃	7～8成	湿球37℃，该温度保温时间以烟叶达到变化
B9	40℃	8～9成	湿球37℃，该温度保温时间以烟叶达到变化

试验安排在上杭县庐丰乡试验站，选取大田管理规范、营养均衡、个体与群体生长发育协调、落黄均匀一致的闽烟312烟田，行株距1.2m×0.5m，施氮量127.5kg/hm²，留叶18片，氮肥基追比6∶4；分别选取中部烟叶和上部烟叶为材料，每个烘烤处理选同一成熟度的鲜烟叶200片左右，在温湿度自控试验烤箱中，开展变黄温度和变黄程度烘烤试验，其他烘烤操作技术参照三段式烘烤工艺执行。中、上部叶设定和测量温度见表8-2和表8-3。

1. 经济性状变化

中部烟叶各处理间（表8-4），随着变黄程度的提高，在变黄温度36℃处理下，单叶产值呈上升趋势，在变黄温度38℃处理下，单叶产值呈先降后升趋势，在变黄温度40℃处理下，单叶产值呈先升后降趋势；随着变黄温度的提高，在变黄程度6～7成处理下，单叶产值呈上升趋势，在变黄温度7～8成

表8-2 中部烟叶各处理烘烤记载

处理	时长(h)	干球温度(℃) 测量	干球温度(℃) 设定	湿球温度(℃) 测量	湿球温度(℃) 设定	烟叶变化
B1	0	/	32	/	20	开烤
	3	36.2	36	33.9	34	
	22	37.1	36	32.8	34	6~7成黄
	53	42.9	42	38.1	38	全黄
	54	43.1	43	37.1	38	转入定色期
	109	53.9	54	37.5	38	干片
	110	56.6	56	37.3	38	转入干筋期
	147	64.8	65	64.3	42	烤干
B2	0	/	36	/	34	开烤
	3	36.1	36	33.4	34	
	29	37.3	36	33.2	34	7~8成黄
	56	42.1	42	37.9	38	全黄
	58	43.1	43	37	38	转入定色期
	109	54.4	54	37.9	38	干片
	110	56	56	36.8	38	转入干筋期
	147	65.3	65	40.6	42	烤干
B3	0	/	30	/	30	开烤
	3	36.1	36	34.4	34	
	31	36.2	36	33.9	34	8~9成黄
	51	42.1	42	36.6	38	全黄
	52	43.6	43	37.9	38	转入定色期
	94	54.6	53.1	37.9	38	干片
	95	56.4	54.1	37.7	38	转入干筋期
	134	66.8	65	64.9	42	烤干
B4	0	/	38	/	36	开烤
	6	38.3	38	36	36	
	22	38.3	38	35.7	36	6~7成黄
	53	42.3	42	37.4	38	全黄
	56	43.2	43	36.9	38	转入定色期
	109	53.7	54	37.1	38	干片
	110	54.8	56	37.3	38	转入干筋期
	147	64.9	65	37.1	42	烤干

（续）

处理	时长(h)	干球温度(℃)设定	干球温度(℃)测量	湿球温度(℃)设定	湿球温度(℃)测量	烟叶变化
B5	0	30	/	30	/	开烤
	7	38	37.9	36	35.4	
	31	38	38.3	36	35.8	7~8成黄
	52	42.8	42.6	38	36.6	全黄
	53	43	43.2	38	38.1	转入定色期
	96	52.5	53.9	38	37.1	
	98	53.8	53.9	38	37.8	转入干筋期
	146	65	65.8	41.5	40.2	烤干
B6	0	36	/	36	/	开烤
	3	38	38.4	37	36.6	
	40	38	38.4	37	36.9	8~9成黄
	68	42	42.3	37	36.7	全黄
	69	43	43.5	38	37.2	转入定色期
	110	54	53.8	40	38.4	
	111	54	53.8	40	38.6	转入干筋期
	147	68	67.9	41.5	41.6	烤干
B7	0	40	/	37	/	开烤
	6	40	39.6	37	37.3	
	30	40	38.3	37	36.4	6~7成黄
	62	42	42.1	37	36.4	全黄
	63	43	42.6	38	36.7	转入定色期
	130	54.7	53.9	40	39.9	
	131	55.7	54.8	40	39.9	转入干筋期
	143	65	63.7	41.5	39.7	烤干
B8	0	30	/	30	/	开烤
	6	40	40.5	37	37.1	
	47	40	40.3	38	37.4	7~8成黄
	67	42	42.3	38	37.4	全黄
	68	43	43.2	38	37.6	转入定色期
	117	53	53.3	38	37.9	
	118	54	53.8	38	37.8	转入干筋期
	135	66	64.8	42	65.4	烤干
B9	0	38	/	37	/	开烤
	6	40	40.1	37	36.1	
	56	40	40.2	38	37.9	8~9成黄
	83	42	42.2	38	36.8	全黄
	84	43	43.3	38	38.1	转入定色期
	128	54	54.2	38	37	
	129	56	56.3	38	37.6	转入干筋期
	147	67	65.9	42	40.8	烤干

表8-3 上部烟叶各处理烘烤记载

处理	时长(h)	干球温度(℃) 测量	干球温度(℃) 设定	湿球温度(℃) 测量	湿球温度(℃) 设定	烟叶变化
B1	0	/	36	/	36	开烤
	3	36	36	35.6	36	
	30	36.3	36	34.6	34	6~7成黄
	63	42.3	42	37.3	38	全黄
	64	43	43	38.1	38	转入定色期
	133	54.1	54	38.4	40	干片
	134	54.4	54.6	38.8	41	转入干筋期
	147	64.4	65	64.2	41.5	烤干
B2	0	/	36	/	36	开烤
	38	36.3	36	33.9	34	
	39	39.7	38	34.7	36	7~8成黄
	52	42	42	36.7	37	全黄
	53	43.1	43	37.7	38	转入定色期
	89	54.1	54	37.8	39	干片
	90	54.6	55	37.3	38	转入干筋期
	120	67.8	68	40.2	41	烤干
B3	0	/	36	/	36	开烤
	3	36.3	36	35.3	36	
	44	37.5	36	34	34	8~9成黄
	53	41.9	42	37.8	38	全黄
	55	44.2	44	36	37	转入定色期
	87	54.3	54	38.1	38	干片
	88	54.9	55	36.8	38	转入干筋期
	134	64.7	65	64.7	38	烤干
B4	0	/	38	/	38	开烤
	6	38.3	38	35.9	36	
	31	38.1	38	35.3	36	6~7成黄
	50	42.5	42	37.7	38	全黄
	51	43.6	43	36.6	38	转入定色期
	88	54.3	54	37.8	38	干片
	89	55.5	55	37.8	38	转入干筋期
	121	67.3	68	39.8	38	烤干

（续）

处理	时长(h)	干球温度(℃)设定	干球温度(℃)测量	湿球温度(℃)设定	湿球温度(℃)测量	烟叶变化
B5	0	38	/	38	/	开烤
	3	38	38.1	36	35.6	
	39	38	38.2	36	35.2	7~8成黄
	50	42	42	38	37.3	全黄
	51	43	42.9	38	37.3	转入定色期
	86	54	54.5	38	37.8	
	87	56	56.4	38	38.2	转入干筋期
	119	68	68.5	41	40.4	烤干
B6	0	36	/	35	/	开烤
	3	38	37.9	36	35.9	
	46	38	38.2	36	36.1	8~9成黄
	77	42.1	42.3	38	37.6	全黄
	78	43	43.1	38	37.3	转入定色期
	120	54	54.1	40	39.1	
	121	54.4	54.3	41	40.4	转入干筋期
	147	68	67.1	42	41.3	烤干
B7	0	36	/	36	/	开烤
	6	40	39.9	37	36.9	
	19	40	39.9	37	37.1	6~7成黄
	33	42.7	42.9	38	39.6	全黄
	34	43	43.5	38	40.2	转入定色期
	66	54	53.6	39	35.8	
	67	54	56.8	39	36.8	转入干筋期
	102	67	67.2	42	41.5	烤干
B8	0	36	/	36	/	开烤
	6	40	40.4	37	37	
	21	40	40.4	37	36.1	7~8成黄
	36	42.7	42.8	38	38.1	全黄
	37	43	43.2	38	37.9	转入定色期
	68	54	53.4	38	38.1	
	71	55.4	55.6	38	37.3	转入干筋期
	105	67	66.3	42	41.5	烤干
B9	0	40	/	37	/	开烤
	6	40	40.3	37	36.6	
	34	40	40.1	37	36.9	8~9成黄
	46	42	42	38	36.4	全黄
	47	43	43.4	38	36.6	转入定色期
	92	54	54.8	38	38	
	93	56	56	38	37.6	转入干筋期
	120	68	66.8	42	39.8	烤干

处理下，单叶产值呈先降后升趋势，在变黄温度8～9成处理下，单叶产值呈先升后降趋势。其中B8处理，即变黄温度40℃、变黄程度8～9成黄时，单叶产值最高。基于变黄温度和变黄程度的单叶产值贡献率分析表明（表8-5），单叶产值主要受变黄温度（29.7%）和变黄程度（14.9%）两因素之间交互作用（55.4%）的影响。

上部烟叶各处理间（表8-4），随着变黄程度的提高，在变黄温度36℃和40℃处理下，单叶产值呈先升后降趋势，在变黄温度38℃处理下，单叶产值呈先降后升趋势；随着变黄温度的提高，在变黄程度6～7成处理下，单叶产值呈先降后升趋势，在变黄温度7～8成处理下，单叶产值呈先降后升趋势，在变黄温度8～9成处理下，单叶产值呈下降趋势。其中B8处理，即变黄温度40℃、变黄程度7～8成黄时，单叶产值最高。基于变黄温度和变黄程度的单叶产值贡献率分析表明（表8-5），单叶产值主要受变黄温度（14.0%）和变黄程度（7.0%）两因素之间交互作用（79.0%）的影响。

表8-4 经济性状统计

部位	处理	上等烟比例（%）	中等烟比例（%）	橘黄烟比例（%）	均价（元/kg）	单叶重（g）	单叶产值（元）
中部叶	B1	40.04	59.96	45.83	28.44	6.38	0.18
	B2	42.09	57.90	38.08	27.87	6.67	0.19
	B3	45.92	54.07	40.93	28.00	7.71	0.22
	B4	43.46	56.53	26.86	28.05	7.33	0.21
	B5	55.04	44.96	31.90	28.76	6.37	0.18
	B6	50.85	49.14	40.88	28.13	8.02	0.23
	B7	62.79	37.20	14.01	28.84	7.52	0.22
	B8	74.68	25.31	16.04	29.28	8.09	0.24
	B9	57.86	42.12	10.97	28.73	7.47	0.21
上部叶	B1	54.53	45.47	31.20	22.67	7.65	0.17
	B2	37.08	62.91	43.10	20.40	9.32	0.19
	B3	40.93	59.07	45.92	20.73	8.91	0.18
	B4	38.49	61.50	31.84	20.86	8.78	0.18
	B5	50.05	49.94	36.88	22.50	6.63	0.15
	B6	45.87	54.13	45.87	21.13	8.39	0.18
	B7	61.79	38.20	15.01	23.33	7.17	0.17
	B8	70.67	29.32	20.05	24.29	8.63	0.21
	B9	43.51	56.48	25.11	21.46	8.15	0.17

表8-5　单叶产值影响因素贡献率

因素	中部叶		上部叶	
	平方和	贡献率	平方和	贡献率
变黄温度	0.002 2	29.7%	0.000 6	14.0%
变黄程度	0.001 1	14.9%	0.000 3	7.0%
交互作用	0.004 1	55.4%	0.003 4	79.0%

2. 化学成分变化

如表8-6所示，闽烟312中部叶还原糖和总糖含量较高，除B8外均高于30%，烟碱含量偏低，均低于1%，总氮含量偏低，均低于1.3%，烟碱和总氮含量远低于适宜范围下限，钾含量较高，Cl^-含量适宜。上部叶还原糖、总糖、钾和Cl^-含量适宜，烟碱含量偏低，均低于2%，总氮含量偏低，均低于1.5%。总体而言，多数指标处理间差异较小。

表8-6　各处理烟叶化学成分

单位：%

叶位	处理	还原糖	总糖	烟碱	总氮	K_2O	Cl^-
中部叶	B1	33.4	36.3	0.73	1.18	3.21	0.59
	B2	33.1	36.6	0.83	1.22	3.14	0.58
	B3	31.6	34.4	0.90	1.24	3.05	0.58
	B4	33.1	36.6	0.80	1.26	3.08	0.58
	B5	32.9	37.0	0.96	1.24	3.22	0.48
	B6	34.1	36.9	0.93	1.22	3.15	0.54
	B7	33.2	35.8	0.93	1.22	2.90	0.64
	B8	28.8	33.5	0.99	1.27	3.08	0.43
	B9	32.4	36.3	0.81	1.21	3.15	0.50
上部叶	B1	26.6	33.4	1.67	1.38	2.28	0.47
	B2	26.3	32.8	1.56	1.34	2.32	0.51
	B3	26.2	33.2	1.72	1.36	2.28	0.46
	B4	26.9	32.2	1.79	1.47	2.42	0.60
	B5	27.5	32.6	1.43	1.36	2.25	0.45
	B6	25.5	30.1	1.36	1.35	2.40	0.45
	B7	24.1	32.4	1.65	1.36	2.31	0.45
	B8	31.3	32.5	1.83	1.46	2.41	0.44
	B9	25.8	33.7	1.67	1.41	2.21	0.53

3. 感官质量变化

中、上部烟叶各处理感官质量变化见表8-7。

表8-7 各处理烟叶感官评吸质量

叶位	处理	香型	劲头	浓度	香气质 15	香气量 20	余味 25	杂气 18	刺激性 12	得分	质量档次
中部叶	B1	中偏清	适中	中等	11.08	15.58	18.92	13.00	8.83	73.4	中等＋
	B2	中偏清	适中	中等	11.17	15.83	19.08	13.17	8.83	74.1	中等＋
	B3	中间	适中	中等	10.83	15.50	18.67	12.67	8.83	72.5	中等
	B4	中偏清	适中	中等	11.00	15.42	18.83	12.67	8.83	72.8	中等
	B5	中偏清	适中	中等	11.25	15.83	19.42	13.25	9.00	74.8	中等＋
	B6	中偏清	适中	中等	11.08	15.75	19.08	13.00	9.00	73.9	中等＋
	B7	中间	适中	中等	10.92	15.25	18.67	12.92	8.92	72.7	中等
	B8	中间	适中	中等	11.33	15.75	19.33	13.33	9.00	74.8	中等＋
	B9	中偏清	适中	中等	11.17	15.50	18.92	13.00	8.92	73.6	中等＋
上部叶	B1	中偏清	适中	中等	11.25	15.92	19.17	13.00	8.92	74.3	中等＋
	B2	中间	适中	中等	11.00	15.67	18.67	12.83	8.83	73.0	中等＋
	B3	中间	适中＋	中等	10.92	15.50	18.58	12.67	8.67	72.3	中等
	B4	中间	适中	中等	11.00	15.50	18.75	12.83	8.75	72.8	中等＋
	B5	中偏清	适中	中等	11.08	15.67	19.00	13.00	8.92	73.7	中等＋
	B6	中间	适中＋	中等	10.75	15.42	18.33	12.58	8.42	71.5	中等
	B7	中偏清	适中	中等＋	10.92	15.83	18.83	12.58	8.67	72.8	中等
	B8	中偏清	适中	中等	11.25	16.08	19.17	13.08	9.00	74.6	中等＋
	B9	中偏清	适中	中等＋	11.08	16.08	18.92	12.83	8.92	73.8	中等＋

中部烟叶各处理，劲头"适中"，浓度"中等"，质量档次"中等"～"中等＋"。随着变黄程度的提高，在各变黄温度处理下，感官评吸得分均呈先升后降趋势；随着变黄温度的提高，在变黄程度6～7成黄处理下，感官评吸得分呈降低趋势，在变黄程度7～8成黄处理下，感官评吸得分呈上升趋势，在变黄程度8～9成黄处理下，感官评吸得分呈先升后降趋势。其中B5（变黄温度38℃、变黄程度7～8成黄）和B8（变黄温度40℃、变黄程度7～8成黄）处理表现较好，感官评吸得分最高，质量档次接近"较好－"。基于变黄温度和变黄程度的感官评吸得分贡献率分析表明（表8-8），感官评吸得分主要受变黄程度（71.3％）的影响，其次是变黄温度（6.8％）和变黄程度两因素之间

交互作用（21.9%）影响。

表8-8 烟叶感官评吸质量影响因素贡献率

因素	中部叶		上部叶	
	平方和	贡献率	平方和	贡献率
变黄温度	0.804 4	6.8%	3.413 3	21.8%
变黄程度	8.431 1	71.3%	4.653 3	29.7%
交互作用	2.595 6	21.9%	7.613 3	48.6%

上部烟叶各处理，劲头以"适中"为主，浓度以"中等"为主，质量档次"中等"～"中等+"。随着变黄程度的提高，在变黄温度36℃处理下，感官评吸得分呈降低趋势，在变黄温度38℃和40℃处理下，感官评吸得分呈先升后降趋势；随着变黄温度的提高，在变黄程度6～7成黄处理下，感官评吸得分呈降低趋势，在变黄程度7～8成黄处理下，感官评吸得分呈上升趋势，在变黄程度8～9成黄处理下，感官评吸得分呈先降后升趋势。其中B8（变黄温度40℃、变黄程度7～8成黄）处理表现最好，感官评吸得分最高，质量档次接近"较好-"。基于变黄温度和变黄程度的感官评吸得分贡献率分析表明（表8-8），感官评吸得分主要受变黄温度（21.8%）和变黄程度（29.7%）两因素之间交互作用（48.6%）影响，其次是变黄程度和变黄温度。

综上所述，闽烟312中部叶和上部叶在烘烤变黄过程中，均以变黄温度40℃、变黄程度7～8成黄处理为宜，此时，感官评吸质量最好，经济性状表现最好，还原糖和总糖含量稍高，烟碱和总氮含量偏低但在所有处理中最高。

（二）凋萎阶段适宜湿度工艺参数研究

试验安排在上杭县庐丰乡试验站，选取大田管理规范、营养均衡、个体与群体生长发育协调、落黄均匀一致的闽烟312烟田，行株距1.2m×0.5m，施氮量127.5kg/hm²，留叶18片，氮肥基追比6：4；分别选取中部烟叶和上部烟叶为材料，每个烘烤处理选同一成熟度的鲜烟叶200片左右，在温湿度自控试验烤箱中，开展中部烟叶、上部烟叶的凋萎阶段不同湿度烘烤试验，试验设计见表8-9，其他烘烤操作技术参照三段式烘烤工艺执行。

表8-9 试验处理及操作要点

处理编号	干球温度	湿球温度	烘烤操作要点
C1	42℃	36℃	9～10成黄，该温度保温时间以烟叶达到变化

（续）

处理编号	干球温度	湿球温度	烘烤操作要点
C2	42℃	37℃	9～10成黄，该温度保温时间以烟叶达到变化
C3	42℃	38℃	9～10成黄，该温度保温时间以烟叶达到变化
B1	42℃	35℃	7～8成黄，该温度保温时间以烟叶达到变化
B2	42℃	36℃	7～8成黄，该温度保温时间以烟叶达到变化
B3	42℃	37℃	7～8成黄，该温度保温时间以烟叶达到变化

注：C表示中部叶，B表示上部叶。

烘烤进程中干湿球温度和烟叶变化见表8-10。

表8-10 各处理烘烤记载

处理	时长(h)	干球温度(℃)	湿度温度(℃)	烟叶变化	操作
C1	0	23.3	22.6	无	进烤
	64	42	36	9～10成黄	设定干球42℃，湿球36℃
	96	48	38	干片叶筋变白	设定温度每2h升1℃至68℃烤干，湿球40℃
	145	68	38	烤干	停火
C2	0	23	22	无	进烤
	64	42	36	9～10成黄	设定干球42℃，湿球37℃
	96	48	38	干片叶筋变白	设定温度每2h升1℃至68℃烤干，湿球40℃
	145	68	38	烤干	停火
C3	0	22	22	无	进烤
	64	42	36	9～10成黄	设定干球42℃，湿球38℃
	96	48	38	干片叶筋变白	设定温度每2h升1℃至68℃烤干，湿球40℃
	145	68	38	烤干	停火
B1	0	22	22	无	进烤
	52	42	36	7～8成黄	设定干球42℃，湿球36℃
	96	48	38	干片叶筋变白	设定温度每2h升1℃至68℃烤干，湿球40℃
	140	68	38	烤干	停火
B2	0	22	22	无	进烤
	52	42	37	7～8成黄	设定干球42℃，湿球37℃
	96	48	38	干片叶筋变白	设定温度每2h升1℃至68℃烤干，湿球40℃
	140	68	38	烤干	停火

（续）

处理	时长 (h)	干球 温度 (℃)	湿度 温度 (℃)	烟叶变化	操作
B3	0	22	22	无	进烤
	52	42	36	7～8成黄	设定干球42℃，湿球38℃
	96	48	38	干片叶筋变白	设定温度每2h升1℃至68℃烤干，湿球40℃
	140	68	38	烤干	停火

1. 化学成分变化

如表8-11所示，烟叶化学成分总体来看协调性不够，还原糖、总糖和烟碱含量偏低。闽烟312中部叶中，随着凋萎阶段起点湿度的提高，还原糖和总糖含量提高，总氮、钾、淀粉含量降低，烟碱含量没有差异；上部叶总糖有所提高，还原糖和淀粉含量表现为B1＞B3＞B2，烟碱、总氮和钾含量表现为B2＞B3＞B1。

表8-11　各处理烟叶化学成分

处理	还原糖 （%）	总糖 （%）	烟碱 （%）	总氮 （%）	K$_2$O （%）	淀粉 （%）
C1	15.8	17.4	1.09	1.98	4.99	7.1
C2	20.2	24.5	1.07	1.8	4.12	7
C3	21.5	28.1	1.09	1.63	3.75	4
B1	28.7	30	2.24	1.65	2.61	10.6
B2	24.1	27.2	2.33	1.82	2.84	4.9
B3	25.6	26.2	2.26	1.72	2.73	7.8

2. 感官质量变化

凋萎阶段各处理烟叶评吸质量见表8-12。

表8-12　各处理烟叶评吸质量

处理	香型	劲头	浓度	香气质 15	香气量 20	余味 25	杂气 18	刺激性 12	燃烧性 5	灰色 5	得分 100	质量 档次
C1	中间	适中	中等	11.00	15.70	19.00	12.60	8.50	3.00	2.90	72.7	中等+
C2	中间	适中	中等	11.60	16.00	20.00	13.20	8.70	3.00	2.90	75.4	较好-
C3	中间	适中	中等	11.00	15.80	19.40	12.90	8.70	3.00	2.90	73.7	中等+

（续）

处理	香型	劲头	浓度	香气质 15	香气量 20	余味 25	杂气 18	刺激性 12	燃烧性 5	灰色 5	得分 100	质量 档次
B1	中间	适中	中等	11.40	16.00	19.50	13.20	8.70	3.00	2.90	74.7	中等＋
B2	中间	适中	中等	11.10	15.80	18.80	12.50	8.50	3.00	2.90	72.6	中等＋
B3	中间	适中	中等	11.10	15.90	18.90	12.90	8.50	3.00	2.90	73.2	中等＋

如表8-12所示，闽烟312中部叶凋萎阶段适宜湿度以C2处理（干球/湿球温度为42℃/37℃）最佳，此时烟叶质量档次为"较好－"，高或低质量档次均下降；上部叶凋萎阶段三个处理烟叶评吸质量均处于"中等＋"水平，但B1处理分别高于B2和B3处理2.1分和1.5分，接近"较好－"水平，故以B1处理（干球/湿球温度为42℃/35℃）最佳。

二、闽烟312定色期关键烘烤工艺参数研究

定色期是变黄烟叶颜色稳定和阻断褐变的主要阶段。干尖阶段（亦称变筋阶段）细胞内分隔的多酚和多酚氧化酶因细胞膜结构破坏和透性增加而相遇，易导致烟叶褐变，干片阶段是美拉德反应生成香气物质的主要阶段。因此定色期对烟叶颜色稳定和香气质量提升具有重要作用。

（一）变筋阶段适宜温度工艺参数研究

试验安排在上杭县白砂镇朋新村，选取大田管理规范、营养均衡、个体与群体生长发育协调、落黄均匀一致的闽烟312烟田，行株距1.2m×0.5m，施氮量127.5kg/hm²，留叶18片，氮肥基追比6∶4；分别选取中部烟叶和上部烟叶为材料，每个烘烤处理选同一成熟度的鲜烟叶3竿，在密集烘烤烤房中，开展中部烟叶、上部烟叶的变筋温度烘烤试验。试验设置三个变筋温度梯度：J1，45℃；J2，47℃；J3，49℃；湿球温度控制在38℃。其他烘烤操作技术参照三段式烘烤工艺执行。烘烤进程中干湿球温度和烟叶变化见表8-13。

1. 化学成分变化

如表8-14所示，闽烟312还原糖和总糖含量较低，尤其是中部叶，烟碱含量偏低。中部烟叶还原糖和总糖含量J1和J2差异较小，均高于J3，烟碱和淀粉含量表现为J2＞J3＞J1，钾含量表现为J1＞J3＞J2，总氮含量随变筋温度提高有所上升；上部烟叶化学成分指标对于变筋温度的变化响应不明显，处理间差异较小。

表 8-13　各处理烘烤记载

部位	处理	时长 (h)	干球温度 (℃)	湿球温度 (℃)	烟叶变化	操作
中部叶	J1	0	26	25	无	进烤
		48	42	38	8~9成黄	升温
		56	45	38	叶片全黄	升温到干球45℃，湿球38℃
		98	45	38	烟筋变白	设定温度每2h升1℃至68℃烤干，湿球40℃
		130	68	38	烤干	停火
	J2	0	26	26	无	进烤
		48	42	38	8~9成黄	升温
		58	47	38	叶片全黄	升温到干球47℃，湿球38℃
		98	47	38	烟筋变白	设定温度每2h升1℃至68℃烤干，湿球40℃
		130	68	38	烤干	停火
	J3	0	25	25	无	进烤
		48	42	38	8~9成黄	升温
		60	49	38	叶片全黄	升温到干球49℃，湿球38℃
		98	49	38	烟筋变白	设定温度每2h升1℃至68℃烤干，湿球40℃
		130	68	38	烤干	停火
上部叶	J1	0	25	25	无	进烤
		48	42	38	8~9成黄	升温
		56	45	38	叶片全黄	升温到干球45℃，湿球38℃
		98	45	38	烟筋变白	设定温度每2h升1℃至68℃烤干，湿球40℃
		130	68	38	烤干	停火
	J2	0	22	22	无	进烤
		48	42	38	8~9成黄	升温
		58	47	38	叶片全黄	升温到干球47℃，湿球38℃
		98	47	38	烟筋变白	设定温度每2h升1℃至68℃烤干，湿球40℃
		130	68	38	烤干	停火
	J3	0	22	22	无	进烤
		48	42	38	8~9成黄	升温
		60	49	38	叶片全黄	升温到干球49℃，湿球38℃
		98	49	38	烟筋变白	设定温度每2h升1℃至68℃烤干，湿球40℃
		130	68	38	烤干	停火

表 8-14 各处理烟叶化学成分

单位：%

部位	处理	还原糖	总糖	烟碱	总氮	K₂O	淀粉
中部叶	J1	16.4	18.7	1.13	1.93	5.26	6.6
	J2	16.7	19.6	2.03	2.10	4.53	9.4
	J3	14.6	16.4	1.58	2.21	5.03	7.2
上部叶	J1	23.5	24.4	3.23	2.01	2.43	11.0
	J2	23.4	24.1	3.12	1.98	2.46	10.0
	J3	24.2	25.1	3.15	1.90	2.33	11.1

2. 感官质量变化

如表 8-15 所示，闽烟 312 中部叶、上部叶变筋温度均以 J1 处理（45℃）最佳，烟叶评吸得分最高。

表 8-15 各处理烟叶评吸质量

处理	部位	香型	劲头	浓度	香气质 15	香气量 20	余味 25	杂气 18	刺激性 12	燃烧性 5	灰色 5	得分 100	质量档次
中部叶	J1	中间	适中	中等	11.00	15.63	19.13	13.00	8.88	3.00	2.88	73.5	中等＋
	J2	中间	适中	中等＋	10.75	15.63	18.38	12.38	8.63	3.00	2.88	71.6	中等
	J3	中间	适中	中等	10.88	15.75	18.75	12.63	8.63	3.00	2.88	72.5	中等＋
上部叶	J1	中间	适中＋	中等＋	10.88	15.75	19.00	12.25	8.50	2.88	2.50	71.8	中等
	J2	中间	适中＋	中等＋	10.63	15.50	18.50	12.13	8.50	2.88	2.50	70.6	中等
	J3	中间	适中＋	中等＋	10.50	15.38	18.25	12.00	8.38	2.88	2.50	69.9	中等－

（二）干片阶段适宜干片温度工艺参数研究

试验安排在连城县莒溪镇莒莲村，选取大田管理规范、营养均衡、个体与群体生长发育协调、落黄均匀一致的闽烟 312 烟田，行株距 1.2m×0.5m，施氮量 127.5kg/hm²，留叶 18 片，氮肥基追比 6∶4；分别选取中部烟叶和上部烟叶为材料，每个烘烤处理选同一成熟度的鲜烟叶 200 片左右，在温湿度自控试验烤箱中，开展中部烟叶、上部烟叶的干片阶段不同温度烘烤试验。试验设置三个干片温度梯度：P1（50℃）；P2（52℃）；P3（54℃）；湿球温度控制在39℃。其他烘烤操作技术参照三段式烘烤工艺执行。

烘烤进程中干湿球温度和烟叶变化见表 8-16。

表 8 - 16　各处理烘烤记载

部位	处理	时长（h）	干球温度（℃）	湿球温度（℃）	烟叶变化
中部叶	P1	0	27	27	开烤
		29	42	41	全黄
		58	47	39	定色期
		69	50	39	干片
		110	68	42	干筋
	P2	0	28	28	开烤
		30	42	40	全黄
		62	47	39	定色期
		78	52	39	干片
		134	68	42	干筋
	P3	0	26	26	开烤
		43	42	38	全黄
		78	51	38	定色期
		102	54	39	干片
		135	67.9	40	干筋
上部叶	P1	0	27	27	开烤
		47	42	38	全黄
		65	47	39	定色期
		81	50	39	干片
		121	68	42	干筋
	P2	0	28	28	开烤
		45	43	37	全黄
		67	48	39	定色期
		86	52	39	干片
		126	68	42	干筋
	P3	0	28	28	开烤
		47	43	38	全黄
		87	52	39	定色期
		106	54	39	干片
		136	68	42	干筋

1. 经济性状变化

如表 8-17 所示，随着干片温度的提高，闽烟 312 中部叶上等烟比例和橘黄烟比例呈先升后降趋势，中等烟叶比例、均价、单叶重呈先降后升趋势，单叶产值呈下降趋势；上部叶随着干片温度的提高，上等烟比例和均价呈先降后升趋势，单叶重和单叶产值呈降低趋势且 P2 和 P3 差异较小。

表 8-17　各处理经济性状统计

部位	处理	上等烟比例（%）	中等烟比例（%）	橘黄烟比例（%）	均价（元/kg）	单叶重（g）	单叶产值（元）
中部叶	P1	89.17	10.83	90.02	31.24	7.22	0.23
	P2	91.41	8.59	93.56	31.05	6.98	0.22
	P3	89.77	10.23	91.46	31.11	7	0.22
上部叶	P1	81.04	18.96	100	24.77	9.72	0.24
	P2	57.82	42.18	100	22.09	9.2	0.20
	P3	69.67	30.33	100	23.07	8.84	0.20

2. 化学成分变化

如表 8-18 所示，随着干片温度提高，闽烟 312 中部叶还原糖、总糖和总氮含量均表现先降后升趋势，烟碱含量升高，上部叶还原糖和总糖含量降低，总氮含量升高，烟碱含量表现先降后升趋势，中、上部叶钾含量较高，Cl^- 含量较低。

表 8-18　各处理烟叶化学成分

单位：%

部位	处理	还原糖	总糖	烟碱	总氮	K_2O	Cl^-
中部叶	P1	20.7	24.7	1.78	1.80	4.50	0.10
	P2	15.4	21.4	1.81	1.67	4.69	0.09
	P3	20.9	24.1	2.00	1.76	4.15	0.10
上部叶	P1	24.5	27.9	2.39	1.65	2.85	0.10
	P2	21.9	26.9	1.89	1.71	2.98	0.10
	P3	21.2	24.3	2.56	1.81	3.00	0.09

3. 感官质量变化

如表 8 - 19 所示，随着干片温度的提高，闽烟 312 中部叶和上部叶香气质、香气量、余味、杂气、刺激性得分和最终得分均表现为上升趋势，均以 P3（54℃）处理评吸得分最高，质量档次为"较好一"。

表 8 - 19　各处理烟叶感官评吸质量

部位	处理	香型	劲头	浓度	香气质 15	香气量 20	余味 25	杂气 18	刺激性 12	得分 100	质量档次
中部叶	P1	清偏中	适中	中等	11.50	16.17	19.25	13.08	8.92	74.9	中等＋
	P2	清偏中	适中	中等	11.50	16.17	19.42	13.08	9.00	75.2	较好一
	P3	清偏中	适中	中等	11.75	16.25	19.75	13.25	9.00	76.0	较好一
上部叶	P1	清偏中	适中	中等	11.08	16.00	19.00	12.92	8.83	73.8	中等＋
	P2	清偏中	适中	中等	11.33	16.00	19.25	13.00	8.92	74.5	中等＋
	P3	清偏中	适中	中等	11.58	16.00	19.50	13.25	9.00	75.6	较好一

三、干筋期关键烘烤工艺参数研究

干筋期是烟叶含水率下降至适于储存的含水率限度范围的主要阶段。温度过高易导致烟叶烤红甚至烤糊，水分排释不够则易导致烟叶霉变。因此，干筋期对烟叶烘烤质量的最终定型和后续烟叶贮藏具有重要意义。

试验安排在连城县莒溪镇莒莲村，选取大田管理规范、营养均衡、个体与群体生长发育协调、落黄均匀一致的闽烟 312 烟田，行株距 1.2m×0.5m，施氮量 127.5kg/hm²，留叶 18 片，氮肥基追比 6∶4；分别选取中部烟叶和上部烟叶为材料，每个烘烤处理选同一成熟度的鲜烟叶 200 片左右，在温湿度自控试验烤箱中，开展中部烟叶、上部烟叶的干筋期不同温度烘烤试验。试验设置三个干筋温度梯度：G1（66℃）；G2（68℃）；G3（70℃）；湿球温度控制在 42℃。其他烘烤操作技术参照三段式烘烤工艺执行。

烘烤进程中干湿球温度和烟叶变化见表 8 - 20。

表 8 - 20　各处理烘烤记载

部位	处理	时长（h）	干球温度（℃）	湿球温度（℃）	烟叶变化
中部叶	G1	0	33	33	开烤
		57.5	43	38	全黄
		106.5	54	39	干片
		130	65	42	干筋期
		158	66	42	烤干
	G2	0	30	30	开烤
		30	42	40	全黄
		48	52	39	干片
		32	65	41	干筋期
		24	68	42	烤干
	G3	0	30	30	开烤
		67	41	38	全黄
		119	54	37	干片
		143	68	42	干筋期
		164	70	42	烤干
上部叶	G1	0	35	35	开烤
		38	41	39	全黄
		88	54	39	干片
		99	63	41	干筋期
		123	66	42	烤干
	G2	0	36	36	开烤
		53	40	37	全黄
		90	54	38	干片
		114	67	41	干筋期
		133	68	42	烤干
	G3	0	36	36	开烤
		55	42	39	全黄
		86	54	39	干片
		116	68	42	干筋期
		130	70	42	烤干

（一）经济性状变化

如表 8-21 所示，闽烟 312 中部叶上等烟比例较高，均在 90% 以上，随着干筋温度的提高呈先上升后降低趋势，以干筋温度 68℃ 处理最高，橘黄烟比例和均价差异较小，单叶重以干筋温度 66℃ 处理最高，单叶产值随着干筋温度的升高降低，68℃ 处理和 70℃ 处理差异较小；上部叶随着干筋温度的提高，上等烟比例、均价和单叶产值呈先降低后上升趋势，橘黄烟比例、单叶重呈降低趋势。

表 8-21　各处理经济性状统计

部位	处理	上等烟比例（%）	中等烟比例（%）	橘黄烟比例（%）	均价（元/kg）	单叶重（g）	单叶产值（元）
中部叶	G1	93.66	6.34	97.33	31.26	7.14	0.22
	G2	98.28	1.72	96.66	31.67	6.58	0.21
	G3	93.49	6.51	98.07	31.01	6.68	0.21
上部叶	G1	76.03	23.97	100	25.35	10.08	0.26
	G2	68.13	30.41	98.54	22.74	9.54	0.22
	G3	70.76	26.45	97.21	23.52	9.36	0.22

（二）化学成分变化

如表 8-22 所示，闽烟 312 中部叶和上部叶钾含量均较高，Cl^- 含量均较低。中部叶随着干筋温度的提高，还原糖和总糖含量降低，总氮含量略有上升，烟碱含量先升后降；上部叶随着干筋温度的提高，还原糖含量先升后降，总糖含量先降后升，烟碱和总氮含量降低。

表 8-22　各处理烟叶化学成分

单位：%

部位	处理	还原糖	总糖	烟碱	总氮	K_2O	Cl^-
中部叶	G1	19.0	23.8	1.89	1.81	4.54	0.10
	G2	18.0	20.9	1.92	1.84	4.70	0.11
	G3	14.7	20.4	1.82	1.86	4.65	0.12
上部叶	G1	20.6	24.6	2.80	1.95	3.27	0.12
	G2	22.0	24.2	2.50	1.89	3.09	0.11
	G3	21.3	24.8	2.37	1.87	3.24	0.10

(三) 感官质量变化

如表 8-23 所示，随着干筋温度的提高，闽烟 312 中部叶香气质、香气量提高，余味改善，杂气减少，最终总的评吸得分提高；上部叶香气质、香气量、余味、杂气得分先降后升，刺激性稍有增加，最终总的评吸得分先降后升。中部叶干筋温度较高表现较好，可以提升香气质量，改善总体评吸质量，以 G3 处理（70℃）为宜。上部叶干筋温度较低的 G1 处理（66℃）表现最好，香气质和香气量较高，余味、杂气和刺激性表现最好，感官评吸得分最高，质量档次"中等＋"。

表 8-23　各处理烟叶感官评吸质量

部位	处理	香型	劲头	浓度	香气质 15	香气量 20	余味 25	杂气 18	刺激性 12	得分 100	质量档次
中部叶	G1	中偏清	适中	中等	11.17	16.00	19.00	12.83	8.83	73.8	中等＋
	G2	中偏清	适中	中等	11.33	16.00	19.08	13.00	8.83	74.3	中等＋
	G3	清偏中	适中	中等	11.50	16.25	19.42	13.33	8.83	75.3	较好－
上部叶	G1	中偏清	适中	中等	11.33	16.00	19.33	13.00	8.83	74.5	中等＋
	G2	中偏清	适中＋	中等	11.00	15.75	18.83	12.67	8.75	73.0	中等＋
	G3	中偏清	适中＋	中等	11.17	15.92	19.00	12.92	8.75	73.8	中等＋

第三节　FL88f 配套烘烤技术

一、FL88f 变黄期关键烘烤工艺参数研究

(一) 变黄阶段适宜变黄温度和变黄程度工艺参数研究

试验安排在上杭县庐丰乡试验站，选取大田管理规范、营养均衡、个体与群体生长发育协调、落黄均匀一致的 FL88f 烟田，行株距 1.2m×0.5m，施氮量 112.5kg/hm²，留叶 18 片，氮肥基追比 6∶4；分别选取中部烟叶和上部烟叶为材料，每个烘烤处理选同一成熟度的鲜烟叶 200 片左右，在温湿度自控试验烤箱中，开展中部烟叶、上部烟叶的变黄温度和变黄程度烘烤试验，试验设计见表 8-24，其他烘烤操作技术参照三段式烘烤工艺执行。中部烟叶烘烤进程中干湿球温度设定和实际变化见表 8-25，上部烟叶烘烤进程中干湿球温度设定和实际变化见表 8-26。

表 8 - 24　试验处理及操作要点

处理编号	变黄温度	变黄程度	烘烤操作要点
B1	36℃	6～7 成	湿球 34℃，该温度保温时间以烟叶达到变化
B2	36℃	7～8 成	湿球 34℃，该温度保温时间以烟叶达到变化
B3	36℃	8～9 成	湿球 34℃，该温度保温时间以烟叶达到变化
B4	38℃	6～7 成	湿球 36℃，该温度保温时间以烟叶达到变化
B5	38℃	7～8 成	湿球 36℃，该温度保温时间以烟叶达到变化
B6	38℃	8～9 成	湿球 36℃，该温度保温时间以烟叶达到变化
B7	40℃	6～7 成	湿球 37℃，该温度保温时间以烟叶达到变化
B8	40℃	7～8 成	湿球 37℃，该温度保温时间以烟叶达到变化
B9	40℃	8～9 成	湿球 37℃，该温度保温时间以烟叶达到变化

1. 经济性状变化

中部烟叶各处理间（表 8 - 27），在各变黄温度处理下，随着变黄程度的提高，单叶产值均呈先升后降趋势；在各变黄程度处理下，随着变黄温度的提高，单叶产值呈上升趋势。其中 B8 处理，即变黄温度 40℃、变黄程度 7～8 成黄时，单叶产值最高。基于变黄温度和变黄程度的单叶产值贡献率分析表明（表 8 - 28），变黄温度（50%）和变黄程度（37.5%）两因素之间交互作用（12.5%）较小，说明单叶产值主要受变黄温度的影响，其次是变黄程度。

上部烟叶各处理间（表 8 - 27），随着变黄程度的提高，在变黄温度 36℃处理下，单叶产值呈先降后升趋势，在变黄温度 38℃处理下，单叶产值呈降低趋势，在变黄温度 40℃处理下，单叶产值呈先升后降趋势；随着变黄温度的提高，在变黄程度 6～7 成处理下，单叶产值呈先升后降趋势，在变黄温度 7～8 成处理下，单叶产值呈升高趋势，在变黄温度 8～9 成处理下，单叶产值呈先降后升趋势。其中 B4 处理，即变黄温度 38℃、变黄程度 6～7 成黄时，单叶产值最高。基于变黄温度和变黄程度的单叶产值贡献率分析表明（表 8 - 28），对单叶产值影响最大的是变黄温度和变黄程度的交互作用（占 40.7%），其次是变黄程度（占 35.1%）和变黄温度（占 24.2%）。

表8-25 中部烟叶各处理烘烤记载

处理	时长(h)	干球温度(℃) 测量	干球温度(℃) 设定	湿球温度(℃) 测量	湿球温度(℃) 设定	烟叶变化
B1	0	/	30	/	30	开烤
	3	36.9	36	33.9	34	
	29	36.4	36	32.6	34	6~7成黄
	51	42.4	42	36.4	38	全黄
	52	42.9	43	36.6	38	转入定色期
	90	54.9	55	37.1	38	干片
	96	58.9	58	38.9	38	转入干筋期
	147	64.2	65	63.9	42	烤干
B2	0	/	30	/	30	开烤
	3	36.1	36	33.9	34	
	29	36.2	36	33.8	34	7~8成黄
	52	42.9	42.8	37.2	38	全黄
	53	43.1	43	37.6	38	转入定色期
	95	53.9	54.2	37.1	38	干片
	98	59.3	59	38.4	38	转入干筋期
	147	64.8	65	64.2	42	烤干
B3	0	/	36	/	34	开烤
	1	36	36	34.3	34	
	35	36.3	36	33.9	34	8~9成黄
	56	42.1	42	36.5	38	全黄
	57	43.2	43	36.8	38	转入定色期
	89	54.1	54	37.8	39	干片
	109	54	54	37.3	38	转入干筋期
	147	65.2	65	41.3	42	烤干
B4	0	/	36	/	36	开烤
	3	38.2	38	36.5	37	
	29	38.1	38	36.9	37	6~7成黄
	51	42.7	42	35.3	36	全黄
	52	43.2	43	36.8	38	转入定色期
	90	54.4	54	37.3	38	干片
	96	55.9	56	37.3	38	转入干筋期
	147	66.8	67	66.6	42	烤干

（续）

处理	时长(h)	干球温度(℃) 测量	设定	湿球温度(℃) 测量	设定	烟叶变化
B5	0	/	38	/	36	开烤
	3	38.3	38	35.6	36	
	35	38.5	38	35.8	36	7~8成黄
	51	42.7	42.7	38.1	38	全黄
	52	43.6	43	36.8	38	
	90	54.3	54	38.6	39	转入定色期
	96	55.5	55	37.8	38	转入干筋期
	147	69.3	67	69.1	42	烤干
B6	0	/	36	/	35	开烤
	1	38.4	38	35.4	36	
	40	38	38	35.4	36	8~9成黄
	56	42.7	42	36.8	37	全黄
	57	43.7	43	37.4	38	
	89	53.7	54	39.8	40	转入定色期
	109	54.6	54.7	40.3	41	转入干筋期
	147	68.4	68	41.9	42	烤干

处理	时长(h)	干球温度(℃) 测量	设定	湿球温度(℃) 测量	设定	烟叶变化
B7	0	/	30	/	30	开烤
	3	40.1	40	35.1	37	6~7成黄
	29	40.2	40	37.9	37	全黄
	51	43.1	42.9	38.1	38	转入定色期
	52	43.5	43	38.3	38	
	90	52.1	52.5	38.2	38	
	96	56.7	53.5	38.9	38	转入干筋期
	147	65.1	66	65.3	42	烤干
B8	0	/	30	/	30	开烤
	3	40.3	40	36.8	37	7~8成黄
	35	40.6	40	37.1	37	全黄
	51	42.4	42.3	37.7	38	转入定色期
	52	43.5	43	37.4	38	
	90	51.6	51.5	38.2	38	
	96	55.9	52.5	37.4	38	转入干筋期
	147	65.4	66	65.4	42	烤干
B9	0	/	40	/	37	开烤
	1	40.1	40	36.4	37	8~9成黄
	40	40.2	40	37.9	38	全黄
	56	42.2	42	37.6	38	转入定色期
	57	43.3	43	36.5	38	
	89	53.8	54	38.1	38	转入干筋期
	109	55.9	56	37.1	38	
	147	61.4	63	42.3	42	烤干

表8-26 上部烟叶各处理烘烤记载

处理	时长(h)	干球温度(℃) 测量	干球温度(℃) 设定	湿球温度(℃) 测量	湿球温度(℃) 设定	烟叶变化
B1	0	0	36	0	34	开烤
	6	35.9	36	33.3	34	
	38	36.1	36	33.9	34	6~7成黄
	67	42.3	42.2	38.1	38	全黄
	68	43	43.1	37.3	38	转入定色期
	106	53.9	54	37.1	38	干片
	107	52.3	55.1	38.3	38	转入干筋期
	139	66.9	67	66.8	80	烤干
B2	0	0	36	0	36	开烤
	6	36.3	36	35	36	
	43	36.3	36	33.9	34	7~8成黄
	67	42.1	42	37.7	38	全黄
	68	43	43	37.6	38	转入定色期
	106	53.9	54	36.2	37	干片
	107	55.1	55	36.4	37	转入干筋期
	139	67.9	68	37.9	42	烤干

处理	时长(h)	干球温度(℃) 测量	干球温度(℃) 设定	湿球温度(℃) 测量	湿球温度(℃) 设定	烟叶变化
B3	0	0	36	0	35	开烤
	6	36.2	36	33.9	34	
	58	36.4	36	34.4	34	8~9成黄
	67	42.6	42.7	37.9	38	全黄
	68	43.6	43	37.7	38	转入定色期
	106	54.6	54.7	38	39	干片
	107	55.6	55.7	39	39	转入干筋期
	139	67.9	68	38	42	烤干
B4	0	0	38	0	36	开烤
	6	37.9	38	35.3	36	
	38	38.2	38	35.9	36	6~7成黄
	67	42.9	42.6	37.3	38	全黄
	68	43.3	43	37.8	38	转入定色期
	106	53.9	54	37.4	38	干片
	107	55.4	55.8	37.3	38	转入干筋期
	139	68.6	67	67.1	42	烤干

（续）

处理	时长（h）	干球温度（℃）测量	干球温度（℃）设定	湿球温度（℃）测量	湿球温度（℃）设定	烟叶变化
B5	0	0	36	0	36	开烤
	6	38.2	38	35.4	36	
	43	40.6	38	35.6	36	7~8成黄
	67	42.3	42	37.7	38	全黄
	68	43.1	43	38.2	38	转入定色期
	106	53.9	54	37.9	38	
	107	56.6	56	37.9	38	转入干筋期
	139	68.6	68	39.6	41	烤干
B6	0	0	36	0	36	开烤
	6	38.1	38	36.8	37	
	58	38.2	38	36.9	37	8~9成黄
	67	41.9	42	36.2	37	全黄
	68	42.3	42	36	37	转入定色期
	106	53.8	54	39	40	
	107	54.3	54	39.1	40	转入干筋期
	139	67.8	69	68.2	43	烤干

处理	时长（h）	干球温度（℃）测量	干球温度（℃）设定	湿球温度（℃）测量	湿球温度（℃）设定	烟叶变化
B7	0	0	36	0	36	开烤
	6	40.3	40	38.3	37	
	31	40.1	40	37.2	38	6~7成黄
	50	42.4	42	36.5	38	全黄
	51	42.5	43	38	38	转入定色期
	83	52.9	53	37.7	38	
	84	54.4	54	38.2	38	转入干筋期
	110	65.4	66	66.3	42	烤干
B8	0	0	34	0	34	开烤
	6	40.1	40	38.1	39	
	39	40.1	40	37.1	38	7~8成黄
	52	42.3	42	37.9	38	全黄
	53	43.3	43	37.6	38	转入定色期
	90	54.3	54	37.1	38	
	91	56.2	56	37.9	38	转入干筋期
	109	67.5	67	38.6	42	烤干
B9	0	0	34	0	34	开烤
	6	40.8	40	36.8	39	
	44	40.1	40	37.1	38	8~9成黄
	53	42.9	42	38.3	38	全黄
	54	43.4	44	36.6	37	转入定色期
	92	54.8	54	38	38	
	93	56	56	37.6	38	转入干筋期
	110	67.5	67	41.1	42	烤干

表 8 – 27　经济性状统计

部位	处理	上等烟比例（%）	中等烟比例（%）	橘黄烟比例（%）	均价（元/kg）	单叶重（g）	单叶产值（元）
中部叶	B1	49.65	50.35	36.17	28.59	7.05	0.20
	B2	32.09	67.91	48.14	27.72	7.79	0.22
	B3	36.18	63.82	50.65	27.85	6.91	0.19
	B4	33.42	66.58	36.76	27.89	7.48	0.21
	B5	44.75	55.25	42.15	28.60	7.71	0.22
	B6	40.76	59.24	50.95	27.97	7.36	0.21
	B7	53.19	46.81	23.64	28.69	8.46	0.24
	B8	64.40	35.60	26.35	29.12	8.54	0.25
	B9	48.14	51.86	20.63	28.25	7.27	0.21
上部叶	B1	49.00	51.00	37.00	22.27	7.97	0.18
	B2	36.00	63.99	34.00	20.22	7.04	0.14
	B3	25.96	74.04	60.89	19.68	8.68	0.17
	B4	44.00	56.00	33.00	22.04	9.77	0.22
	B5	47.00	53.00	38.00	22.19	7.26	0.16
	B6	60.00	40.00	33.00	22.13	7.12	0.16
	B7	67.91	32.08	14.04	23.82	7.83	0.17
	B8	65.17	34.83	15.92	23.80	8.31	0.20
	B9	45.17	54.82	23.92	21.57	8.45	0.18

表 8 – 28　单叶产值影响因素贡献率

因素	中部叶		上部叶	
	平方和	贡献率	平方和	贡献率
变黄温度	0.002 8	50.0%	0.002 2	24.2%
变黄程度	0.002 1	37.5%	0.003 2	35.1%
交互作用	0.000 7	12.5%	0.003 7	40.7%

2. 化学成分变化

如表 8 – 29 所示，FL88f 中部叶、上部叶烟碱和总氮含量整体偏低，处理间差异较小，钾含量较高，Cl^- 含量绝大多数在适宜范围内。还原糖含量和总糖含量处理间差异相对较大，中部叶还原糖含量 20.0%～29.7%，总糖含量

30.3%～37.2%，总糖含量较高；上部叶还原糖含量（26.4%～29.8%）和总糖含量（30.6%～34.3%）差异相对稍大。其他4项指标处理间差异较小。

表8-29　各处理烟叶化学成分

单位：%

叶位	处理	还原糖	总糖	烟碱	总氮	K₂O	Cl⁻
	B1	24.2	33.2	1.13	1.45	4.53	0.76
	B2	22.5	36.1	0.97	1.30	4.26	0.46
	B3	25.4	37.2	1.02	1.28	3.88	0.41
	B4	22.6	33.7	1.07	1.36	4.56	0.67
中部叶	B5	29.7	32.2	1.00	1.39	4.80	0.76
	B6	22.4	34.6	1.08	1.38	4.24	0.59
	B7	22.1	34.1	1.03	1.34	4.36	0.71
	B8	25.1	36.5	1.06	1.32	3.95	0.60
	B9	20.0	30.3	1.04	1.46	4.95	0.87
	B1	29.8	32.6	1.79	1.50	3.24	0.44
	B2	29.4	32.2	1.86	1.52	3.24	0.34
	B3	27.1	30.6	1.83	1.60	3.21	0.35
	B4	27.6	34.0	1.86	1.52	3.26	0.41
上部叶	B5	29.3	32.9	2.06	1.60	3.05	0.39
	B6	27.7	32.2	1.88	1.56	3.20	0.34
	B7	26.4	34.3	1.94	1.52	2.94	0.28
	B8	29.4	33.6	2.06	1.60	3.14	0.34
	B9	28.8	32.2	2.29	1.68	3.17	0.30

3. 感官质量变化

中部烟叶各处理间（表8-30），劲头"适中"，浓度"中等"，质量档次"中等＋"～"较好－"。随着变黄温度的提高，在变黄温度36℃处理下，感官评吸得分呈先升后降趋势，在变黄温度38℃处理下，感官评吸得分呈上升趋势，在变黄温度40℃处理下，感官评吸得分呈降低趋势；随着变黄温度的提高，在变黄程度6～7成黄处理下，感官评吸得分呈先降后升趋势，在变黄程度7～8成黄处理下，感官评吸得分呈下降趋势，在变黄程度8～9成黄处理下，感官评吸得分呈先升后降趋势。其中B2处理，即变黄温度36℃、变黄程度7～8成黄时，感官评吸得分最高，同时，B3、B6、B7 稍低于 B2，但均处于"较好－"质量档次。基于变黄温度和变黄程度的感官评吸得分贡献率分析表明（表 8－31），感官评吸得分主要受变黄温度（占 28.2%）和变黄程度（占 4.3%）两因素之间交互作用（占 67.5%）影响。

表 8－30　各处理烟叶感官评吸质量

叶位	处理	香型	劲头	浓度	香气质 15	香气量 20	余味 25	杂气 18	刺激性 12	得分	质量档次
中部叶	B1	中偏清	适中	中等	11.25	15.75	19.00	13.25	9.13	74.4	中等＋
	B2	中偏清	适中	中等	11.38	16.13	19.63	13.63	9.13	75.9	较好－
	B3	中偏清	适中	中等	11.25	16.13	19.38	13.50	9.00	75.3	较好－
	B4	中偏清	适中	中等	11.00	15.75	19.00	13.38	9.00	74.1	中等＋
	B5	中偏清	适中	中等	11.25	15.75	19.13	13.25	9.00	74.4	中等＋
	B6	中偏清	适中	中等	11.38	16.00	19.38	13.50	9.13	75.4	较好－
	B7	中偏清	适中	中等	11.38	15.88	19.38	13.38	9.13	75.1	较好－
	B8	中偏清	适中	中等	11.13	15.75	19.00	13.13	9.00	74.0	中等＋
	B9	中间	适中	中等	10.88	16.00	18.88	13.00	9.13	73.9	中等＋
上部叶	B1	中偏清	适中	中等＋	11.10	16.00	19.40	13.20	9.00	74.7	中等＋
	B2	中偏清	适中	中等＋	10.80	15.70	18.80	12.70	9.00	73.0	中等＋
	B3	中间	适中	中等＋	10.90	15.80	19.00	13.00	9.00	73.7	中等＋
	B4	中间	适中	中等	11.10	15.80	19.10	12.90	9.00	73.9	中等＋
	B5	中间	适中	中等＋	11.30	15.80	19.30	13.10	9.00	74.7	中等＋
	B6	中间	适中	中等＋	10.90	15.80	18.80	12.60	9.00	73.0	中等＋
	B7	中间	适中	中等	10.92	15.75	18.67	12.67	8.67	72.7	中等
	B8	中间	适中	中等	11.17	16.00	19.17	13.17	9.00	74.5	中等＋
	B9	中间	适中	中等	11.17	16.00	18.92	12.92	8.92	73.9	中等＋

表 8－31　烟叶感官评吸质量影响因素贡献率

因素	中部叶		上部叶	
	平方和	贡献率	平方和	贡献率
变黄温度	2.324 4	28.2%	0.084 4	0.9%
变黄程度	0.351 1	4.3%	0.857 8	9.3%
交互作用	5.555 6	67.5%	8.315 6	89.8%

上部烟叶各处理间（表8-30），劲头"适中"，浓度"中等"～"中等＋"，质量档次大部分处理为"中等＋"。随着变黄程度的提高，在变黄温度36℃处理下，感官评吸得分呈先降后升趋势，在变黄温度38℃和40℃处理下，感官评吸得分呈先升后降趋势；随着变黄温度的提高，在变黄程度6～7成黄处理下，感官评吸得分呈降低趋势，在变黄程度7～8成黄处理下，感官评吸得分呈先升后降趋势，在变黄程度8～9成黄处理下，感官评吸得分呈先降后升趋势。其中B1（变黄温度36℃、变黄程度6～7成黄）、B5（变黄温度38℃、变黄程度7～8成黄）和B8（变黄温度40℃、变黄程度7～8成黄）处理表现较好，感官评吸得分较高，质量档次接近"较好一"。基于变黄温度和变黄程度的感官评吸得分贡献率分析表明（表8-31），感官评吸得分主要受变黄温度（占0.9％）和变黄程度（占9.3％）两因素之间交互作用（占89.8％）影响。

综上所述，FL88f中部叶在烘烤变黄过程中，以变黄温度36℃、变黄程度7～8成黄处理为宜，此时，感官评吸质量最好，经济性状表现中等，还原糖含量适宜，总糖含量较高，烟碱和总氮含量较低；FL88f上部叶在烘烤变黄过程中，以变黄温度40℃、变黄程度7～8成黄处理为宜，此时，感官评吸质量较好，经济性状表现较好，还原糖和总糖含量稍高，烟碱和总氮含量稍偏低。

（二）凋萎阶段适宜湿度工艺参数研究

试验安排在上杭县庐丰乡试验站，选取大田管理规范、营养均衡、个体与群体生长发育协调、落黄均匀一致的FL88f烟田，行株距1.2m×0.5m，施氮量112.5kg/hm²，留叶18片，氮肥基追比6∶4；分别选取中部烟叶和上部烟叶为材料，每个烘烤处理选同一成熟度的鲜烟叶200片左右，在温湿度自控试验烤箱中，开展中部烟叶、上部烟叶的凋萎阶段不同湿度烘烤试验，试验设计见表8-32，其他烘烤操作技术参照三段式烘烤工艺执行。

表8-32 试验处理及操作要点

处理编号	干球温度	湿球温度	烘烤操作要点
C1	42℃	36℃	9～10成黄，该温度保温时间以烟叶达到变化
C2	42℃	37℃	9～10成黄，该温度保温时间以烟叶达到变化
C3	42℃	38℃	9～10成黄，该温度保温时间以烟叶达到变化
B1	42℃	35℃	7～8成黄，该温度保温时间以烟叶达到变化
B2	42℃	36℃	7～8成黄，该温度保温时间以烟叶达到变化
B3	42℃	37℃	7～8成黄，该温度保温时间以烟叶达到变化

注：C表示中部叶，B表示上部叶。

烘烤进程中干湿球温度和烟叶变化见表 8-33。

表 8-33 各处理烘烤记载

处理	时长 (h)	干球 温度 (℃)	湿度 温度 (℃)	烟叶 变化	操作
C1	0	22	22	无	进烤
	65	42	36	9～10 成黄	设定干球 42℃，湿球 36℃
	96	48	38	干片叶筋变白	设定温度每 2h 升 1℃ 至 68℃ 烤干，湿球 40℃
	145	68	38	烤干	停火
C2	0	22	22	无	进烤
	65	42	37	9～10 成黄	设定干球 42℃，湿球 37℃
	96	48	38	干片叶筋变白	设定温度每 2h 升 1℃ 至 68℃ 烤干，湿球 40℃
	145	68	38	烤干	停火
C3	0	22	22	无	进烤
	65	42	36	9～10 成黄	设定干球 42℃，湿球 38℃
	96	48	38	干片叶筋变白	设定温度每 2h 升 1℃ 至 68℃ 烤干，湿球 40℃
	145	68	38	烤干	停火
B1	0	22	22	无	进烤
	54	42	36	7～8 成黄	设定干球 42℃，湿球 36℃
	96	48	38	干片叶筋变白	设定温度每 2h 升 1℃ 至 68℃ 烤干，湿球 40℃
	140	68	38	烤干	停火
B2	0	22	22	无	进烤
	54	42	37	7～8 成黄	设定干球 42℃，湿球 37℃
	96	48	38	干片叶筋变白	设定温度每 2h 升 1℃ 至 68℃ 烤干，湿球 40℃
	140	68	38	烤干	停火
B3	0	22	22	无	进烤
	54	42	36	7～8 成黄	设定干球 42℃，湿球 38℃
	96	48	38	干片叶筋变白	设定温度每 2h 升 1℃ 至 68℃ 烤干，湿球 40℃
	140	68	38	烤干	停火

1. 化学成分变化

如表 8-34 所示，烟叶化学成分总体来看协调性不够，还原糖、总糖和烟碱含量偏低。FL88f 中部叶中，随着凋萎阶段起点湿度的提高，还原糖和总糖含量提高，钾含量降低，烟碱、总氮和淀粉含量表现为 C2＞C1＞C3；上部叶总糖有所下降，总氮、钾和淀粉含量有所提高，还原糖含量表现为 B2＞B3＞B1，烟碱含量表现为 B1＞B3＞B2。

表 8-34　各处理烟叶化学成分

单位：%

处理	还原糖	总糖	烟碱	总氮	K_2O	淀粉
C1	9.56	10.8	1.23	2.12	6.12	4.3
C2	13.3	14.9	2.09	2.29	4.71	5.5
C3	19.9	24.6	1.14	1.67	4.63	4.2
B1	27.1	30.2	2.39	1.54	2.5	7.1
B2	28.4	30	2.24	1.57	2.61	10.4
B3	27.3	29.2	2.33	1.65	2.66	10.4

2. 感官质量变化

如表 8-35 所示，FL88f 中部叶凋萎阶段适宜湿度以 C3 处理（干球/湿球温度为 42℃/38℃）最佳，此时烟叶质量档次为"中等＋"；上部叶凋萎阶段适宜湿度以 B2 处理（干球/湿球温度为 42℃/36℃）最佳，高或低评吸得分均降低。

表 8-35　各处理烟叶评吸质量

处理	香型	劲头	浓度	香气质 15	香气量 20	余味 25	杂气 18	刺激性 12	燃烧性 5	灰色 5	得分 100	质量档次
C1	中间	适中＋	中等	10.80	15.60	18.30	12.10	8.40	3.00	2.90	71.1	中等
C2	中间	适中＋	中等	10.90	15.70	18.70	12.50	8.40	3.00	2.90	72.1	中等
C3	中偏清	适中	中等	11.40	15.90	19.50	12.20	8.70	3.00	2.90	74.6	中等＋
B1	中偏清	适中	中等	11.00	15.75	18.50	12.38	8.38	3.00	2.88	71.9	中等
B2	中间	适中	中等＋	11.00	15.88	19.25	13.13	8.50	3.00	2.88	73.6	中等＋
B3	中偏清	适中	中等	10.88	15.88	18.75	12.75	8.50	3.00	2.88	72.6	中等＋

二、FL88f 定色期关键烘烤工艺参数研究

（一）变筋阶段适宜温度工艺参数研究

试验安排在上杭县白砂镇朋新村，选取大田管理规范、营养均衡、个体与

群体生长发育协调、落黄均匀一致的 FL88f 烟田，行株距 $1.2m \times 0.5m$，施氮量 $112.5kg/hm^2$，留叶 18 片，氮肥基追比 6：4；分别选取中部烟叶和上部烟叶为材料，每个烘烤处理选同一成熟度的鲜烟叶 3 竿，在密集烘烤烤房中，开展中部烟叶、上部烟叶的变筋温度烘烤试验。试验设置三个变筋温度梯度：J1（45℃）；J2（47℃）；J3（49℃）；湿球温度控制在 38℃。其他烘烤操作技术参照三段式烘烤工艺执行。烘烤进程中干湿球温度和烟叶变化见表 8-36。

表 8-36　各处理烘烤记载

部位	处理	时长（h）	干球温度（℃）	湿球温度（℃）	烟叶变化	操作
中部叶	J1	0	25	25	无	进烤
		42	42	38	8～9成黄	升温
		52	45	38	叶片全黄	升温到干球45℃，湿球38℃
		98	45	38	烟筋变白	设定温度每2h升1℃至68℃烤干，湿球40℃
		135	68	38	烤干	停火
	J2	0	25	25	无	进烤
		42	42	38	8～9成黄	升温
		52	47	38	叶片全黄	升温到干球47℃，湿球38℃
		98	47	38	烟筋变白	设定温度每2h升1℃至68℃烤干，湿球40℃
		135	68	38	烤干	停火
	J3	0	25	25	无	进烤
		42	42	38	8～9成黄	升温
		52	49	38	叶片全黄	升温到干球49℃，湿球38℃
		98	49	38	烟筋变白	设定温度每2h升1℃至68℃烤干，湿球40℃
		135	68	38	烤干	停火
上部叶	J1	0	23	23	无	进烤
		48	42	38	8～9成黄	升温
		54	45	38	叶片全黄	升温到干球45℃，湿球38℃
		98	45	38	烟筋变白	设定温度每2h升1℃至68℃烤干，湿球40℃
		130	68	38	烤干	停火

（续）

部位	处理	时长(h)	干球温度(℃)	湿球温度(℃)	烟叶变化	操作
上部叶	J2	0	22	22	无	进烤
		48	42	38	8~9成黄	升温
		54	47	38	叶片全黄	升温到干球47℃，湿球38℃
		98	47	38	烟筋变白	设定温度每2h升1℃至68℃烤干，湿球40℃
		130	68	38	烤干	停火
	J3	0	22	22	无	进烤
		48	42	38	8~9成黄	升温
		54	49	38	叶片全黄	升温到干球49℃，湿球38℃
		98	49	38	烟筋变白	设定温度每2h升1℃至68℃烤干，湿球40℃
		130	68	38	烤干	停火

1. 化学成分变化

如表8-37所示，FL88f还原糖和总糖含量较低，尤其是中部叶。中部叶随着变筋温度的提高，糖、烟碱和淀粉含量下降，钾含量先升高后降低，总氮含量稍有上升，钾含量表现为J2＞J3＞J1，另外，烟碱和总氮含量差异较小，糖、钾、淀粉含量J2和J3差异较小，与J1差异较大；FL88f上部叶随着变筋温度的提高，糖含量上升，烟碱、总氮和钾含量下降，淀粉含量表现为J3＞J1＞J2，另外糖、总氮、钾和淀粉含量J1和J2差异较小，与J3差异较大。

表8-37　各处理烟叶化学成分

单位：%

部位	处理	还原糖	总糖	烟碱	总氮	K₂O	淀粉
中部叶	J1	20.6	23.2	2.09	1.91	4.07	7.4
	J2	13.9	15.4	2.07	1.98	5.08	5.8
	J3	13.0	15.0	1.97	2.01	4.96	5.6
上部叶	J1	22.8	23.7	3.30	1.81	3.83	6.0
	J2	24.5	25.7	2.88	1.79	3.45	5.4
	J3	29.9	31.1	2.22	1.45	2.62	11.2

2. 感官质量变化

如表 8-38 所示，FL88f 中部叶变筋温度以 J2 处理（47℃）较好，上部叶变筋温度以 J3 处理（49℃）较好，烟叶评吸得分最高。

表 8-38　各处理烟叶评吸质量

处理	部位	香型	劲头	浓度	香气质 15	香气量 20	余味 25	杂气 18	刺激性 12	燃烧性 5	灰色 5	得分 100	质量档次
中部叶	J1	中间	适中+	中等+	11.00	15.88	19.00	12.88	8.63	3.00	2.75	73.1	中等+
	J2	中间	适中+	中等+	11.25	16.00	19.25	12.88	8.75	3.00	2.63	73.8	中等+
	J3	中间	适中+	中等+	10.75	15.75	18.75	12.50	8.50	3.00	2.63	71.9	中等
上部叶	J1	中间	适中+	中等+	10.75	15.75	18.88	12.13	8.50	3.00	2.88	71.9	中等
	J2	中间	适中+	中等+	10.88	16.00	19.00	12.63	8.38	3.00	2.88	72.8	中等+
	J3	中间	适中+	中等+	11.25	16.13	19.50	12.88	8.50	3.00	2.88	74.1	中等+

（二）干片阶段适宜干片温度工艺参数研究

试验安排在上杭县湖洋镇通桥村，选取大田管理规范、营养均衡、个体与群体生长发育协调、落黄均匀一致的 FL88f 烟田，行株距 1.2m×0.5m，施氮量 112.5kg/hm²，留叶 18 片，氮肥基追比 6∶4；分别选取中部烟叶和上部烟叶为材料，每个烘烤处理选同一成熟度的鲜烟叶 200 片左右，在温湿度自控试验烤箱中，开展中部烟叶、上部烟叶的干片阶段不同温度烘烤试验。试验设置三个干片温度梯度：P1（50℃）、P2（52℃）、P3（54℃），湿球温度控制在39℃。其他烘烤操作技术参照三段式烘烤工艺执行。

烘烤进程中干湿球温度和烟叶变化见表 8-39。

表 8-39　各处理烘烤记载

部位	处理	时长（h）	干球温度（℃）	湿球温度（℃）	烟叶变化
中部叶	P1	0	28	28	开烤
		29	42	41	全黄
		58	47	39	定色期
		69	50	39	干片
		110	68	42	干筋

（续）

部位	处理	时长 （h）	干球温度 （℃）	湿球温度 （℃）	烟叶变化
中部叶	P2	0	30	30	开烤
		30	42	40	全黄
		62	47	39	定色期
		78	52	39	干片
		134	68	42	干筋
	P3	0	26	26	开烤
		43	42	38	全黄
		78	51	38	定色期
		102	54	39	干片
		135	67.9	40	干筋
上部叶	P1	0	28	28	开烤
		47	42	38	全黄
		65	47	39	定色期
		81	50	39	干片
		121	68	42	干筋
	P2	0	28	28	开烤
		45	43	37	全黄
		67	48	39	定色期
		86	52	39	干片
		126	68	42	干筋
	P3	0	28	28	开烤
		47	43	38	全黄
		87	52	39	定色期
		106	54	39	干片
		136	68	42	干筋

1. 经济性状变化

如表 8-40 所示，随着干片温度的提高，FL88f 中部叶上等烟比例下降，橘黄烟比例和均价呈先降后升趋势，单叶重和单叶产值呈先升后降趋势；上部叶随着干片温度的提高，上等烟比例上升，橘黄烟比例、均价、单叶重和单叶产值呈先升后降趋势。

表 8-40　各处理经济性状统计

部位	处理	上等烟比例（%）	中等烟比例（%）	橘黄烟比例（%）	均价（元/kg）	单叶重（g）	单叶产值（元）
中部叶	P1	49.00	51.00	37.00	28.57	7.05	0.20
	P2	36.00	63.99	34.00	27.67	7.79	0.22
	P3	25.96	74.04	60.89	27.68	6.91	0.19
上部叶	P1	44.00	56.00	33.00	22.04	7.48	0.16
	P2	47.00	53.00	38.00	22.19	7.71	0.17
	P3	60.00	40.00	33.00	22.13	7.36	0.16

2. 化学成分变化

如表 8-41 所示，随着干片温度提高，FL88f 上部叶还原糖和总糖含量均表现出下降趋势，烟碱含量呈先降后升趋势，中部叶、上部叶总氮含量呈先降后升趋势，中、上部叶钾含量较高，Cl^- 含量适宜。

表 8-41　各处理烟叶化学成分

单位：%

部位	处理	还原糖	总糖	烟碱	总氮	K_2O	Cl^-
中部叶	P1	18.2	23.1	1.58	1.91	6.34	0.30
	P2	20.1	25.0	1.40	1.86	6.44	0.31
	P3	27.4	33.3	1.62	1.53	4.74	0.26
上部叶	P1	26.9	32.9	2.38	1.48	3.02	0.34
	P2	27.7	34.6	1.56	1.29	2.65	0.32
	P3	28.0	35.1	1.58	1.35	2.70	0.30

同时随着干片温度提高，FL88f 中部叶和上部叶还原糖和总糖含量均表现为上升趋势。

3. 感官质量变化

如表 8-42 所示，随着干片温度的提高，FL88f 中部叶香型趋向清香型，香气质、香气量、余味、杂气得分和最终得分均表现为先降后升趋势，以 P3 处理（54℃）评吸得分最高，质量档次为"中等＋"；上部叶香气质、香气量、余味、杂气、刺激性得分和最终得分表现为先升后降趋势，以 P2 处理（52℃）评吸得分最高，质量档次为"中等＋"。

表 8-42　各处理烟叶感官评吸质量

部位	处理	香型	劲头	浓度	香气质 15	香气量 20	余味 25	杂气 18	刺激性 12	得分 100	质量档次
中部叶	P1	中间	适中	中等＋	11.17	15.75	18.67	12.83	8.83	73.3	中等＋
	P2	中间	适中＋	中等＋	11.00	15.67	18.58	12.67	8.92	72.8	中等
	P3	中偏清	适中	中等＋	11.33	16.00	19.08	13.17	9.08	74.7	中等＋
上部叶	P1	中偏清	适中	中等	11.00	15.75	18.67	12.75	8.83	73.0	中等＋
	P2	中偏清	适中	中等	11.25	16.17	19.25	13.17	9.00	74.8	中等＋
	P3	中偏清	适中	中等	11.17	15.92	19.00	12.83	8.92	73.8	中等＋

三、FL88f 干筋期关键烘烤工艺参数研究

试验安排在上杭县湖洋镇三田村，选取大田管理规范、营养均衡、个体与群体生长发育协调、落黄均匀一致的 FL88f 烟田，行株距 1.2m×0.5m，施氮量 112.5kg/hm²，留叶 18 片，氮肥基追比 6∶4；分别选取中部烟叶和上部烟叶为材料，每个烘烤处理选同一成熟度的鲜烟叶 200 片左右，在温湿度自控试验烤箱中，开展中部烟叶、上部烟叶的干筋期不同温度烘烤试验。试验设置三个干筋温度梯度：G1（66℃）、G2（68℃）、G3（70℃），湿球温度控制在 42℃。其他烘烤操作技术参照三段式烘烤工艺执行。

烘烤进程中干湿球温度和烟叶变化见表 8-43。

表 8-43　各处理烘烤记载

部位	处理	时长（h）	干球温度（℃）	湿球温度（℃）	烟叶变化
中部叶	G1	0	36	36	开烤
		57.5	43	38	全黄
		106.5	54	39	干片

（续）

部位	处理	时长（h）	干球温度（℃）	湿球温度（℃）	烟叶变化
中部叶	G1	130	65	42	干筋期
		158	66	43	烤干
	G2	0	30	30	开烤
		30	42	40	全黄
		48	52	39	干片
		32	65	41	干筋期
		24	68	42	烤干
	G3	0	30	30	开烤
		67	41	38	全黄
		119	54	37	干片
		143	68	42	干筋期
		164	70	42	烤干
上部叶	G1	0	38	38	开烤
		38	41	39	全黄
		88	54	39	干片
		99	63	41	干筋期
		123	66	42	烤干
	G2	0	36	36	开烤
		53	40	37	全黄
		90	54	38	干片
		114	67	41	干筋期
		133	68	42	烤干
	G3	0	36	36	开烤
		55	42	39	全黄
		86	54	39	干片
		116	68	42	干筋期
		130	70	42	烤干

（一）经济性状变化

如表 8-44 所示，随着干筋温度的提高，FL88f 中部叶上等烟比例和均价呈先降后升趋势，橘黄烟比例和单叶重呈先升后降趋势，单叶产值呈升高趋势，G2和G3差异较小；上部叶随着干筋温度的提高，上等烟比例和橘黄烟比例呈上升趋势，均价、单叶重和单叶产值呈先升后降趋势。

表8-44　各处理经济性状统计

部位	处理	上等烟比例（%）	中等烟比例（%）	橘黄烟比例（%）	均价（元/kg）	单叶重（g）	单叶产值（元）
中部叶	G1	48.75	51.25	62.68	28.43	7.11	0.20
	G2	34.90	65.10	63.98	26.83	8.97	0.24
	G3	35.02	64.98	52.76	27.35	8.87	0.24
上部叶	G1	40.04	59.96	60.97	20.06	8.29	0.17
	G2	47.28	52.72	62.37	22.32	8.91	0.20
	G3	58.46	41.54	65.28	21.56	8.73	0.19

（二）化学成分变化

如表8-45所示，随着干筋温度提高，FL88f中部叶和上部叶还原糖和总糖含量均呈现先降后升趋势，中部叶烟碱含量呈上升趋势，总氮含量呈先升后降趋势，上部叶烟碱和总氮含量呈先升后降趋势，中、上部叶钾含量较高。

表8-45　各处理烟叶化学成分

单位：%

部位	处理	还原糖	总糖	烟碱	总氮	K_2O	Cl^-
中部叶	G1	19.3	28.0	1.58	1.73	5.14	0.16
	G2	18.2	25.5	1.59	1.78	5.71	0.14
	G3	21.4	29.7	2.00	1.62	4.75	0.14
上部叶	G1	27.2	29.5	2.53	1.56	2.68	0.33
	G2	17.6	26.0	3.26	1.86	3.51	0.17
	G3	19.5	30.5	2.46	1.54	3.12	0.11

（三）感官质量变化

如表8-46所示，随着干筋温度的提高，FL88f中部叶香气质、香气量、余味、杂气得分和最终得分均表现为先升后降趋势，以G2处理（68℃）评吸得分最高，质量档次为"中等+"；上部叶香气质、余味、杂气、刺激性得分和最终得分表现为先降后升趋势，以G3处理（70℃）评吸得分最高，质量档次为"中等+"。

表 8-46　各处理烟叶感官评吸质量

部位	处理	香型	劲头	浓度	香气质 15	香气量 20	余味 25	杂气 18	刺激性 12	得分 100	质量 档次
中部叶	G1	中间	适中	中等+	10.83	15.67	18.67	12.58	8.67	72.4	中等
	G2	中间	适中	中等+	11.17	16.00	19.17	12.92	8.92	74.2	中等+
	G3	中间	适中	中等+	11.00	15.92	18.92	12.75	8.92	73.5	中等+
上部叶	G1	中偏清	适中	中等+	11.08	15.75	19.00	12.83	8.83	73.5	中等+
	G2	中间	适中+	中等+	10.92	15.75	18.67	12.58	8.58	72.5	中等
	G3	中间	适中	中等+	11.33	16.17	19.25	13.00	8.92	74.7	中等+

第九章 龙岩优质特色烟叶生产技术及推广应用

第一节 龙岩优质特色烟叶生产技术

根据龙岩优质特色彰显品种、生产栽培技术和烘烤调制技术方面的研究成果，明确了龙岩优质特色烟叶关键生产技术或工艺参数，制订了"龙岩优质特色烟叶生产技术标准"。

一、龙岩优质特色烟叶关键生产技术或工艺参数

（一）彰显龙岩烟叶优质特色的品种（系）

可替代当地主栽品种云烟 87 的闽烟 312 品种；清香风格显著的品系 FL88f。

（二）以移栽期优化和养分运筹调控为核心的栽培技术

移栽期优化：气温相对较低的北部烟区以 1 月中旬移栽较好，气温相对较高的南部烟区以 1 月下旬移栽较好。

施肥原则：坚持"控氮适磷控硫补镁，以氮定钾，增施有机肥，单株定量，基追合理，营养平衡"的施肥原则，根据不同品种、不同土壤肥力、当年气候因素等确定适宜的施肥量，采用基肥与追肥、干施与浇施、无机肥与有机肥相结合的施肥方法。

云烟 87、闽烟 312：施纯氮 $120\sim127.5kg/hm^2$，硝态氮比例 $50\%\sim55\%$，基肥比例 65%，菜籽饼肥 $450kg/hm^2$，有机氮占 30%，适当补充氢氧化镁 $187.5\sim225.0kg/hm^2$，$N:K_2O:MgO=1:(3\sim3.4):(1.1\sim1.3)$。

FL88f：施纯氮 $105\sim112.5kg/hm^2$，硝态氮比例 $45\%\sim50\%$，基肥比例 $65\%\sim75\%$，菜籽饼肥 $450kg/hm^2$，有机氮占 30%，适当补充氢氧化镁 $180\sim195kg/hm^2$，$N:K_2O:MgO=1:(3\sim3.2):(1.2\sim1.3)$。

（三）以提质增香为目标的烘烤工艺参数

总的原则：适当延长变黄期凋萎阶段时间，促进淀粉转化和蛋白质降解，增加美拉德反应香气前体物质游离态还原糖和氨基酸含量；适当延长定色期时间，降低烟叶褐化，促进香气物质形成；严控干筋期温度，避免烟叶烤红问题。

云烟87、闽烟312适宜烘烤参数：在变黄干湿球温度38℃/36℃（下部叶）、40℃/37℃（中、上部叶）稳温至烟叶7～8成黄，失水至叶身发软；缓升温（1℃/2h）至定色干湿球温度42℃/37℃，稳温至叶片全变黄、凋萎；缓升温（1℃/2h）至主脉变黄干湿球温度47℃/38℃，稳温至叶片支脉基本褪绿变黄，主脉部分失水；缓升温（1℃/2h）至干片干湿球温度54℃/39℃，稳温至叶片全干，主脉褪绿部分干缩；缓升温（1℃/2h）至干筋干湿球温度68℃/42℃（中、下部叶）、66℃/42℃（上部叶），稳温至烟筋全干。

FL88f适宜烘烤参数：在变黄干湿球温度38℃/36℃（中、下部叶）、40℃/37℃（上部叶）稳温至烟叶7～8成黄，失水至叶身发软；缓升温（1℃/2h）至定色干湿球温度42℃/38℃（中、下部叶）、42℃/37℃（上部叶），稳温至叶片全变黄、凋萎；缓升温（1℃/2h）至主脉变黄干湿球温度47℃/38℃（中、下部叶）、49℃/38℃（上部叶），稳温至叶片支脉基本褪绿变黄，主脉部分失水；缓升温（1℃/2h）至干片干湿球温度54℃/39℃（中、下部叶）、52℃/39℃（上部叶），稳温至叶片全干，主脉褪绿部分干缩；缓升温（1℃/2h）至干筋干湿球温度68℃/42℃，稳温至烟筋全干。

二、龙岩优质特色烟叶生产技术标准

集成创制了龙岩优质特色烟叶生产技术体系，涵盖了龙岩优质烟品质指标、品种选择、育苗移栽、养分运筹、打顶留叶、成熟采烤、分级挑选等10个生产技术环节，形成了龙岩优质特色烟叶生产技术标准，并于2018年发布且在龙岩实施。

龙岩优质特色烟叶生产技术标准

前　言

龙岩烟区是我国典型的东南清香型烟区，所产烤烟烟叶烟气清甜绵柔、清雅舒适、清香突出。为彰显清香特色，规范龙岩特色烟叶生产技术，特制订龙岩优质特色烟叶生产技术标准。

本标准由福建省烟草公司龙岩市公司提出，属于福建省烟草公司龙岩市公司企业标准。

本标准由福建省烟草公司龙岩市公司企业标准化技术委员会归口管理。

本标准由福建省烟草公司龙岩市公司、中国农业科学院烟草研究所共同起草。

本标准起草人：曾文龙　陈爱国　周道金　刘光亮　周东新。

本标准 2018 年 1 月首次发布实施。

龙岩优质特色烟叶生产技术标准

1　范围

本标准规定了龙岩优质特色烟技术经济指标、优质特色烟品质指标和主要生产技术措施

2　规范性引用文件

下列文件对于本文件的应用是必不可少的。凡是注日期的引用文件，仅所注日期的版本适用于本文件。凡是不注日期的引用文件，其最新版本（包括所有的修改单）适用于本文件。

Q/LYYC 201.61 初烤烟叶 重金属限量要求

Q/LYYC 201.62 初烤烟叶 农残限量要求

3　优质烟技术经济指标

产值 67 500 元/hm² 以上。

等级结构：上等烟比例 65% 以上（优化结构后）。

4　优质烟品质指标

4.1　外观特征

烟叶成熟度好。烟叶浅桔至橘黄（以金黄色为主），叶面与叶背颜色相近，叶尖部与叶基部色泽基本相似。叶片结构疏松，弹性好，叶片柔软，身份稍薄至稍厚，色度强至浓，油分有至多，中部叶长 60±5cm，宽度 30±5cm，烤后平均单叶重 10g 左右。

4.2　化学成分

烟碱含量 1.0%～3.5%（下部叶 1.0%～2.0%，中部叶 2.0%～3.0%，上部叶 2.5%～3.5%），总糖含量 30%左右，钾含量≥3.0%，氯含量 0.8%以下，糖碱比适宜。

4.3　感官评吸质量

清甜绵柔，香气质好，香气量较足，烟气透发、细腻柔和，口感较舒适，刺激性小，杂气微有，余味纯净舒适，劲头较小至适中。

4.4　安全性

农药残留和重金属含量符合福建省烟草公司龙岩市公司企业标准《Q/LYYC 201.61 初烤烟叶 重金属限量要求》和《Q/LYYC 201.62 初烤烟叶 农残限量要求》。

4.5　田间烟株长相

成熟期个体长相：打顶后，株高 100～120cm，留叶 16±2 片（优化结构后），中部叶长 70±10cm，株型呈筒型或腰鼓型，叶色浓绿到正绿，发育充分，抗逆性强。

群体长相：行间烟株叶片互不遮挡，具有良好的光照和通风条件，烟株大小均匀一致，叶色均匀、浓绿到正绿，分层落黄。

5　主要生产技术措施

5.1　烟田选择

选择光照充足、质地疏松、通透性好、排灌方便、肥力中等、无病害或病害较轻的轻壤质土或中壤质土田块。

5.2　土壤改良

根据植烟土壤状况通过采用稻草回田石灰溶田、稻草堆沤回田、提早冬翻晒白、增施有机肥等措施，维护好烟田的土壤肥力与团粒结构，达到用地与养地结合的目的。

5.2.1　稻草回田溶田与稻草堆沤

稻草回田溶田及堆沤稻草的数量不能少于全田的一半，且要确保稻草打烂或腐熟；稻草堆沤要求配合使用有机物料腐熟剂，薄膜严密覆盖，体积达到 $60m^3/hm^2$，并要求增施 5% 的碳铵溶液或人粪尿，注重水分和定期翻垛，达到腐熟使用标准；土壤 pH<5.5 的田块，隔 2～3 年配施石灰或白云石粉 1 125～1 500kg/hm^2，以调节土壤酸碱度。

5.2.2 冬翻晒白

晚稻收割后，冬至前进行溶田，待自然落干后再翻耕，确保田块有一个月以上的晒白时间。通过冬翻晒白，加厚土壤疏松层，改善土壤温度状况，增强土壤通透性，减轻烟田病虫和杂草的危害。

5.3 品种

云烟 87、闽烟 312 和 FL88f（品系）。

5.4 育苗

采取集约化湿润育苗、商品化供苗。推广使用播种器和剪叶器，苗龄掌握在 60±10 天，茎高 6±1cm，叶片数 6～8 片，茎直径≥5mm，叶色绿，无病虫害。在壮苗培育中后期应注重水分管理，保证断水炼苗措施落实到位，培育发达根系。

5.5 播种、移栽时间

云烟 87 在南部烟区 11 月下旬播种，1 月下旬至 2 月上旬移栽，6 月中下旬结束采烤；在北部烟区 12 月上中旬播种，2 月上中旬移栽，6 月下旬至 7 月上旬结束采烤，确保大田生育期 120 天以上。闽烟 312 和 FL88f 播种移栽较云烟 87 提早 10～20 天。

5.6 田间管理

5.6.1 施肥

施肥原则：控氮、适磷、多有机、补微量、速效缓效相结合，根据品种、土壤肥力合理调控钾、镁用量、基追肥比例、硝态氮与铵态氮比例。

5.6.1.1 施肥量

云烟 87、闽烟 312：中等肥力田块，施纯氮 120.0～127.5 kg，硝态氮比例 50%～55%，基肥比例 65%，菜籽饼肥 450kg/hm^2，有机氮占 30%，适当补充氢氧化镁 187.5～225.0kg/hm^2，N：K_2O：MgO=1：（3～3.4）：（1.1～1.3）。

FL88f：施纯氮 105～112.5kg/hm^2，硝态氮比例 45%～50%，基肥比例 65%～75%，菜籽饼肥 450kg/hm^2，有机氮占 30%，适当补充氢氧化镁

$180.0\sim195.0kg/hm^2$，$N:K_2O:MgO=1:(3\sim3.2):(1.2\sim1.3)$。

5.6.1.2 施肥技术

施肥采用"基肥＋穴肥＋三次追肥"的办法，基肥占 65%（其中条沟肥 60%＋穴肥 5%），第一次追肥占 10%；第二次追肥占 10%；第三次追肥占 15%。

基肥的施用。起垄后盖膜前施条沟基肥，菜籽饼、氢氧化镁在施用前 15 天先拌匀堆沤腐熟。将腐熟的菜籽饼、氢氧化镁及烟草专用肥作条沟肥一次施用，条沟肥深度一般在距垄表面 15～18cm 处，不可太深或太浅，肥料施用均匀。

追肥的施用：在烟苗移栽后 5～7 天时浇施提苗肥；在烟株进入团棵至旺长前期追施剩余的肥料（根据天气与土壤含水量等情况采用分次浇施或双侧条状干施）。在团棵、旺长期，可根据烟株具体生长情况，适当施用硫酸钾 10～15 kg 或叶面喷施 1‰磷酸二氢钾，调节烟株营养，促进顶叶开片协调生长。禁止喷施含氮量高或有激素、含氯的叶面肥，防止上部叶过厚。

5.6.2 起垄、盖膜待栽

移栽前 20～30 天做好起垄、施条沟肥、盖膜工作。起垄规格：连垄带沟 1.2 m 左右，垄高 30cm 左右，做到垄直沟平，烟田四周开排水深沟。烟垄提倡"东西"走向，提高光照质量。

5.6.3 移栽

5.6.3.1 栽植密度

行距 1.2m，株距 0.5m，每公顷种植 16 500 株左右。

5.6.3.2 配施营养土小苗深栽

移栽时，确保株距均匀、准确，穴深 15cm 左右，并配施营养土，切实做到"栽后膜面不见叶"，充分利用地温高于气温，促进伸根期根系发育。

营养土配制：（1）配制时间：在移栽前 1 个月左右进行营养土的配制和堆沤，堆沤时间 15 天以上，保证营养土能充分发酵腐熟。移栽前，根据天气情况及时翻堆拌匀，调节水分。（2）配制方法：每公顷选用 7 500kg 山皮净土或干净黄泥、450～750kg 腐熟有机肥或农家肥、75kg 钙镁磷、45～75kg 专用肥，拌匀后用薄膜盖好堆沤腐熟。（3）施用方法：在烟苗移栽时采用移栽器打穴，放下烟苗后随即施入营养土并缓慢打开移栽器，浇足定根水。

5.6.3.3　查田补苗

移栽后5～7天要及时查田补苗，对弱小苗要追施偏心水、肥。

5.6.4　大田期水分管理

地膜栽培的烟垄既要严防水分不足，又要防止烟垄垄体水分过大，影响肥料的正常释放，不利于烟株正常生长。一是要做到烟田干旱时及时浇水，雨水多时及时排涝；二是移栽时要浇足定根水，一般株浇水0.5～1.0kg，垄面见白时，要灌浅沟水（水深不超过10cm），并让其自然落干；三是采取灌水和烟株浇水相结合的办法，给垄体补水，防止前期肥料不能及时全效发挥作用，造成后期贪青和二次吸肥；四是在上部叶成熟期保持垄沟见水，促使上部叶充分成熟，增加耐熟性与易烤性。

5.6.5　中耕培土

（1）小培土：在烟苗栽后15天左右，及时将沟里的泥土耙碎培在烟株茎基部周围。

（2）大培土：在团棵期（栽后35～40天），统一掀膜清沟大培土，使烟垄高度达30～35cm，培土后将地膜松散式地盖回垄面。结合烟叶结构优化需要，在大培土时压掉2片脚叶。

培土时不提倡用锄头深耕松土，防止伤害烟根和传播病虫害，推广培土机机械培土，降低劳动强度，提高效率。

5.6.6　病虫害防治

建立健全病虫害预警防灾体系，实施综合防治技术，坚持预防为主、综合防治的原则。

5.6.6.1　农业防治措施

注重田间卫生，清除烟田片区内杂草，做到烟田、水沟、山边无杂草，做到烟田卫生"四面光"。及时冬翻晒白，推行冬季"溶田"耕作方式，减少越冬病源。

5.6.6.2　做好青枯病、花叶病的防治

青枯病：（1）发病条件：当旬均气温≥24±1℃时，流行与否取决于土壤水分含量或者降水量。（2）传播途径：残株或水流。（3）防治措施：做好田间排水，做到雨后田间无积水，减少细菌因水传播，做到预防为主；烟叶采收完毕后迅速毁掉残株，若一块田中零星发生可用农用链霉素或青

枯灵灌根；利用稀释后 200 单位的农用链霉素进行提前灌根，每株用药量保证 100mL 以上，间隔 7～10 天一次，连续用药 2～3 次。

花叶病：（1）发病条件：发病温度 28～30 ℃，相对湿度 60％～90％，气温＞37℃即表现隐症现象，气温＜10℃病症消失（不出现）。（2）传播途径：烟蚜传播为主。（3）防治措施：全面推广烟蚜茧蜂生物防治技术；大田中后期在进行打顶抹杈等农事操作时要注意田间卫生，禁止吸烟，并最好做到带肥皂水（或洗衣粉水）下田，操作时应先健株后病株，以防止病毒病在打顶抹杈时继续传播。

5.6.6.3 按照当年度中国烟叶公司烟草农药使用的推荐意见，合理、科学地施用农药。

5.6.6.4 全面推广使用烟蚜茧蜂生物防治技术，尽量减少烟叶生产过程中化学农药的施用，减少环境污染，降低烟叶农残，提高烟叶安全性，提升烟叶内在品质。

5.7 打顶留叶

正常生长的田块采取适度拔节定叶打顶办法，全田 5％～10％第一朵中心花开放时打顶，株留叶 16～18 片。遇低温、干旱等不良气候出现早花时，应及时采取措施"留二代烟"，确保烟株留叶 16～18 片。留二代烟叶的烟田，须及早诊断土壤肥力，提早采取补肥措施，严防补肥过迟，造成上部烟叶质量低劣。打顶既要防止"天盖地"，又要防止顶叶不开面，培育中棵烟。

5.8 优化结构

统一清除不适用的底脚叶，改善通透性；顶叶遵循"轻打顶、重优化"原则，因长势和土壤养分状况确定优化方式，保证有效可采叶 14～16 片，提高烟叶质量和可用性。

5.9 成熟采收

5.9.1 成熟采收时间

下部叶移栽后 70～80 天采收、中部叶移栽后 80～90 天采收、上部叶移栽后 100～120 天采收，4～6 片一次性采收。

5.9.2 成熟采收标准

云烟 87：下部叶尚熟采收，叶片以黄绿为主，主脉 1/2 变白；中部叶在叶片落黄程度 8～9 成时采收，主脉全白，支脉 1/2 变白；上部叶在叶片落黄程度 9～10 成时采收，主脉全白，支脉全白，伴有成熟斑出现。

闽烟 312：下部叶尚熟采收，叶片以黄绿为主，主脉 1/2 变白；中部叶在叶片落黄程度 8～9 成时采收，叶主脉全白，支脉部分变白；上部叶在叶片落黄程度 9～10 成时采收，主脉全白，支脉全白，伴有成熟斑出现。

FL88f：下部叶尚熟采收，叶片以黄绿为主，主脉 1/3 变白；中部叶在叶片落黄程度 8～9 成时采收，主脉全白，支脉 1/2 变白；上部叶在叶片落黄程度 9～10 成时采收，主脉全白，支脉 2/3 以上变白，伴有成熟斑出现。

5.9.3 编竿装烤

（1）编竿要求：要求在编烟上竿前认真做好鲜烟分类，分别编竿，做到同竿同质，一般 1.5 m 竿编 120 片左右，一束 2 片。对含水量大、叶片大、中下部叶编竿略少。

（2）装烤要求：要求装烟密度上下棚一致，密集烤房竿距 8～12cm，力求做到"密、满、匀"。

（3）实行分类挂烟，观察窗处挂具有代表性的烟叶。

（4）不适用烟叶扔掉不烤，严禁使用细线一次性编烟。采收及运输装卸时要轻拿轻放，避免因作业不当造成机械损伤。

5.10 科学烘烤

总的原则：适当延长 40～42℃ 烟叶变黄凋萎期的时间，使烟叶充分凋萎，促进淀粉转化和蛋白质降解，增加香气前体物质游离态还原糖和氨基酸含量；延长 46～49℃ 定色期，主攻降低或杜绝青筋现象；延长 54～55℃ 香气形成期的时间，促进香气物质形成。避免出现光滑叶、挂灰、蒸片等烤坏烟问题。

云烟 87 适宜烘烤参数：在变黄干湿球温度 38℃/36℃（中、下部叶）、40℃/37℃（上部叶），稳温至烟叶 7～8 成黄，失水至叶身发软；缓升温（1℃/2h）至定色干湿球温度 42℃/38℃（中、下部叶）、44℃/38℃（上部叶），稳温至叶片全变黄、凋萎；缓升温（1℃/2h）至主脉变黄干湿球温度 50℃/38℃，稳温至叶片支脉基本褪绿变黄，主脉部分失水；缓升温（1℃/2h）至干片干湿球温度 54℃/39℃，稳温至叶片全干，主脉褪绿部分干缩；缓升温（1℃/2h）至干筋干湿球温度 68℃/42℃，稳温至烟筋全干。

闽烟 312 适宜烘烤参数：在变黄干湿球温度 38℃/36℃（下部叶）、40℃/37℃（中、上部叶）稳温至烟叶 7～8 成黄，失水至叶身发软；缓升温（1℃/2h）至定色干湿球温度 42℃/37℃，稳温至叶片全变黄、凋萎；缓升温（1℃/2h）至主脉变黄干湿球温度 47℃/38℃，稳温至叶片支脉基本褪绿变黄，主脉部分失水；缓升温（1℃/2h）至干片干湿球温度 54℃/39℃，稳温至叶片全干，主脉褪绿部分干缩；缓升温（1℃/2h）至干筋干湿球温度 68℃/42℃（中、下部叶）、66℃/42℃（上部叶），稳温至烟筋全干。

FL88f 适宜烘烤参数：在变黄干湿球温度 38℃/36℃（中、下部叶）、40℃/37℃（上部叶），稳温至烟叶 7～8 成黄，失水至叶身发软；缓升温（1℃/2h）至定色干湿球温度 42℃/38℃（中、下部叶）、42℃/37℃（上部叶），稳温至叶片全变黄、凋萎；缓升温（1℃/2h）至主脉变黄干湿球温度 47℃/38℃（中、下部叶）、49℃/38℃（上部叶），稳温至叶片支脉基本褪绿变黄，主脉部分失水；缓升温（1℃/2h）至干片干湿球温度 54℃/39℃（中、下部叶）、52℃/39℃（上部叶），稳温至叶片全干，主脉褪绿部分干缩；缓升温（1℃/2h）至干筋干湿球温度 68℃/42℃，稳温至烟筋全干。

5.11 田间卫生与环境保护

（1）烟叶生产的全过程都要注重田间卫生与环境保护工作。

（2）在烟叶采收、烘烤结束后，及时拔除烟地内的烟杆，挖除烟根，清除遗留在烟地内地膜等杂物。清除的烟杆等要集中在烟地外堆放，不能放在田埂或地边，以免造成病菌传播。

5.12 回潮与保管

烟叶回潮以手碰不碎为准。提倡自然回潮，要按烤次堆放保管，以利挑选分级，存放烟叶的库房不能潮湿，要求离地 30cm 以上，距墙 30cm 以上。遮光保存，以利醇化，烟垛上下要用塑料布密封。

5.13 分级挑选

按照 GB 2635－92 执行。以成熟度为第一分级要素，及时挑选，首先进行部位分组、颜色分组，最后进行分级，分级时要达到长对长、短对短、副组挑一边，要把相同的烟叶挑在一起，严禁大叶夹小叶及使用非本等级扎把；严禁翻叶、把头沾水、夹馅，严禁非烟物质进入把烟中。散叶收购按散叶分级标准执行，严禁下竿后不分级直接扎捆。

加强分级培训指导，全面实行预检制，要做到"四到户、三不出户"即"技术培训到户、仿制样品到户、分级指导到户、预检到户，水分大不出户、混级不出户、掺杂使假不出户"。

5.14　交售

烟叶分级后，经预检员验收合格，装袋封签，约时、定量、定点，到站交售。

5.15　户籍化管理

为全面提升烟叶生产管理水平，实施户籍化管理，各分公司建立健全烟农档案，对烟农要进行分类指导与管理，全面提高烟叶生产整体水平。

6　支持文件

无。

第二节 / 生产示范及成效

一、关键生产技术和工艺参数生产示范

2015—2017年，依据龙岩优质特色烟叶关键生产技术和工艺参数，对筛选出的龙岩优质特色烤烟品种（系）闽烟312和FL88f进行应用示范，示范点安排在上杭、连城、长汀和武平（表9-1），示范推广经济性状见表9-2。与云烟87相比，闽烟312产值提高800.7～9 840元/hm²，平均提高5 311.8元/hm²；FL88f产值提高8 965.75～26 942.25元/hm²，平均提高15 536.55元/hm²。

表9-1 2015—2017年优质特色品种（系）示范情况

单位：hm²

年份	闽烟312			FL88f	合计
	连城	长汀	武平	上杭	
2015年	33.3	0	4.2	2.03	39.53
2016年	197.5	37.1	41.4	21.76	297.76
2017年	40	11.1	7.1	20.08	78.31
合计	270.8	48.2	52.7	43.87	415.60

表9-2 2015—2017年龙岩烟区示范区与非示范区主要经济性状对比

年份		平均产量 (kg/hm²)	平均产值 (元/hm²)	均价 (元/kg)	上等烟比例 (%)	中等烟比例 (%)
非示范区	2015年	1 967.36	50 722.73	25.78	60.33	32.84
	2016年	1 994.89	52 658.53	26.40	60.29	37.50
	2017年	2 157.64	56 827.69	26.34	63.38	34.83
示范区	2015年	2 296.00	58 304.85	25.39	57.05	37.43
	2016年	2 298.83	62 103.69	27.02	57.76	39.95
	2017年	2 316.29	61 083.45	26.37	62.50	33.89
示范区比非示范区增减		264.44	7 293.67	0.16	−2.05	2.00

二、生产技术集成示范与工业评价

2018年，依据龙岩优质特色烟叶生产技术标准，对筛选出的龙岩优质特色烤烟品种（系）闽烟312和FL88f进行生产技术集成示范和工业评价，示范

点安排在连城和长汀。连城点示范品种闽烟312，示范面积300hm²，其中核心示范区6.67hm²，对照品种为云烟87。长汀点示范品系FL88f，示范面积300hm²，其中核心示范区6.67hm²，对照品种为CB-1和云烟87。图9-1为连城中心示范，图9-2为长汀中心示范。

图9-1　连城中心示范（左：闽烟312，右：对照云烟87）

图9-2　长汀中心示范（左：FL88f，右：对照CB-1）

在连城和长汀核心示范区分别采集各品种（系）C3F和B2F烟叶样品，福建省烟草公司龙岩市公司组织行业有关评吸专家进行感官质量评价（表9-3和表9-4）。工业评价表明，与对照云烟87比较，闽烟312具有清香型风格特征，香气质较好，香气量尚足，烟气较细腻，口感总体较舒适，甜感尚好，其中中部叶质量特征得分和风格特征分别提高了0.80%、1.85%，上部叶与对照相当；FL88f具有典型清香型风格特征，香气质较好，香气量较足，杂气较小，清甜感较明显，烟气细腻柔和，口感较舒适，其中中、上部叶质量特征得分分别提高了8.84%、10.08%，风格特征分别提高了7.14%、15.38%。整体上闽烟312和FL88f较对照品种实现了烟叶质量与风格特色同步提升，提高了龙岩烟草优质特色烟叶原料生产与保障水平，为提高龙岩烟叶原料的市场竞

表 9-3　闽烟312烟叶样品感官评吸打分

地点	序号	等级	品种	风格特征评价 香味风格 香型	风格特征评价 香味风格 分值	风格特征评价 甜感 特征	风格特征评价 甜感 分值	风格特征评价 换算得分	风格特征得分	质量特征评价 香气特征 香气质	香气量	杂气	换算得分	烟气特征 细腻度	浓度	劲头	换算得分	口感特征 刺激性	余味	换算得分	质量特征得分	综合得分
连城	1	C3F	F31-2	清香	6.5	清甜	6.5	65	26	6.5	6.5	7	66.5	7.5	6.5	8.5	75	7	7	70	41.45	67.45
	2		云烟87	清香	6.5	清焦	6.5	65	26	7	7	6.5	68.5	7	6.5	8.5	73	6.5	6.5	65	41.12	67.12
	3	B2F	F31-2	清香	6.5	清	6.5	65	26	6.5	6.5	7	66.5	7	7	8.5	74.5	7	7	70	41.39	67.39
	4		云烟87	清香	6.5	清	6.5	65	26	7	7	6.5	68.5	6	7.5	7.5	69	6.5	6.5	65	40.64	66.64

第一组（1、2）总体评价1>2，1号清香风格，细腻感好，口感好，但香气量不足。2号香气量最足，但有枯焦气，带树脂气明显、枯焦气明显，口感较差。第二组（3、4）评价3>4，3号各项指标均衡，香气量略大，可用性较好。4号刺激性大，带有枯焦气，树脂气明显，口感较差。

表 9-4　FL88f烟叶样品感官评吸打分

地点	序号	等级	品种	风格特征评价 香味风格 香型	风格特征评价 香味风格 分值	风格特征评价 甜感 特征	风格特征评价 甜感 分值	风格特征评价 换算得分	风格特征得分	质量特征评价 香气特征 香气质	香气量	杂气	换算得分	烟气特征 细腻度	浓度	劲头	换算得分	口感特征 刺激性	余味	换算得分	质量特征得分	综合得分
长汀	1	C3F	FL88f	清香	7.5	清甜	7.5	75	30	7.5	7	7.5	73.5	7.5	6.5	9	76.5	7.5	7.5	75	44.69	74.69
	2		CB-1	清香	7.5	清甜	7	73	29.2	7.5	7	7	72	7	7	8.5	74.5	6.5	6.5	65	42.45	71.65
	3		云烟87	清香	7	清甜	7	70	28	7	7	6.5	68.5	6.5	7	8.5	72.5	6.5	6.5	65	41.06	69.06
	4	B2F	FL88f	清香	7.5	清甜	7.5	75	30	7.5	7	7.5	73.5	7.5	7	8.5	74.5	7.5	7.5	75	44.45	74.45
	5		CB-1	清香	7.5	清甜	7.5	75	30	7.5	7.5	7	73.5	7.5	7	8.5	76.5	7.5	7.5	75	44.69	74.69
	6		云烟87	浓清	6.5	清焦	6.5	65	26	7	7	6	67	6.5	7.5	7.5	71	6.5	6.5	65	40.38	66.38

第一组（1、2、3）总体评价1>2>3，1号清香风格突出，细腻度较好，浓度适中，细柔、甜感，香气量足，枯焦气重，刺激性大，后半段清香突出，甜感，3号清香特征不明显，上部叶特征不明显，上部叶特征不明显、劲头不明显。5号细柔性强。6号上部叶上部叶特征明显，枯焦、桔焦气重，刺激性大，口感较干燥。香气物质丰富，各指标平衡性好，但清甜甜味不如4号。6号上部叶上部叶特征明显，枯焦气重，刺激性大，口感干燥。第二组（4、5、6）总体评价4~5>6，4号清甜感明显，略显粗糙，略带树脂气，稍刺。

争力提供有力的技术支撑。

三、"龙岩烤烟"农产品地理标志登记

龙岩地区处于中亚热带季风气候向南亚热带季风气候过渡区，年均温 18.5～20.5℃，光照充足，年日照时数 1 624～1 766 h，无霜期平均 290～305d，≥10℃积温为 6 340.7～7 301.55 ℃，是中国最适宜的烤烟种植区之一。龙岩烤烟清甜蜜甜香风格明显，香气质好，香气量足，烟气细腻柔和，劲头适中，杂气较少，余味舒适，具有独特的"清甜绵柔，富萜高钾"的风格特征。目前，龙岩烤烟已成功进入了七匹狼、中华、黄山、双喜、利群、黄鹤楼、荷花等知名卷烟品牌配方。2020 年 5 月 18 日农业农村部第 290 号公告发布，"龙岩烤烟"被列入我国农产品地理标志保护行列，颁发中华人民共和国农产品地理标志登记证书（图 9-3）。地理标志保护范围为龙岩市全区，总保护面积 19 027km²。

图 9-3 "龙岩烤烟"农产品地理标志登记证书

四、相关核心论文

[1] Zhou P L, Li Q Y, Liu G L, et al. Integrated analysis of transcriptomic and metabolomic data reveals critical metabolic pathways involved in polyphenol biosynthesis in *Nic-*

otiana tabacum under chilling stress [J]. *Functional Plant Biology*，2018，46（1）：30 – 43.

[2] Zhou P L, Li Q Y, Liu G L, et al. Transcriptomic analysis of chilling – treated tobacco (*Nicotiana tabacum*) leaves reveals chilling—induced lignin biosynthetic pathways [J]. *Current Science*，2019，117（11）：1885 – 1892.

[3] Zhou P L, Khan R, Li Q Y, et al. Transcriptomic analyses of chilling stress responsiveness in leaves of tobacco（*Nicotiana tabacum*）seedlings [J]. *Plant Molecular Biology Reporter*，2019，37（156）：1 – 13.

[4] 陈爱国，刘光亮，周道金，等. 龙岩烤烟特征香气成分及其关键生态影响因子研究 [J]. 江西农业大学学报，2018，40（2）：295 – 305.

[5] 陈爱国，刘光亮，周道金，等. 龙岩鲜烟叶特征香气成分前体物代谢组学的通路分析 [J]. 安徽农业大学学报，2018，45（3）：545 – 550.

[6] 李琦瑶，陈爱国，王程栋，等. 低温胁迫对烤烟幼苗光合荧光特性及叶片结构的影响 [J]. 中国烟草学报，2018，24（2）：30 – 38.

[7] 李琦瑶，王树声，刘光亮，等. 低温胁迫及恢复生长后烟苗叶形指数及生长素的响应 [J]. 江苏农业科学，2019，47（3）：60 – 65.

[8] 李琦瑶，王树声，周培禄，等. 低温胁迫对烟苗叶形及生理特性的影响 [J]. 中国烟草科学，2018，39（1）：17 – 23.

[9] 李琦瑶，周培禄，王树声，等. 烟草 β-微管蛋白基因 *NtTubB* 的克隆及逆境响应分析 [J]. 分子植物育种，2019，17（13）：4210 – 4219.

[10] 刘光亮，周道金，曾文龙，等. 龙岩适应性烤烟品种（系）评价筛选 [J]. 中国农学通报，2018，34（14）：13 – 19.

[11] 杨银菊，陈爱国，刘光亮，等. 烟草绿原酸生物合成途径关键酶基因的研究进展 [J]. 现代农业科技，2018（13）：5 – 8，10.

[12] 杨银菊，王树声，刘光亮，等. 打顶后烟叶内源生长素含量的变化对绿原酸含量的影响 [J]. 西南农业学报，2019，32（5）：1028 – 1033.

[13] 杨银菊，张彦，王树声，等. 打顶对烟草叶片多酚代谢及其关键酶的影响 [J]. 中国烟草学报，2018，24（1）：60 – 67.

[14] 曾文龙，陈爱国，周道金，等. 移栽期对烤烟品质及香气前体物含量的影响 [J]. 江西农业学报，2020，32（12）：94 – 99.

[15] 周培禄，刘光亮，王树声，等. 低温胁迫下烟苗多酚代谢及其抗氧化能力分析 [J]. 中国烟草科学，2018，39（5）：33 – 39.

参 考 文 献

查宏波，黄鞾，胡启贤，等，2012. 应用 AMMI 模型评价烤烟品种产量适宜性 [J]. 中国烟草学报，18（2）：17-20.

陈江华，刘建利，李志宏，2008. 中国植烟土壤及烟草养分综合管理 [M]. 北京：科学出版社.

陈倩，卓维，李佳皓，等，2018. 烟草 Nt14-3-3 基因的克隆及生物信息学和表达模式分析 [J]. 烟草科技，51（1）：1-7.

陈奕辰，2014. 双标图在作物品种评价和品种环境互作分析中的应用 [D]. 北京：北京工业大学.

陈志厚，2013. GGE 双标图对抗寒烤烟品种区域试验的分析 [J]. 中国农学通报，29（16）：139-142.

戴培刚，陈爱国，陈志厚，等，2009. 几个烤烟品种成熟期及采后的色素和水分含量变化 [J]. 中国烟草科学，30（5）：6-9.

福建省地方志编纂委员会，1995. 福建省志——烟草志 [M]. 北京：方志出版社.

韩锦峰，宋娜娜，2014. 烤烟香型表征研究 [J]. 中国烟草学报，20（6）：150-154.

韩锦峰，岳彩鹏，刘华山，等，2002. 烤烟生长发育的低温诱导研究：Ⅰ、苗期低温诱导对烤烟顶芽发育及激素含量的影响 [J]. 中国烟草学报，8（1）：25-29.

贺小彦，2011. 烟草受激素诱导和逆境胁迫相关基因的克隆与表达分析 [D]. 福州：福建农林大学.

黄秋蝉，许元明，韦友欢，等，2012. 改进叶黄素测定方法的探讨 [J]. 安徽农业科学，40（33）：16099-16101，16112.

李玲燕，2015. 烤烟典型产区烟叶香气物质关键指标比较研究 [D]. 北京：中国农业科学院.

刘丹丹，2016. 低温处理对菜心花粉发育及相关基因表达的影响 [D]. 杭州：浙江大学.

刘建丰，王志德，刘艳华，等，2007. 应用 SRAP 标记研究烟草种质资源的遗传多样性 [J]. 中国烟草科学，28（5）：49-53.

刘向莉，高丽红，刘明池，2005. 植物组织中自由水和束缚水含量测定方法的改进 [J]. 中国蔬菜（4）：9-11.

罗秀云，2015. 烟草中 $Ntpx$ 基因的克隆及表达特性研究 [D]. 长沙：湖南农业大学.

孙计平，陈廷贵，李雪君，等，2012. 河南浓香型烟区烤烟品种（系）适应性研究 [J]. 中国烟草科学（6）：13-17.

孙计平，李雪君，吴照辉，等，2011. 应用 AMMI 模型分析烤烟区试品种稳定性 [J]. 中国农学通报，27（19）：263-267.

孙永平，汪良驹，2007. ALA 处理对遮荫下西瓜幼苗叶绿素荧光参数的影响 [J]. 园艺学报，34（4）：901-908.

汪洲涛，苏炜华，阙友雄，等，2016. 应用 AMMI 和 HA-GGE 双标图分析甘蔗品种产量稳定性和试点代表性 [J]. 中国生态农业学报，24（6）：790-800.

王怀珠，杨焕文，郭红英，2004. 烘烤过程中不同成熟度烟叶淀粉的降解动态 [J]. 烟草科技（10）：36-39.

王琦，赵爽，王璐，等，2007. 重组马铃薯 X 病毒载体介导的烟草 γ-微管蛋白基因沉默 [J]. 植物生理与分子生物学学报，33（5）：375-386.

王万能，项钢燎，翟羽晨，等，2017. 烤烟烟叶烘烤中蛋白质的降解动态变化规律研究 [J]. 浙江农业学报，29（12）：2120-2127.

王旭，王新果，张朝贤，等，2016. 刺萼龙葵 PDS 基因 VIGS 载体的构建 [J]. 植物保护，42（4）：137-141.

王彦亭，谢剑平，李志宏，2010. 中国烟草种植区划 [M]. 北京：科学出版社.

吴春，李余湘，时宏书，等，2014. GGE 双标图分析在烤烟品种区域试验中的应用 [J]. 烟草科技（5）：88-93.

吴克宁，杨扬，吕巧灵，2007. 模糊综合评判在烟草生态适宜性评价中的应用 [J]. 土壤通报，38（4）：631-634.

许乃银，李健，2014. 利用 GGE 双标图划分长江流域棉花纤维品质生态区 [J]. 作物学报，40（5）：891-898.

杨保安，张科静，2008. 多目标决策分析理论、方法与应用研究 [M]. 上海：东华大学出版社.

张涵，王学敏，刘希强，等，2019. 紫花苜蓿 MsGAI 的克隆、表达及遗传转化 [J]. 中国农业科学，52（2）：201-214.

张宏平，张晋元，吴国良，2017. 扁桃果实超微结构和组织结构观察 [J]. 中国南方果树，46（3）：116-119.

张建华，张忠兵，乌云，2000. 胡萝卜中 β-胡萝卜素测定的方法 [J]. 内蒙古农业大学学报，21（1）：121-124.

张毅，2013. 亚精胺对番茄幼苗盐碱胁迫的缓解效应及其调控机理 [D]. 咸阳：西北农林科技大学.

张征锋，肖本泽，2015. 利用 AMMI 模型分析杂交水稻配合力 [J]. 植物遗传资源学报，

16（2）：400－404.

张志良，翟伟菁，2003. 植物生理学实验指导 ［M］. 3 版. 北京：高等教育出版社.

赵杰宏，谢升东，蒲文宣，等，2013. GGE 双标图在烤烟新品种重要经济性状筛选布局中的初步应用 ［J］. 中国烟草科学，34（6）：10－14.

赵永长，宋文静，邱春丽，等，2016. 黄腐酸钾对渗透胁迫下烤烟幼苗生长和光合荧光特性的影响 ［J］. 中国烟草学报，22（4）：98－106.

周芳芳，张晓龙，詹军，等，2016. 典型清香型烤烟产地间致香物质含量及组成差异分析 ［J］. 中国烟草学报，22（2）：34－42.

邹琦，2000. 植物生理学实验指导 ［M］. 北京：中国农业出版社.

Abdrakhamanova A，Wang Q Y，Khokhlova L. et al.，2003. Is microtubule disassembly a trigger for cold acclimation? ［J］. *Plant & Cell Physiology*，44（7）：676－686.

Chen W，Gong L，Guo Z，et al.，2013. A novel integrated method for large－scale detection, identification, and quantification of widely targeted metabolites：application in the study of rice metabolomics ［J］. *Molecular plant*，6（6）：1769－1780.

Dehghani H，Feyzian E，Jalali M，et al.，2017. Use of GGE biplot methodology for genetic analysis of yield and related traits in melon （*Cucumis melo* L.）［J］. *Canadian Journal of Plant Science*，92（1）：77－85.

Dehghani M R，Majidi M M，Saeidi G，et al.，2017. Application of GGE biplot to analyse stability of Iranian tall fescue （*Lolium arundinaceum*）genotypes ［J］. *Grop & Pasture Science* 66（9）：963－972.

Fujino K，Matsuda Y.，Ozawa K.，et al.，2008. *NARROW LEAF* 7 controls leaf shape mediated by auxin in rice ［J］. *Molecular Genetics & Genomics*，279（5）：499－507.

Goodenough U W，Levine R P，1969. Chloroplast Ultrastructure in Mutant Strains of Chlamydomonas Reinhardi Lacking Components of the Photosynthetic Apparatus ［J］. *Plant Physiology*，44（7）：990.

Hejazi P，Khalkhali S K Z，2016. Study on Stability of Grain Yield Sunflower Cultivars by AMMI and GGE bi Plot in Iran ［J］. *Molecular Plant Breeding*，7（2）：1－6.

Kendal E，Sayar M S，Tekdal S，et al.，2016. Assessment of the impact of ecological factors on yield and quality parameters in triticale using GGE biplot and AMMI analysis ［J］. *Pakistan Journal of Botany*，48（5）：1903－1913.

Knapp S，Chase M W，Clarkson J J，2004. Nomenclatural changes and a new sectional classification in Nicotiana （Solanaceae）［J］. *Taxon*，53（1）：73－82.

Kulshreshtha N P，Moldoveanu S C，2003. Analysis of pyridines in mainstream cigarette smoke ［J］. *Journal of Chromatography A* （985）：303－312.

Kumar V，Kharub A S，Verma R P S，et al.，2016. AMMI，GGE biplots and regression analysis to comprehend the G × E interaction in multi-environment barleytrials [J]. *Indian Journal of Genetics & Plant Breeding*, 76 (2): 202 – 204.

Lubadde G, Tongoona P, Derera J, et al., 2017. Analysis of Genotype by Environment Interaction of Improved Pearl Millet for Grain Yield and Rust Resistance [J]. *Journal of Agricultural Science*, 9 (2): 188 – 195.

Mcandrew B, Napier J, 2011. Application of genetics and genomics to aquaculture development: current and future directions [J]. *Journal of Agricultural Science*, 149 (S1): 143 – 151.

Rodrigues P C, Monteiro A, Lourenco V M, 2016. A robust AMMI model for the analysis of genotype-by-environment data [J]. *Bioinformatics*, 32 (1): 58 – 66.

Rodrigues P M, Silva T S, Dias J. et al., 2012. Proteomics in aquaculture: applications and trends [J]. *Journal of Proteomics*, 75 (14): 4325 – 4345.

Roostaei M, Mohammadi R, Amri A, 2014. Rank correlation among different statistical models in ranking of winter wheat genotypes [J]. *The Crop Journal*, 2 (Z1): 154 – 163.

Roth L E, 1967. Electron microscopy of mitosis in amebae. 3. Cold and urea treatments: a basis for tests of direct effects of mitotic inhibitors on microtubule formation [J]. *Journal of Cell Biology*, 34 (1): 47 – 59.

Song W. J., Sun H. W., Li J., et al., 2013. Auxin distribution is differentially affected by nitrate in roots of two rice cultivars differing in responsiveness to nitrogen [J]. *Annals of Botany*, 112 (7): 1383 – 1393.

Trapnell C, Williams B A, Pertea G, et al, 2010. Transcript assembly and quantification by RNA-seq reveals unannotated transcripts and isoform switching during cell differentiation [J]. *Nature Biotechnology*, 28 (5): 511 – 515.

Zhang B, Hu Z, Zhang Y, et al., 2012. A putative functional MYB transcription factor induced by low temperature regulates anthocyanin biosynthesis in purple kale (*Brassica oleracea var. acephala f. tricolor*) [J]. *Plant Cell Reports*, 31: 281 – 289.